EBS

전기

기사·산업기사 필기

전기응용 및 공사재료

SD에듀
(주)시대고시기획

전기공사기사 · 산업기사 필기
전기응용 및 공사재료

Always **with you**

사람의 인연은 길에서 우연하게 만나거나 함께 살아가는 것만을 의미하지는 않습니다.
책을 펴내는 출판사와 그 책을 읽는 독자의 만남도 소중한 인연입니다.
SD에듀는 항상 독자의 마음을 헤아리기 위해 노력하고 있습니다.
늘 독자와 함께하겠습니다.

머리말

본 교재는 전기공사(산업)기사 자격증 취득을 위한 1차 필기시험 대비 수험서로서 쉽고 빠른 자격증 취득을 돕기 위해 기본이론과 중요이론, 그리고 기사, 산업기사 과년도 기출문제를 모두 장별로 분류하고 수록하였으며 이에 해설과 풀이를 통해 본 교재를 가지고 공부하시는 분들이 다른 유형의 문제도 풀 수 있도록 하였습니다.

현재 기출문제는 예전과 달리 동일한 문제가 반복적으로 출제되는 게 아니라 조금씩 변화를 주며 출제되고 있는 상황이라 이에 맞게 내용에 충실하게 교재를 준비하였습니다.

본 교재는 중요부분의 이론은 내용설명을 충실히 하였고, 가끔 출제는 되나 그 내용이 중요하지 않은 부분은 간단하게 암기할 수 있도록 만들었습니다.

끝으로 본 교재로 필기시험을 준비하시는 수험생 여러분들에게 깊은 감사를 드리며 전원 합격하시기를 기원하겠습니다.

오·탈자 및 오답이 발견될 경우 연락을 주시면 수정하여 보다 나은 수험서가 되도록 노력하겠습니다.

편저자 씀

시험안내

개 요

전기는 생산, 수송, 사용에 이르기까지의 모든 설비를 전기특성에 적합하게 시공되어야 안전하다. 이에 따라 전력시설물을 안전하게 시공하고 검사하기 위한 전문인력을 양성할 목적으로 자격제도를 제정하였다.

수행직무 및 진로

공사비의 적산, 공사공정계획의 수립, 시공과정에서 전기의 적정 여부 관리 등 주로 기술적인 직무를 수행한다. 또한, 공사현장 대리인으로서 시공자를 대리하여 현장관리를 하는 동시에 발주자에 대해서는 시공자를 대신하여 업무를 수행한다.

시험일정

구 분	필기원서접수(인터넷)	필기시험	필기합격(예정자) 발표	실기원서접수(인터넷)	실기시험	최종 합격자 발표일
제1회	1월 중순	2월 하순	3월 중순	3월 하순	4월 하순	6월 하순
제2회	4월 중순	5월 하순	6월 중순	6월 하순	7월 하순	9월 초순
제4회	8월 초순	9월 초순	9월 하순	10월 초순	11월 초순	12월 중순

※ 상기 시험일정은 시행처의 사정에 따라 변경될 수 있으니, www.q-net.or.kr에서 확인하시기 바랍니다.

시험요강

❶ 시행처 : 한국산업인력공단(www.q-net.or.kr)

❷ 관련 학과 : 대학의 전기공학, 전기시스템공학, 전기제어공학 등 전기 관련 학과

❸ 시험과목

㉠ 필기 : 전기응용 및 공사재료(산업기사 제외), 전력공학, 전기기기, 회로이론 및 제어공학(산업기사 제외), 전기설비기술기준

㉡ 실기 : 전기설비 견적 및 시공

❹ 검정방법

㉠ 필기 : 객관식 4지 택일형, 과목당 20문항(과목당 30분)

㉡ 실기 : 필답형(기사 2시간 30분, 산업기사 2시간)

❺ 합격기준

㉠ 필기 : 100점을 만점으로 하여 과목당 40점 이상, 전 과목 평균 60점 이상

㉡ 실기 : 100점을 만점으로 하여 60점 이상

출제기준

필기과목명	주요항목	세부항목
전기응용 및 공사재료	1. 전기응용	1. 광원, 조명 이론과 계산 및 조명설계
		2. 전열방식의 원리, 특성 및 전열설계
		3. 전동력 응용
		4. 전력용 반도체소자의 응용
		5. 전지 및 전기화학
		6. 전기철도
		7. 자동제어의 기본 개념(산업기사)
	2. 공사재료 (산업기사 제외)	1. 전선 및 케이블
		2. 애자 및 애관
		3. 전선관 및 덕트 류
		4. 배전, 분전함
		5. 배선기구, 접속재료
		6. 조명기구
		7. 전기기기
		8. 전지, 축전지
		9. 피뢰기, 피뢰침, 접지재료
		10. 지지물, 장주재료

구성과 특징

CHAPTER 01 전기응용

01 조 명

1. 조명의 기초

(1) 빛과 전자파
지구상의 모든 공간에는 전자파가 존재한다. 이 전자파를 파장의 길이에 따라 나열하면 우주선, 감마(γ)선, X선, 자외선, 광선, 적외선, 전파 순이다.

(2) 가시광선의 파장
① 가시광선 : 사람의 눈으로 느낄 수 있는 파장대의 빛을 말함
② 가시광선의 범위 : 380~760[nm]
※ 자외선의 범위 : 10~380[nm](살균, 화학, 형광작용)
※ 적외선의 범위 : 760~3,000[nm](온열 효과(열선))

(3) 전자파의 공통된 성질
① 직진의 전파성, 밀도가 다른 물질에 부딪히면 반사, 굴절 등이 일어남
② 속도는 공기, 진공 속을 3×10^8[m/s]로 주파
③ 밀도가 큰 물질을 통과할 때는 속도가 줄지만, 주파수의 변화는 없음

2. 조명의 용어 정리

(1) 복사(방사) : 전자파로 전파되는 에너지

제1장 전기응용 /

핵심이론

철저한 출제기준 분석에 따른 전기공사기사 · 산업기사 합격을 위한 필수적인 핵심이론을 수록하였습니다. 시험과 관계없이 두꺼운 기본서의 복잡한 이론은 이제 그만! 시험에 꼭 나오는 이론을 중심으로 효과적으로 공부하십시오.

핵 / 심 / 예 / 제

01 전선 접속 시 유의 사항이 아닌 것은? [2016년 1회 기사]
① 접속으로 인해 전기적 저항이 증가하지 않게 한다.
② 접속으로 인한 도체 단면적을 현저히 감소시키게 한다.
③ 접속 부분의 전선의 강도를 20[%] 이상 감소시키지 않게 한다.
④ 접속 부분은 절연전선의 절연물과 동등 이상의 절연내력이 있는 것으로 충분히 피복한다.

해설 전선 접속 시 유의 사항
• 접속으로 인해 전기적 저항이 증가하지 않아야 한다.
• 접속 부분의 전선의 강도를 20[%] 이상 감소시키지 않아야 한다.
• 접속 부분은 절연전선의 절연물과 동등 이상의 절연내력이 있는 것으로 충분히 피복한다.

02 나전선 상호 간을 접속하는 경우 인장하중에 대한 내용으로 옳은 것은? [2015년 1회 기사]
① 20[%] 이상 감소시키지 않을 것
② 40[%] 이상 감소시키지 않을 것
③ 60[%] 이상 감소시키지 않을 것
④ 80[%] 이상 감소시키지 않을 것

해설 나전선 상호 또는 나전선과 절연전선, 캡타이어 케이블 또는 케이블과 접속하는 경우 전선의 강도를 20[%] 이상 감소시키지 않을 것

03 옥내에서 전선을 병렬로 사용할 때의 시설 방법으로 틀린 것은? [2019년 2회 기사]
① 전선은 동일한 도체이어야 한다.
② 전선은 동일한 굵기, 동일한 길이이어야 한다.
③ 전선의 굵기는 동 40[mm^2] 이상 또는 알루미늄 90[mm^2] 이상이어야 한다.
④ 관 내에 전류의 불평형이 생기지 아니하도록 시설하여야 한다.

해설 옥내에서 전선을 병렬로 사용하는 경우의 원칙
병렬로 사용하는 각 전선의 굵기는 동 50[mm^2] 이상 또는 알루미늄 70[mm^2] 이상이고 동일한 도체, 동일한 굵기, 동일한 길이이어야 한다.

정답 01 ② 02 ① 03 ③

제2장 공사재료 / 299

핵심예제

최근 7개년 기출문제와 해설을 단원별로 정리하였습니다. 핵심을 꿰뚫는 상세한 해설을 수록하여 효율적인 학습이 가능하도록 하였습니다.

2023년 제4회

전기공사기사 최근 기출복원문제

01 사이리스터의 게이트 트리거회로로 적합하지 않은 것은?

① UJT 발진회로
② DIAC에 의한 트리거회로
③ PUT 발진회로
④ SCR 발진회로

02 전기철도용 변전소의 간격을 결정하는 요소에 속하지 않는 것은?

① 전압변동률
② 선로의 구배
③ 수송량
④ 노면의 상태

03 부식성 산, 알칼리 또는 유해가스가 있는 장소에서 실용상 지장없이 사용할 수 있는 구조의 전동기는?

① 방적형
② 방진형
③ 방식형
④ 방수형

04 2개의 SCR을 역병렬로 접속한 것과 같은 특성의 소자는?

① GTO
② TRIAC
③ 광 사이리스터
④ 역전용 사이리스터

최근 기출복원문제 / 38

www.sdedu.co.kr

전기공사산업기사	2023년 제4회 정답 및 해설								
01	02	03	04	05	06	07	08	09	10
②	③	①	①	③	④	③	②	②	④
11	12	13	14	15	16	17	18	19	20
②	①	②	③	④	④	①	④	③	④

01 탄소 아크등은 휘도가 큰 점광원으로서 영사기, 투광기 등의 광원으로 사용된다.

02 직권전동기
- 특 징
  - 기동토크가 크다.
  - 가변속도 특성을 갖는다.
  - 정출력 특성을 갖는다.
  - 정격전압에 무부하 시 위험 속도에 도달된다(벨트운전 금지, 기어운전).
- 용 도
  - 전동차(전철)
  - 권상기, 크레인 등 매우 큰 기동토크가 필요한 곳

03
- 복진지(Anti-creeping) : 레일이 열차의 진행 방향과 더불어 종방향으로 이동하는 것을 방지하는 장치이다.
- 복진 방지(Anti-creeper) 방법
  - 철도용 못을 이용하여 레일과 침목 간의 체결력을 강화한다.
  - 레일에 앵커를 부설한다.
  - 침목과 침목을 연결하여 침목의 이동을 방지한다.

04 3상 농형 유도전동기의 기동 방식
- 전전압 기동(직입 기동)
  - 정격전압을 인가하여 기동하는 방식
  - 5[kW] 이하의 소용량
- Y-△ 기동
  - 기동 시는 1차 권선을 Y접속으로 기동하고 정격속도에 가까워지면 △접속으로 변환 운전하는 방식
  - 기동할 때에는 1차 각 상의 권선에는 정격전압의 $\frac{1}{\sqrt{3}}$ 전압, 기동전류는 직입 기동의 $\frac{1}{3}$ 배, 기동토크도 $\frac{1}{3}$ 로 감소
  - 5~15[kW]급
- 기동 보상기법(단권변압기 기동)
  - 기동 보상기로서 3상 단권변압기를 이용하여 기동전압을 낮추는 방식
  - 약 15[kW] 이상의 전동기에 적용
- 리액터 기동법
  - 리액터를 1차 고정자 권선에 직렬로 삽입하여 단자전압을 저감하여 기동한 후 일정 시간이 지난 후에 리액터를 단락시킴
  - 리액터의 크기는 보통 정격전압의 50~80[%]가 되는 값을 선택

※ 2차 저항 기동법은 권선형 유도전동기의 기동 방법이다.

최근 기출복원문제 해설 / 425

최근 기출복원문제

가장 최근에 시행된 기출문제를 실제 시험과 같은 형식으로 복원하여 자신의 실력을 최종적으로 점검할 수 있도록 하였습니다.

정답 및 해설

가장 최근에 시행된 기출문제의 명쾌하고 상세한 해설을 수록하여 놓친 부분을 다시 한 번 확인할 수 있도록 하였습니다.

목 차

CONTENTS

전기공사기사 · 산업기사 기본서 시리즈

전기공사

기사 · 산업기사 필기

SERIES 1

전기응용 및 공사재료

전기공사
기사 · 산업기사

필기 SERIES 1

전기응용 및 공사재료

CHAPTER 01

전기응용

01 조 명

1. 조명의 기초

(1) 빛과 전자파

지구상의 모든 공간에는 전자파가 존재한다. 이 전자파를 파장의 길이에 따라 나열하면 우주선, 감마(γ)선, X선, 자외선, 광선, 적외선, 전파 순이다.

(2) 가시광선의 파장

① **가시광선** : 사람의 눈으로 느낄 수 있는 파장대의 빛을 말함

② **가시광선의 범위** : 380~760[nm]

※ 자외선의 범위 : 10~380[nm](살균, 화학, 형광작용)
※ 적외선의 범위 : 760~3,000[nm](온열 효과(열선))

(3) 전자파의 공통된 성질

① 직진의 전파성, 밀도가 다른 물질에 부딪히면 반사, 굴절 등이 일어남
② 속도는 공기, 진공 속을 3×10^8[m/s]로 주파
③ 밀도가 큰 물질을 통과할 때는 속도가 줄지만, 주파수의 변화는 없음

2. 조명의 용어 정리

(1) 복사(방사) : 전자파로 전파되는 에너지

(2) 복사속(방사속) : 단위시간에 복사되는 에너지의 양(단위는 [W] = [J/s], 기호는 ϕ)

(3) 시감도

어떤 파장 λ의 방사속 P_λ에서 눈에 시감되는 광속을 F_λ라고 하고 시감도를 K_λ라고 하면

$$K_\lambda = \frac{F_\lambda}{P_\lambda}[\text{lm/W}]$$

※ 빛의 파장 범위에서는 파장 555[nm]의 황록색 빛이 최대 시감도($K_m = 680$[lm])를 준다.

(4) 비시감도

최대 시감도 K_m에 대하여 다른 파장의 시감도 K_λ의 비를 비시감도 $V_\lambda = \dfrac{K_\lambda}{K_m}$

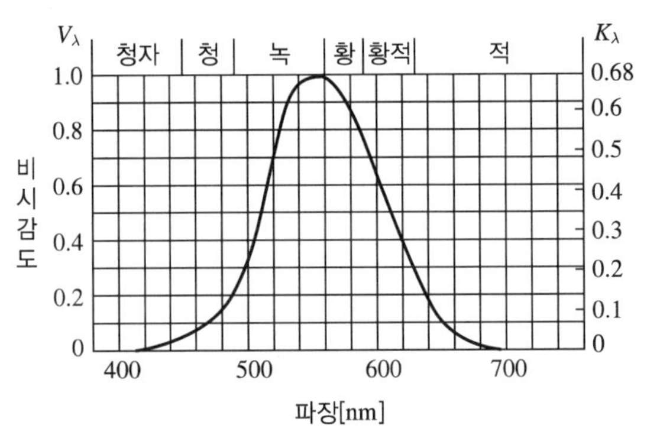

[빛의 파장에 따른 비시감도 곡선]

※ 파장 555[nm]에서 최대 시감도 683[lm/W]를 '1'로 하고, 다른 파장의 밝기에 대한 비교값으로 나타낸 상대적 시감도

(5) 연색성

광원의 성질에 의해 물체의 색이 다르게 보이는 정도(성질)이다(조명에 의한 물체색의 보이기를 결정하는 광원 성질).

※ 크세논등>백색 형광등>형광 수은등>나트륨등 순으로 연색성이 좋다.

(6) 광속발산도

발광면의 단위면적당 발산광속으로, 단위는 [rlx : radient lux]를 사용한다.

$R=\dfrac{dF}{dA}[\mathrm{lm/m^2}]=\dfrac{F}{A}$ (dA : 광원의 미소면적, dF : 발산광속)

(7) 휘도(Luminance)

광원을 어떤 방향에서 바라보았을 때 단위 투영면적당의 광도 크기로, 단위는 [$\mathrm{cd/cm^2}$], [sb : stilb] 또는 [$\mathrm{cd/m^2}$], [nt : nit]를 사용한다.

$B=\dfrac{I}{S}[\mathrm{cd/m^2}]$

※ 눈부심의 한계 휘도 : 0.5[$\mathrm{cd/cm^2}$]

3. 조명의 주요 공식(용어) 정리

(1) 광 속

빛의 세기로, 단위시간에 복사되는 에너지 복사속을 눈으로 보아 빛으로 느끼는 크기이다 (가시광속, 단위 [lm : lumen]).

총광속 $F=\omega I$

① 구광원 $F=4\pi I$(백열등)

② 원통광원 $F=\pi^2 I$(형광등)

③ 평판광원 $F=\pi I$(EL등)

※ 원별 $\omega=2\pi(1-\cos\theta)$

(2) 광 도

광원에서 어느 방향에 대한 단위 입체각당의 광속으로, 단위는 [cd : candela]를 사용한다.

$I=\dfrac{dF}{d\omega}[\mathrm{lm/sr}]$ (ω : 입체각)

(3) 조 도

광속이 투과된 면의 단위면적당의 입사광속으로, 단위는 [lx : lux]를 사용한다.

$$E = \frac{dF}{dA}[\mathrm{lm/m^2}]$$

① 거리 역제곱의 법칙

각 방향의 광도가 고른 I[cd]의 점광원을 중심으로 반지름 r[m]의 구를 생각하여 그 구면상의 조도를 알아보면, 광원은 광속을 고르게 발산하므로 구면상의 입사광속 밀도가 고르고, 따라서 조도도 균일하다. 그런데 구의 표면적 A는 $4\pi r^2[\mathrm{m^2}]$이며 광도 I[cd]의 점광원의 광속 F는 $4\pi I$[lm]이므로 구면 내의 조도 E는 다음과 같다.

$$E = \frac{F}{A} = \frac{4\pi I}{4\pi r^2} = \frac{I}{r^2}[\mathrm{lx}]$$

② 조도의 분류

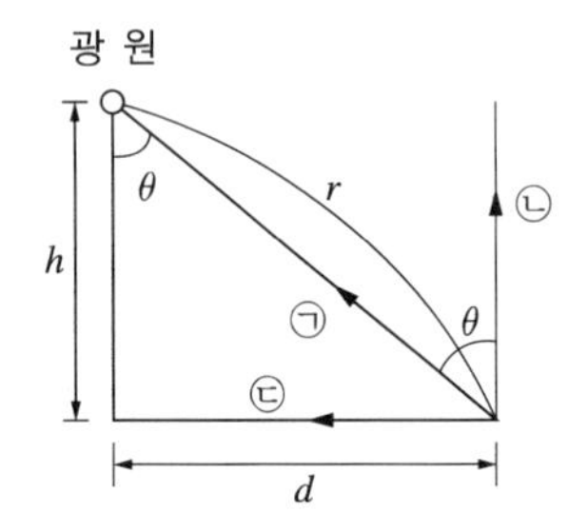

㉠ 법선 조도

$$E_n = \frac{I}{r^2}[\mathrm{lx}]\ (\text{거리 역제곱의 법칙})$$

㉡ 수평면 조도

$$E_h = \frac{I}{r^2}\cos\theta = \frac{I}{h^2}\cdot\cos^3\theta = \frac{I}{d^2}\sin^2\cos\theta$$

㉢ 수직면 조도

$$E_v = E_n\sin\theta = \frac{I}{r^2}\sin\theta = \frac{I}{h^2}\cos^2\theta\sin\theta = \frac{I}{d^2}\sin^3\theta$$

$$\left(\cos\theta = \frac{h}{r},\ \sin\theta = \frac{d}{r}\right)$$

(4) 광원의 효율

① 글로브면의 반사율, 흡수율, 투과율

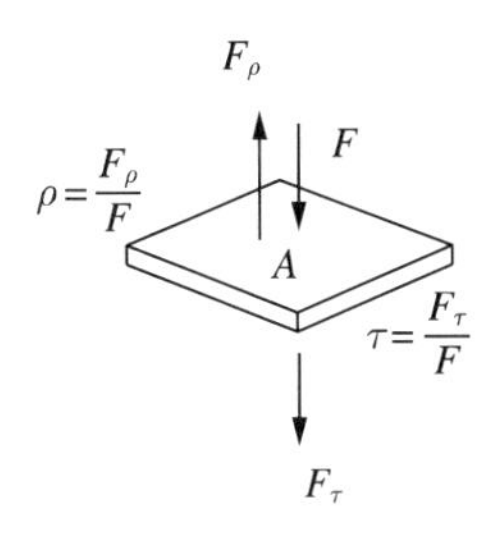

㉠ 반사율 ρ

$$\rho = \frac{\text{반사광속}}{\text{입사광속}} = \frac{F_\rho}{F}$$

㉡ 투과율 τ

$$\tau = \frac{\text{투과광속}}{\text{입사광속}} = \frac{F_\tau}{F}$$

㉢ 흡수율 α

$$\alpha = \frac{\text{흡수광속}}{\text{입사광속}} = \frac{F_\alpha}{F}$$

㉣ 반사율, 투과율, 흡수율의 관계

$$\rho + \tau + \alpha = 1$$

㉤ 글로브 효율 η

$$\eta = \frac{\tau}{1-\rho} \times 100[\%]$$

② 전등(램프) 효율 (입력[W], 출력[lm])

$$\eta = \frac{F}{P}[\text{lm/W}]$$

여기서, F : 광원의 광속[lm], P : 소비전력[W]

(5) 배광곡선과 루소선도

① 배광곡선

광원으로부터 각 방향에 대한 광도분포를 배광이라 하며, 보통 광원을 중심으로 연직면 또는 수평면에 대한 분포로 주로 연직 배광곡선을 사용한다.

광원 / 성질	직 선	원 판	평면판	원 통	구 면	반구면
수직 배광 곡선			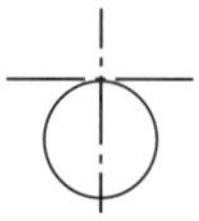			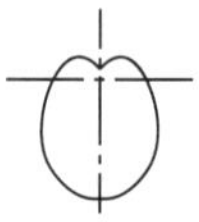
루소 선도	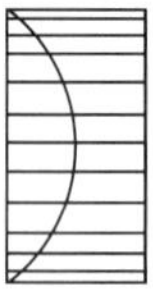	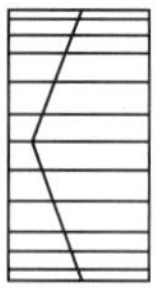	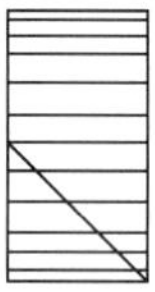	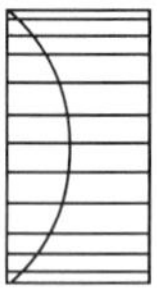	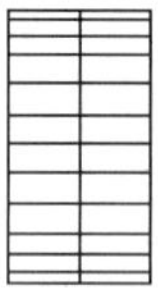	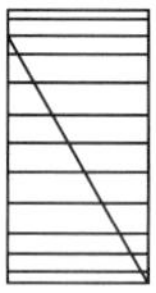

② 루소선도

배광곡선을 가로축에 광도 I_0, 세로축에 연직선과 이루는 각도 θ를 놓고 θ에 따른 광도를 연결한 선을 루소선도라 하며, 루소선도에 의한 루소단면적을 계산하여 이로부터 광원의 광속을 계산한다. 루소단면적을 S라 하면 광원의 총광속 $F=\dfrac{2\pi}{R}\times S$가 된다. 이와 같은 광속 계산법을 루소선도법이라 한다.

핵 / 심 / 예 / 제

01 가시광선 파장[nm]의 범위는? [2019년 1회 산업기사]

① 280~310
② 380~760
③ 400~430
④ 555~580

해설 가시광선 파장의 범위는 380~760[nm]이다.

02 비시감도가 최대인 파장[nm]은? [2018년 2회 기사]

① 350
② 450
③ 500
④ 555

해설 시감도
- 어떤 과정의 빛에너지를 눈으로 느껴지는 정도
- 사람의 눈에 느끼는 최대 시감도 파장은 555[nm](황록색)

03 시감도가 가장 좋은 광색은? [2017년 2회 산업기사]

① 청 색
② 백 색
③ 적 색
④ 황록색

해설 2번 해설 참조

04 다음 중 시감도가 가장 좋은 광색은? [2022년 1회 기사]

① 적 색
② 등 색
③ 청 색
④ 황록색

해설 2번 해설 참조

정답 01 ② 02 ④ 03 ④ 04 ④

05 가시광선 중에서 시감도가 가장 좋은 광색과 그때의 시감도[nm]는 얼마인가?

[2018년 1회 산업기사]

① 황적색, 680[nm]
② 황록색, 680[nm]
③ 황적색, 555[nm]
④ 황록색, 555[nm]

해설 **시감도**
- 어떤 과정의 빛에너지를 눈으로 느껴지는 정도
- 사람의 눈에 느끼는 최대 시감도 파장은 555[nm](황록색)

06 다음 중 적외선의 기능은? [2020년 1, 2회 산업기사]

① 살균 작용 ② 온열 작용
③ 발광 작용 ④ 표백 작용

해설
- 자외선 : 살균, 형광
- 적외선 : 온열

07 복사속의 단위로 옳은 것은? [2018년 4회 산업기사]

① [sr] ② [W]
③ [lm] ④ [cd]

해설 **복사속**
복사란 전자파 형태로 전달되는 에너지[J]이며, 복사속은 단위시간당 복사를 말한다. [J/s] = [W]이다.

08 완전 확산면의 휘도(B)와 광속발산도(R)의 관계식은? [2017년 4회 기사]

① $R = 4\pi B$ ② $R = 2\pi B$
③ $R = \pi B$ ④ $R = \pi^2 B$

해설 완전 확산면의 휘도(B)와 광속발산도(R)의 관계는 $R = \pi B$

05 ④ 06 ② 07 ② 08 ③ 정답

09 광속 5,500[lm]인 광원에서 4[m²]의 투명 유리를 일정 방향으로 조사(照射)하는 경우 그 유리 뒷면의 광속발산도 R[rlx] 및 휘도 B[nt]는 약 얼마인가?(단, 투명 유리의 투과율은 80[%]이다)

[2019년 2회 산업기사]

① $R=550$, $B=175$
② $R=1,100$, $B=350$
③ $R=2,200$, $B=700$
④ $R=4,400$, $B=1,400$

해설 투과광속(F')$=\tau F=0.8\times5,500=4,400$[lm]

광속발산도 $R=\dfrac{F'}{S}=\dfrac{4,400}{4}=1,100$[rlx]

휘도 $B=\dfrac{R}{\pi}=\dfrac{1,100}{\pi}\fallingdotseq350$[cd/m²]$=350$[nt]

10 광속 5,000[lm]의 광원과 효율 80[%]의 조명기구를 사용하여 넓이 4[m²]의 우윳빛 유리를 균일하게 비출 때 유리 이(裏)면(빛이 들어오는 면의 뒷면)의 휘도는 약 몇 [cd/m²]인가?(단, 우윳빛 유리의 투과율은 80[%]이다)

[2020년 3회 기사]

① 255
② 318
③ 1,019
④ 1,274

해설 유리면 휘도(B)$=\dfrac{\tau F}{\pi S}\eta=\dfrac{5,000\times0.8}{\pi\times4}\times0.8=254.6$[cd/m²]

11 3,400[lm]의 광속을 내는 전구를 반경 14[cm], 투과율 80[%]인 구형 글로브 내에서 점등시켰을 때 글로브의 평균 휘도[sb]는 약 얼마인가?

[2021년 1회 기사]

① 0.35
② 35
③ 350
④ 3,500

해설 $B=\dfrac{\tau F}{4\pi^2r^2}=\dfrac{0.8\times3,400}{4\pi^2\times14^2}\fallingdotseq0.35$[sb]

정답 09 ② 10 ① 11 ①

12 반사율 70[%]의 완전 확산성 종이를 100[lx]의 조도로 비추었을 때 종이의 휘도[cd/m^2]는 약 얼마인가? [2020년 1, 2회 산업기사]

① 50 ② 45
③ 32 ④ 22

해설 휘도$(B) = \frac{\rho E}{\pi} = \frac{0.7 \times 100}{\pi} = 22.28$[cd/m^2]

13 반지름 20[cm]인 완전 확산성 반구를 사용하여 평균 휘도가 0.4[cd/cm^2]인 천장등을 가설하려고 한다. 기구 효율을 0.8이라 하면 약 몇 [lm]의 광속이 나오는 전등을 사용하면 되는가? [2017년 4회 산업기사]

① 1,985 ② 3,944
③ 7,946 ④ 10,530

해설 광도$(I) = BS = B \times \pi r^2 = 0.4 \times \pi \times 20^2 = 502.4$[cd]
광속$(F) = \frac{2\pi I}{\eta} = \frac{2\pi \times 502.4}{0.8} \fallingdotseq 3,944$[lm]

14 눈부심을 일으키는 램프의 휘도 한계는 얼마인가? [2015년 2회 산업기사]

① 0.5[cd/cm^2] 이하 ② 1.5[cd/cm^2] 이하
③ 2.5[cd/cm^2] 이하 ④ 3[cd/cm^2] 이하

해설 사람의 눈이 눈부심을 느끼는 휘도 한계
0.5[cd/cm^2] 이하

15 사람이 눈부심을 느끼는 한계 휘도[cd/m^2]는? [2020년 3회 산업기사]

① 0.5×10^4 ② 5×10^4
③ 50×10^4 ④ 500×10^4

해설 14번 해설 참조

12 ④ 13 ② 14 ① 15 ① 정답

16 **광속의 정의에 대한 설명으로 옳은 것은?** [2019년 2회 산업기사]

① 광원의 면 또는 발광면에서의 빛나는 정도
② 단위시간에 복사되는 에너지 양
③ 복사에너지를 눈으로 보아 빛으로 느끼는 크기로 나타낸 것
④ 임의의 장소에서의 밝기를 나타내고, 밝음의 기준이 되는 것

해설 **광 속**
광원에서 나오는 복사속을 눈으로 보아 느껴지는 크기를 나타낸 것

17 **광속 계산의 일반식 중에서, 직선 광원(원통)에서의 광속을 구하는 식은 어느 것인가?(단, I_0는 최대 광도, I_{90}은 $\theta = 90°$ 방향의 광도이다)** [2018년 4회 산업기사]

① πI_0 ② $\pi^2 I_{90}$
③ $4\pi I_0$ ④ $4\pi I_{90}$

해설 **광속의 계산**
- 구 광원(백열등) : $F = 4\pi I$ [lm]
- 원통 광원(형광등) : $F = \pi^2 I$ [lm]
- 평판 광원 : $F = \pi I$ [lm]

18 **평균 구면 광도가 780[cd]인 전구로부터 발산하는 전광속[lm]은 약 얼마인가?** [2020년 3회 산업기사]

① 9,800 ② 8,600
③ 7,000 ④ 6,300

해설 $F = 4\pi I = 4\pi \times 780 = 9,801$ [lm]

19 **평균 구면 광도가 90[cd]인 전구로부터의 총발산광속[lm]은?** [2015년 2회 산업기사]

① 1,130 ② 1,230
③ 1,330 ④ 1,440

해설 $F = 4\pi I = 4\pi \times 90 = 1,130$ [lm]

정답 16 ③ 17 ② 18 ① 19 ①

20 휘도가 균일한 원통광원의 축 중앙 수직방향의 광도가 250[cd]이다. 전광속[lm]은 약 얼마인가? [2022년 2회 기사]

① 80 ② 785
③ 2,467 ④ 3,142

해설 $F=\pi^2 I=\pi^2\times 250=2,467.4[\text{lm}]$

21 광도가 780[cd]인 균등 점광원으로부터 발산하는 전광속[lm]은 약 얼마인가? [2019년 2회 기사]

① 1,892 ② 2,575
③ 4,898 ④ 9,801

해설 $F=4\pi I=4\pi\times 780 \fallingdotseq 9,801[\text{lm}]$

22 전등 효율이 14[lm/W]인 100[W] LED 전등의 구면 광도는 약 몇 [cd]인가? [2018년 4회 기사]

① 95 ② 111
③ 120 ④ 127

해설 $I=\dfrac{F}{4\pi}=\dfrac{14\times 100}{4\pi}\fallingdotseq 111[\text{cd}]$

23 어떤 전구의 상반구 광속은 2,000[lm], 하반구 광속은 3,000[lm]이다. 평균 구면 광도는 약 몇 [cd]인가? [2019년 4회 기사]

① 200 ② 400
③ 600 ④ 800

해설 평균 구면 광도 $I=\dfrac{F}{4\pi}=\dfrac{5,000}{4\pi}\fallingdotseq 400[\text{cd}]$

20 ③ 21 ④ 22 ② 23 ② 정답

24 평균 수평 광도는 200[cd], 구면 확산율이 0.8일 때, 구광원의 전광속은 약 몇 [lm]인가?

[2018년 4회 산업기사]

① 2,009 ② 2,060
③ 2,260 ④ 3,060

해설 $F = 4\pi I \times \eta = 4\pi \times 200 \times 0.8 \fallingdotseq 2,010$[lm]

25 60[m²]의 정원에 평균 조도 20[lx]를 얻기 위해 필요한 광속[lm]은?(단, 유효한 광속은 전광속의 40[%]이다)

[2017년 4회 산업기사]

① 3,000 ② 4,000
③ 4,500 ④ 5,000

해설 $F = \dfrac{EA}{\eta} = \dfrac{20 \times 60}{0.4} = 3,000$[lm]

26 30[W]의 백열전구가 1,800[h]에서 단선되었다. 이 기간 중에 평균 100[lm]의 광속을 방사하였다면 전광량[lm · h]은?

[2020년 1, 2회 기사]

① 5.4×10^4 ② 18×10^4
③ 60 ④ 18

해설 $F' = Fh = 100 \times 1,800 = 18 \times 10^4$[lm · h]

정답 24 ① 25 ① 26 ②

27 광도의 단위는 무엇인가?

[2015년 2회 산업기사]

① 루멘[lm]
② 칸델라[cd]
③ 스틸브[sb]
④ 럭스[lx]

해설 **조명 용어 및 사용 단위**
- 광속 : 루멘[lm]
- 광도 : 칸델라[cd]
- 휘도 : 스틸브[sb]
- 조도 : 럭스[lx]

28 조도 E[lx]에 대한 설명으로 옳은 것은?

[2020년 3회 산업기사]

① 광도에 비례하고 거리에 반비례한다.
② 광도에 반비례하고 거리에 비례한다.
③ 광도에 비례하고 거리의 제곱에 반비례한다.
④ 광도의 제곱에 반비례하고 거리에 비례한다.

해설 **거리 역제곱의 법칙**

$$E=\frac{I}{r^2}$$

27 ② 28 ③ 정답

29 지름 1[m]인 원형 탁자의 중심에서 조도가 500[lx]이고 중심에서 멀어짐에 따라 조도는 직선으로 하여 주변에서의 조도가 100[lx]로 되었다면 평균 조도는 약 몇 [lx]인가?

[2018년 2회 산업기사]

① 123　　② 233
③ 283　　④ 332

해설

$$E=\frac{100+500+100}{3}=233.33[\text{lx}]$$

30 20[cm²]의 면적에 0.5[lm]의 광속이 입사할 때 그 면의 조도[lx]는?

[2019년 2회 산업기사]

① 200　　② 250
③ 300　　④ 350

해설

$$E=\frac{F}{A}=\frac{0.5}{20\times10^{-4}}=250[\text{lx}]$$

31 2,000[cd]의 점광원으로부터 4[m] 떨어진 점에서 광원에 수직한 평면상으로 1/50초간 빛을 비추었을 때의 노출[lx · s]은?

[2016년 1회 산업기사]

① 2.5　　② 3.7
③ 5.7　　④ 6.3

해설

- 조도 $E=\frac{I}{r^2}=\frac{2,000}{4^2}=125[\text{lx}]$
- 노출 $k=E\times t=125[\text{lx}]\times\frac{1}{50}[\text{s}]=2.5[\text{lx}\cdot\text{s}]$

정답 29 ② 30 ② 31 ①

32 정격전압 220[V], 100[W]의 전구를 점등한 방의 조도가 120[lx]이다. 이 부하에 전압을 218[V]가 인가하면 이 방의 조도는 약 몇 [lx]인가?(단, 여기서 광속의 전압 지수는 3.6으로 한다) [2016년 1회 기사]

① 119 ② 118
③ 116 ④ 124

해설 조도와 전압 특성 관계

$E \propto I \propto F \propto V^{3.6}$ 이므로 $E_2 = E_1\left(\frac{V_2}{V_1}\right)^{3.6} = 120 \times \left(\frac{218}{220}\right)^{3.6} = 116$[lx]

33 정격전압 100[V], 평균 구면광도 100[cd]의 진공 텅스텐 전구를 97[V]로 점등한 경우의 광도는 몇 [cd]인가? [2017년 2회 기사]

① 90 ② 100
③ 110 ④ 120

해설
- 광속 변화 : $F' = F\left(\frac{V'}{V}\right)^{3.6} = F\left(\frac{97}{100}\right)^{3.6} \fallingdotseq 0.9F$
- 광도 변화 : $I \propto F$ 이므로 $I' = I\left(\frac{97}{100}\right)^{3.6} \fallingdotseq 0.9I$

$\therefore\ I' = 0.9I = 0.9 \times 100 = 90$[cd]

32 ③ 33 ① 정답

34 반경 r, 휘도가 B인 완전 확산성 구면 광원의 중심에서 h 되는 거리의 점 P에서 이 광원의 중심으로 향하는 조도의 크기는 얼마인가? [2017년 4회 기사]

① πB　　② $\pi B r^2$

③ $\pi B r^2 h$　　④ $\dfrac{\pi B r^2}{h^2}$

해설 수평면 조도

$E_h = \pi B \sin^2\theta$, $\sin\theta = \dfrac{r}{h}$

$\therefore\ E_h = \pi B \sin^2\theta = \pi B \times \left(\dfrac{r}{h}\right)^2 = \dfrac{\pi B r^2}{h^2}$ [lx]

35 반지름 a, 휘도 B인 완전 확산성 구면(구형) 광원의 중심에서 거리 h인 점의 조도는? [2019년 1회 기사]

① πB　　② $\pi B a^2 h$

③ $\dfrac{\pi B a}{h^2}$　　④ $\dfrac{\pi B a^2}{h^2}$

해설

$E_h = \pi B \sin^2\theta = \pi B \times \left(\dfrac{a}{h}\right)^2 = \dfrac{\pi B a^2}{h^2}$ [lx]

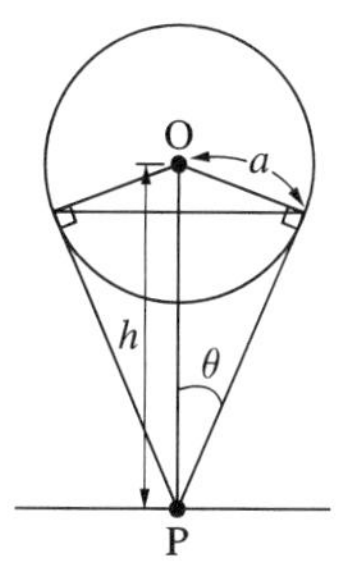

36 그림과 같이 광원 L에서 P점 방향의 광도가 50[cd]일 때, P점의 수평면 조도는 약 몇 [lx]인가? [2019년 1회 산업기사]

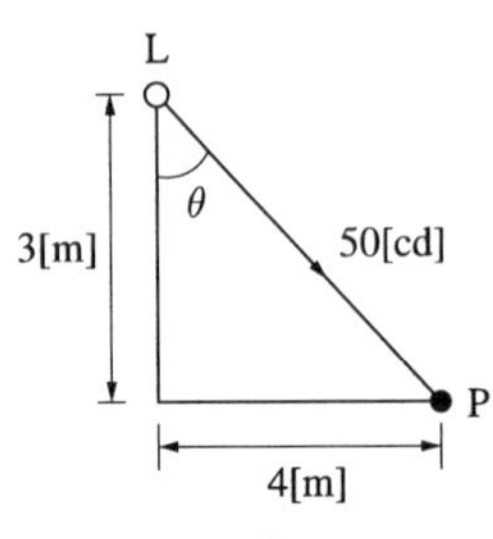

① 0.6　　② 0.8
③ 1.2　　④ 1.6

해설 수평면 조도

$$E_h = \frac{I}{r^2}\cos\theta = \frac{50}{5^2} \times \frac{3}{\sqrt{3^2+4^2}} = 1.2[\text{lx}]$$

37 200[cd]의 점광원으로부터 5[m]의 거리에서 그 방향과 직각인 면과 60° 기울어진 수평면상의 조도[lx]는? [2017년 4회 산업기사]

① 4　　② 6
③ 8　　④ 10

해설

$$E_h = \frac{I}{r^2}\cos\theta = \frac{200}{5^2} \times \cos 60° = 4[\text{lx}]$$

38 점광원 150[cd]에서 5[m] 떨어진 곳의 그 방향과 직각인 면과 기울기 60°로 설치된 간판의 조도는 몇 [lx]인가? [2015년 1회 산업기사]

① 1　　② 2
③ 3　　④ 4

해설

$$E_h = \frac{I}{r^2}\cos\theta = \frac{150}{5^2} \times \cos 60° = 3[\text{lx}]$$

36 ③ 37 ① 38 ③ 정답

39 60[cd]의 점광원으로부터 2[m]의 거리에서 그 방향에 직각되는 면과 30° 기울어진 평면상의 조도는 약 몇 [lx]인가?

[2018년 2회 산업기사]

① 11
② 13
③ 20
④ 26

해설

$$E_h = \frac{I}{r^2}\cos\theta = \frac{60}{2^2} \times \cos 30° = 13[\text{lx}]$$

40 광도가 160[cd]인 점광원으로부터 4[m] 떨어진 거리에서 그 방향과 직각인 면과 기울기 60°로 설치된 간판의 조도[lx]는?

[2016년 2회 산업기사]

① 3
② 5
③ 10
④ 20

해설

$$E_h = \frac{I}{r^2}\cos\theta = \frac{160}{4^2} \times \cos 60° = 5[\text{lx}]$$

41 그림과 같이 광원 L에 의한 모서리 B의 조도가 20[lx]일 때, B로 향하는 방향의 광도는 약 몇 [cd]인가?

[2018년 1회 산업기사]

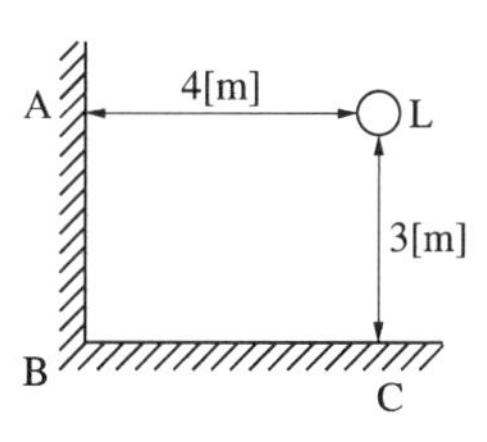

① 780
② 833
③ 900
④ 950

해설

수평면 조도 $E_h = \frac{I}{r^2}\cos\theta$[lx]에서 광도를 구하면

$$I = \frac{E_h \times r^2}{\cos\theta} = \frac{20 \times 5^2}{\frac{3}{\sqrt{3^2+4^2}}} = 833[\text{cd}]$$

정답 39 ② 40 ② 41 ②

42 그림과 같이 간판을 비추는 광원이 있다. 간판면 상 P점의 조도를 200[lx]로 하려면 광원의 광도[cd]는? [2016년 1회 산업기사]

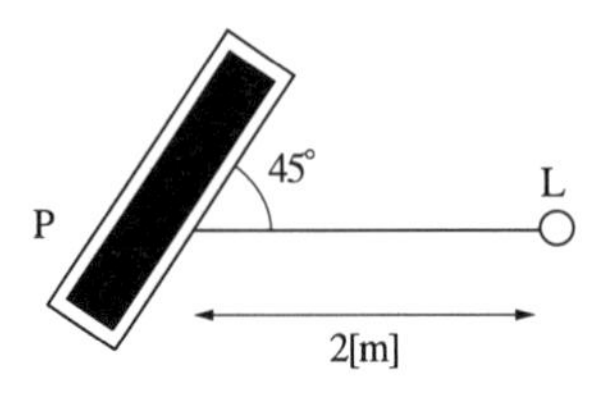

① 400 ② 500
③ $800\sqrt{2}$ ④ $500\sqrt{2}$

해설 수평면 조도 $E_h = \frac{I}{r^2}\cos\theta$[lx]에서 광원이 이루는 각도는 $\theta = 90° - 45° = 45°$이므로

광도 $I = \frac{E_h \times r^2}{\cos\theta} = \frac{200 \times 2^2}{\cos 45°} = 800\sqrt{2}$ [cd]

43 광도가 312[cd]인 전등을 지름 3[m]의 원탁 중심 바로 위 2[m]되는 곳에 놓았다. 원탁 가장자리의 조도는 약 몇 [lx]인가? [2015년 2회 기사]

① 30 ② 40
③ 50 ④ 60

해설

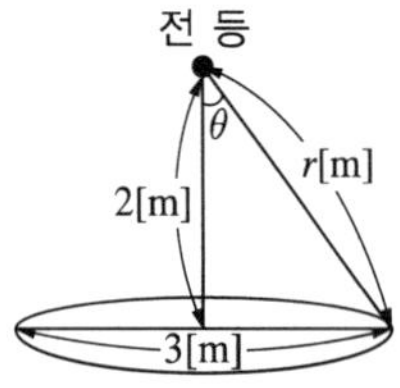

- 전등에서 원탁 가장자리까지의 거리 $r = \sqrt{2^2 + 1.5^2} = 2.5$[m]
- 수평면 조도 $E_h = \frac{I}{r^2}\cos\theta = \frac{312}{2.5^2} \times \frac{2}{2.5} = 40$[lx]

42 ③ 43 ② 정답

44 모든 방향으로 360[cd]의 광도를 갖는 전등을 직경 2[m]의 원형 탁자의 중심에서 수직으로 3[m] 위에 점등하였다. 이 원형 탁자의 평균 조도는 약 몇 [lx]인가? [2019년 4회 산업기사]

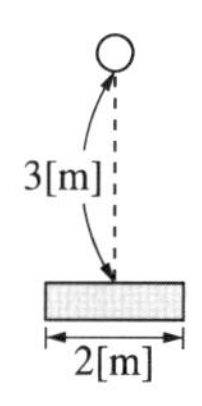

① 37
② 126
③ 144
④ 180

해설

광도 $I=\frac{F}{\omega}=\frac{ES}{2\pi(1-\cos\theta)}$ 에서

조도 $E=\frac{2\pi(1-\cos\theta)\times I}{S}=\frac{2\pi(1-\cos\theta)\times I}{\pi r^2}=\frac{2\pi\left(1-\frac{3}{\sqrt{3^2+1^2}}\right)\times 360}{\pi\times 1^2}\fallingdotseq 37[\text{lx}]$

45 점광원으로부터 원뿔의 밑면까지의 거리가 4[m]이고, 밑면의 반경이 3[m]인 원형면의 평균 조도가 100[lx]라면, 이 점광원의 평균 광도[cd]는? [2020년 1, 2회 산업기사]

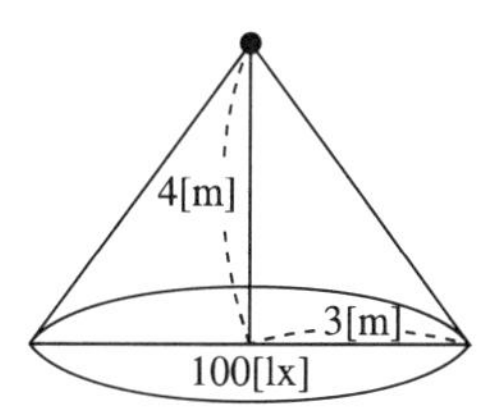

① 225
② 250
③ 2,250
④ 2,500

해설

평균 광도(I) $=\frac{F}{\omega}=\frac{ES}{2\pi(1-\cos\theta)}=\frac{100\times\pi\times 3^2}{2\pi\left(1-\frac{4}{\sqrt{4^2+3^2}}\right)}=2,250[\text{cd}]$

정답 44 ① 45 ③

46 모든 방향에 400[cd]의 광도를 갖고 있는 전등을 지름 3[m]의 테이블 중심 바로 위 2[m] 위치에 달아 놓았다면 테이블의 평균 조도는 약 몇 [lx]인가? [2018년 2회 기사]

① 35　② 53
③ 71　④ 90

해설

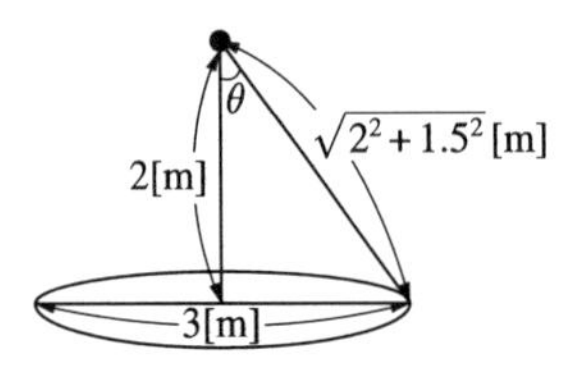

$I=\dfrac{ES}{\omega}$ 에서 $E=\dfrac{\omega I}{S}$

$$E=\frac{2\pi(1-\cos\theta)I}{\pi r^2}=\frac{2\pi\times\left(1-\dfrac{2}{\sqrt{2^2+1.5^2}}\right)\times 400}{\pi\times 1.5^2}=71[\text{lx}]$$

47 그림과 같이 광원 S로 단면의 중심이 O인 원통형 연돌을 비추었을 때, 원통의 표면상의 한 점 P에서의 조도는 약 몇 [lx]인가?(단, SP의 거리는 10[m], ∠OSP=10°, ∠SOP=20°, 광원의 SP 방향의 광도를 1,000[cd]라고 한다) [2017년 1회 산업기사]

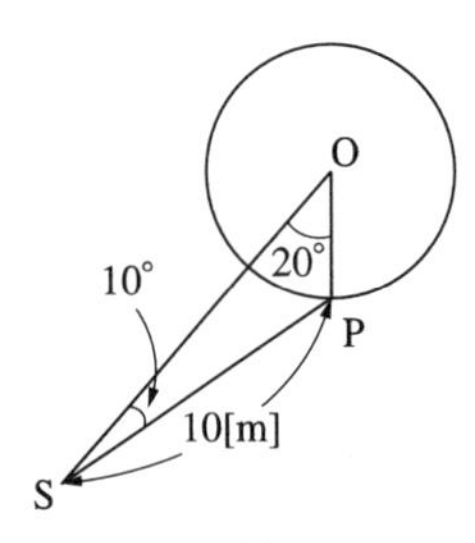

① 4.3　② 6.7
③ 8.6　④ 9.9

해설 $E=\dfrac{I}{r^2}\cos\theta=\dfrac{1,000}{10^2}\times\cos 30°=8.66[\text{lx}]$

(∵ 30°는 삼각형 SOP에서 점 P의 외각)

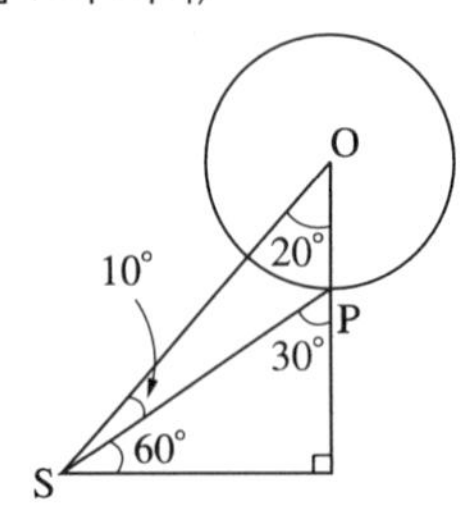

46 ③ 47 ③ 정답

48 내면이 완전 확산 반사면으로 되어 있는 밀폐구 내에 광원을 두었을 때 그 면의 확산 조도는 어떻게 되는가? [2015년 4회 기사]

① 광원의 형태에 의하여 변한다.
② 광원의 위치에 의하여 변한다.
③ 광원의 배광에 의하여 변한다.
④ 구의 지름에 의하여 변한다.

해설 확산면 조도는 $E=\eta\times\frac{F}{\pi D^2}$

$\therefore E\propto\frac{1}{D^2}$ (구의 지름의 제곱에 반비례하여 변화한다)

49 반사율 60[%], 흡수율 20[%]를 가지고 있는 물체에 2,000[lm]의 빛을 비추었을 때 투과되는 광속은 몇 [lm]인가? [2015년 1회 산업기사]

① 100 ② 200
③ 300 ④ 400

해설 투과율을 구하면
$\tau=1-\rho-\alpha=1-0.6-0.2=0.2$
따라서, 투과광속은 $F_\tau=\tau\times F=0.2\times 2{,}000=400$[lm]

50 반사율 60[%], 흡수율 20[%]인 물체에 1,000[lm]의 빛을 비추었을 때 투과되는 광속[lm]은? [2020년 3회 산업기사]

① 100 ② 200
③ 300 ④ 400

해설 $F_\tau=\tau F=(1-\rho-\alpha)F=(1-0.6-0.2)\times 1{,}000=200$[lm]

정답 48 ④ 49 ④ 50 ②

51 200[W] 전구를 우유색 구형 글로브에 넣었을 경우 우유색 유리 반사율은 30[%], 투과율은 50[%]라고 할 때 글로브의 효율은 약 몇 [%]인가? [2017년 1회 산업기사]

① 71 ② 76
③ 83 ④ 88

해설
글로브 효율$(\eta)=\dfrac{\tau}{1-\rho}=\dfrac{0.5}{1-0.3}=0.71$(∴ 71[%])

52 200[W]의 전구를 우유색 구형 글로브에 넣었을 경우 우유색 유리 반사율은 30[%], 투과율을 60[%]라고 할 때 글로브의 효율은 약 몇 [%]인가? [2018년 2회 산업기사]

① 75 ② 85.7
③ 116.7 ④ 133.3

해설
$\eta=\dfrac{\tau}{1-\rho}=\dfrac{0.6}{1-0.3}=0.857$(∴ 85.7[%])

53 200[W] 전구를 우유색 구형 글로브에 넣었을 경우 우유색 유리의 반사율 40[%], 투과율은 50[%]라고 할 때 글로브의 효율은 약 몇 [%]인가? [2015년 2회 산업기사]

① 23 ② 43
③ 53 ④ 83

해설
$\eta=\dfrac{\tau}{1-\rho}=\dfrac{0.5}{1-0.4}=0.83$(∴ 83[%])

51 ① 52 ② 53 ④ 정답

54

100[W] 전구를 유백색 구형 글로브에 넣었을 경우 글로브의 효율[%]은 약 얼마인가?(단, 유백색 유리의 반사율은 30[%], 투과율은 40[%]이다) [2021년 4회 기사]

① 25
② 43
③ 57
④ 81

해설

글로브 효율$(\eta) = \dfrac{\tau}{1-\rho} = \dfrac{0.4}{1-0.3} \fallingdotseq 0.5714$

$\therefore 0.5714 \times 100 = 57.14[\%] \fallingdotseq 57[\%]$

55

반사율 10[%], 흡수율 20[%]인 5.6[m^2]의 유리면에 광속 1,000[lm]인 광원을 균일하게 비추었을 때 그 이면의 광속발산도[rlx]는?(단, 전동기구 효율은 80[%]이다) [2018년 1회 산업기사]

① 25
② 50
③ 100
④ 125

해설

투과율을 계산하면

$\tau = 1-\rho-\alpha = 1-0.1-0.2 = 0.7$

따라서, 광속발산도를 구하면

$R = \dfrac{\tau F}{S}\eta = \dfrac{0.7 \times 1{,}000}{5.6} \times 0.8 = 100[\text{rlx}]$

56

반사율 ρ, 투과율 τ, 반지름 r인 완전 확산성 구형 글로브의 중심에 광도 I의 점광원을 켰을 때 광속발산도는? [2017년 2회 산업기사]

① $\dfrac{\tau I}{r^2(1-\rho)}$
② $\dfrac{\rho I}{r^2(1-\tau)}$
③ $\dfrac{4\pi\rho I}{r^2(1-\tau)}$
④ $\dfrac{\rho\pi}{r^2(1-\rho)}$

해설

$$R = \frac{F \cdot \tau}{S} = \frac{\dfrac{\tau \times 4\pi I}{1-\rho}}{4\pi r^2} = \frac{\tau I}{r^2(1-\rho)}$$

정답 54 ③ 55 ③ 56 ①

57 지름 40[cm]인 완전 확산성 구형 글로브의 중심에 모든 방향의 광도가 균일하게 110[cd]되는 전구를 넣고 탁상 2[m]의 높이에서 점등하였다. 탁상 위의 조도는 약 몇 [lx]인가?(단, 글로브 내면의 반사율은 40[%], 투과율은 50[%]이다) [2019년 1회 기사]

① 23 ② 33
③ 49 ④ 53

해설

글로브의 효율$(\eta)=\frac{\tau}{1-\rho}=\frac{0.5}{1-0.4}\fallingdotseq 0.833$

조도$(E)=\frac{\eta I}{r^2}=\frac{0.833\times 110}{2^2}\fallingdotseq 23$[lx]

58 지름 40[cm]인 완전 확산성 구형 글로브의 중심에 모든 방향의 광도가 균일하게 130[cd]되는 전구를 넣고 탁상 3[m]의 높이에서 점등하였을 때, 탁상 위의 조도는 약 몇 [lx]인가?(단, 글로브 내면의 반사율은 40[%], 투과율은 5[%]이다) [2016년 2회 산업기사]

① 1.2 ② 2.0
③ 2.5 ④ 3.2

해설

글로브의 효율$(\eta)=\frac{\tau}{1-\rho}=\frac{0.05}{1-0.4}\fallingdotseq 0.083$

조도$(E)=\frac{\eta I}{r^2}=\frac{0.083\times 130}{3^2}\fallingdotseq 1.2$[lx]

59 모든 방향의 광도가 균일하게 1,000[cd]인 광원이 있다. 이것을 직경 40[cm]의 완전 확산성 구형 글로브의 중심에 두었을 때 그 휘도가 1[cm^2]당 0.56[cd]가 되었다. 이 글로브의 투과율은 약 몇 [%]인가?(단, 글로브 내면의 반사는 무시한다) [2015년 4회 산업기사]

① 65 ② 70
③ 83 ④ 92

해설

$B=\frac{I}{S}\cdot\tau$에서 투과율$(\tau)=\frac{B\cdot S}{I}=\frac{B\pi r^2}{I}=\frac{0.56\times\pi\times 20^2}{1,000}=0.7$ ($\therefore$ 70[%])

57 ① 58 ① 59 ② 정답

60 루소선도에서 광원의 전광속 F의 식은?(단, F : 전광속, R : 반지름, S : 루소선도의 면적이다)

[2019년 4회 산업기사]

① $F=\dfrac{\pi}{R}\times S$ ② $F=\dfrac{2\pi}{R}\times S$

③ $F=\dfrac{\pi}{R^2}\times S$ ④ $F=\dfrac{2\pi}{R}\times S^2$

해설 전광속 F와 루소선도의 면적 S 사이의 관계식은 $F=\dfrac{2\pi}{R}S$이다.

61 루소선도에서 전광속 F와 면적 S 사이의 관계식으로 옳은 것은?(단, a와 b는 상수이다)

[2016년 1회 산업기사]

① $F=\dfrac{a}{S}$ ② $F=aS$

③ $F=aS+b$ ④ $F=aS^2$

해설 $F=\dfrac{2\pi}{r}\times S=aS$

62 루소선도가 다음과 같이 표시될 때, 배광곡선의 식은?

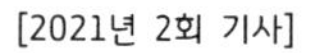
[2021년 2회 기사]

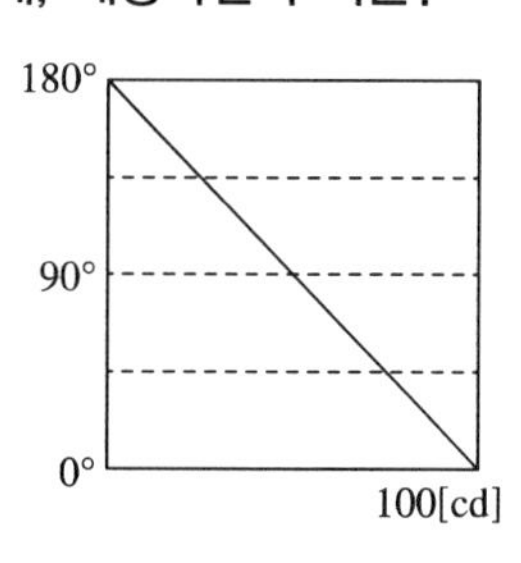

① $I_\theta=\dfrac{\theta}{\pi}\times 100$ ② $I_\theta=\dfrac{\pi-\theta}{\pi}\times 100$

③ $I_\theta=100\cos\theta$ ④ $I_\theta=50(1+\cos\theta)$

해설 반구면인 경우 $I_\theta=I\left(\dfrac{\pi}{2}\right)\cdot(1+\cos\theta)$

$$=\frac{100}{2}\cdot(1+\cos\theta)=50(1+\cos\theta)$$

정답 60 ② 61 ② 62 ④

63 루소선도가 다음 그림과 같을 때 배광곡선의 식은? [2019년 1회 산업기사]

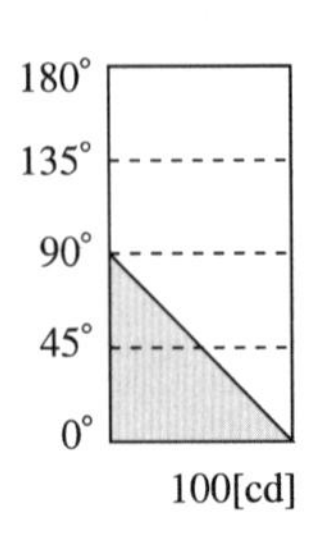

① $I_\theta = 100\cos\theta$ ② $I_\theta = 50(1+\cos\theta)$

③ $I_\theta = \dfrac{2\theta}{\pi}100$ ④ $I_\theta = \dfrac{\pi - 2\theta}{\pi}100$

해설 $I_\theta = I_0\cos\theta$에서 $I_\theta = 100\cos\theta$

64 루소선도가 그림과 같이 표시되는 광원의 전광속[lm]은 약 얼마인가? 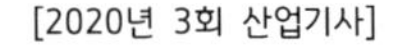 [2020년 3회 산업기사]

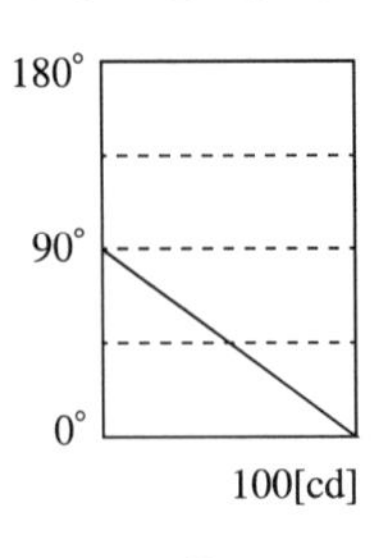

① 314 ② 628

③ 942 ④ 1,256

해설 전광속$(F_0) = \pi I_0 = \pi \times 100 \fallingdotseq 314$[lm]

63 ① 64 ① 정답

65 루소선도에서 하반구 광속[lm]은 약 얼마인가?(단, 그림에서 곡선 BC는 4분원이다)

[2016년 1회 기사]

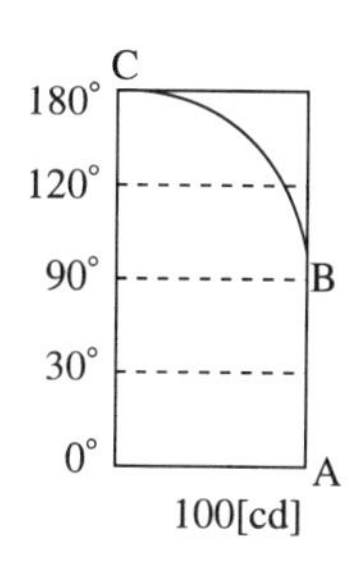

① 528
② 628
③ 728
④ 828

해설

루소선도에서 전광속 F와 루소선도의 면적 S 사이에는 $F=\frac{2\pi}{r}S$, $r=100$

하반구 광속이므로 $S=100\times100$

$\therefore\ F=\frac{2\pi}{r}S=\frac{2\pi}{100}\times(100\times100)\fallingdotseq628$[lm]

66 루소선도가 그림과 같이 표시되는 광원의 하반구 광속은 약 몇 [lm]인가?(단, 여기서 곡선 BC는 4분원이다)

[2018년 1회 기사]

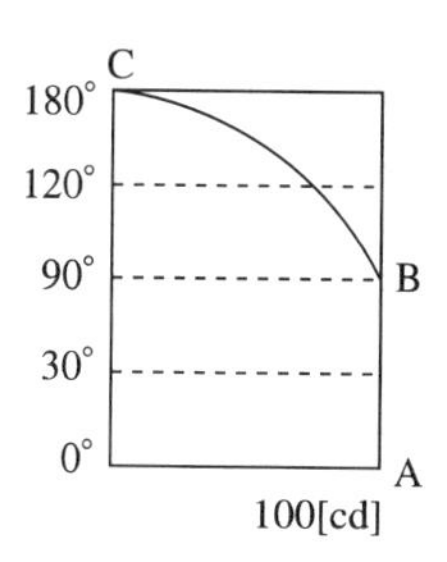

① 245
② 493
③ 628
④ 1,120

해설

루소선도에서 전광속 F와 루소선도의 면적 S 사이에는 $F=\frac{2\pi}{r}S$, $r=100$

하반구 광속이므로 $S=100\times100$

$\therefore\ F=\frac{2\pi}{r}S=\frac{2\pi}{100}\times(100\times100)\fallingdotseq628$[lm]

정답 65 ② 66 ③

67 그림과 같은 배광곡선과 루소선도에서 반사갓이 없는 형광등의 루소선도는 어느 것인가?

[2019년 2회 산업기사]

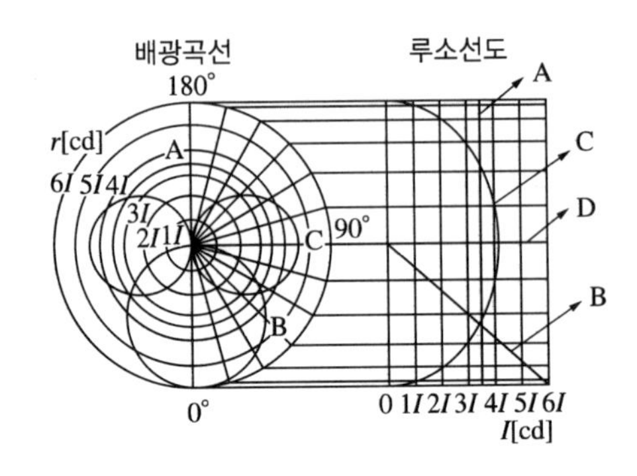

① A　　② B

③ C　　④ D

해설 형광등 루소선도

67 ③ 정답

4. 광 원

(1) 발광 현상

① **온도복사** : 물체의 온도를 높이면 그 온도에 상응하는 복사가 방출되며 연속 스펙트럼을 이룬다. 온도복사체는 흑체와 회색체가 있으며 이것에 가해지는 복사를 전부 흡수하고 투과, 반사하지 않는 가상적인 물체로 블랙홀, 탄소, 백금 그을음 덩어리가 이에 가깝다.

㉠ 흑체 : 입사하는 복사에너지를 모두 흡수하는 이상적인 온도복사체

㉡ 온도복사에 관한 법칙

- 슈테판-볼츠만의 법칙
  온도 T[K]의 흑체 단위 표면적으로부터 단위시간에 복사되는 전 복사에너지는 그의 절대온도 4승에 비례한다.
  $W=\sigma T^4$[W/cm^2], 여기서 $\sigma=5.68\times10^{-8}$[W/m$^2\cdot$K^4]
- 빈의 법칙
  흑체에서 최대 분광복사가 일어나는 파장 λ_m은 온도에 반비례한다.
  $\lambda_m=\dfrac{B}{T}[\mu\text{m}]$, $\lambda_m T=2{,}896[\mu\text{m K}]$
- 플랑크의 복사 법칙
  분광 복사속의 발산도를 나타내는 법칙으로 광고온계의 측정 원리로 사용된다.
  $E(\lambda\cdot T)=\dfrac{C_1}{\lambda^5}\cdot\dfrac{1}{\varepsilon^{\frac{C_2}{\lambda T}}-1}$[W/m$^2\mu$]

㉢ 색온도 : 어떤 광원의 광색이 어느 온도의 흑체의 광속과 같을 때 그 흑체의 온도

- 주광색 : 6,500[K]
- 백색 : 4,500[K]

㉣ 스토크스 법칙 : 발광하는 파장은 발광시키기 위하여 가한 원복사의 파장보다 길다.

㉤ 형광 : 복사 루미네선스 중 자극을 주는 조사가 계속되는 동안만 발광 현상을 일으키는 것

㉥ 인광 : 자극을 주는 조사 현상이 멈춘 후에도 계속하여 발광하는 것

㉦ 파셴 법칙 : 방전개시 전압을 나타내는 식
불꽃 방전(V_s) = 기압(P) × 극간거리(d)

② 루미네선스의 분류

온도복사 이외의 발광으로 냉광(Cold Light)이라고도 하고, 이 발광에는 자극이 필요하며 자극의 종류에 따라 다음과 같이 분류한다.

종 류	작용 원인	실제 예시
복사 루미네선스	자외선, X선 등의 조사	형광판, 야광 도료, 형광방전등
전기 루미네선스	기체 중의 방전	네온등, 수은등
파이로 루미네선스	불꽃 속 기체의 발광	발염 아크등
전계 루미네선스	전계에너지의 변환	EL등(고체등)
열 루미네선스	고온에 의한 흑체보다 강한 선택 복사	네름스트등
음극선 루미네선스	음극선	브라운관, 텔레비전 영상
화학 루미네선스	화학 변화, 특히 산화	황린의 완만한 산화
생물 루미네선스	특수 산화	반딧불, 야광 벌레, 오징어

(2) 전등의 종류와 특성

① **백열전구** : 온도복사에 의한 발광을 이용한 광원

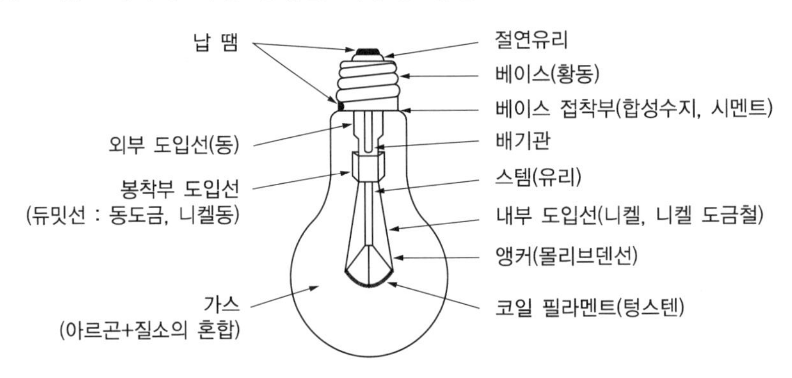

[백열전구의 구조 및 각부의 명칭]

㉠ 구성재료
- 유리구 : 소다석회유리
- 베이스 : 황동 또는 내식성 Al
- 앵커(지지선) : 몰리브덴(몰리브데넘)
- 필라멘트의 구비 조건(필라멘트 : 텅스텐)
  - 고유저항이 크고 줄열이 많이 발생할 것
  - 융해점이 높아서 고온에서 증발이 작을 것
  - 선팽창계수가 작을 것
  - 온도계수가 정확할 것

- 가는 선으로 가공이 용이할 것
- 도입선
  - 외부 도입선 : 동선
  - 봉합부 도입선 : 듀밋선(철-니켈 합금선에 동 피복을 한 선)
  - 내부 도입선 : 니켈, 니켈 도금철
- 저출력용 전구 : 진공전구(소형)
- 고출력용 전구 : 가스입전구(아르곤과 질소)(대형)
- 봉입가스 : 가스 봉입 이유(필라멘트 증발억제, 수명연장, 발광 효율 증가)
  - 소형의 경우 : 진공
  - 대형의 경우 : 질소(15[%]) + 아르곤(85[%])
- 게터 : 필라멘트 산화방지를 위해 사용
  - 소형 진공전구 : 적린
  - 대형 전구 : 질화바륨

㉡ 에이징 : 120[%] 정도의 전압으로 1시간 정도 점등시켜 결정구조를 안정시키는 것

㉢ 동정 특성 : 전구가 점등시간의 경과와 더불어 광속, 전력, 전류, 효율이 변화하는 상태

② 할로겐등(할로젠등)

㉠ 발광 원리

할로겐 물질인 불활성 가스를 봉입하여 할로겐 물질의 화학반응을 이용한 가스입 텅스텐 전구이며, 백열등에 비해 소형이고 효율과 수명을 개선시킨 전구이다.

㉡ 할로겐등의 용도

- 옥외 조명
- 자동차용
- 복사기
- 활주로용
- 고천장 조명
- 스포트라이트
- 백라이트 등

㉢ 효율/수명/용량

- 효율 : 20~22[lm/W]
- 수명 : 2,000[h] 이상
- 용량 : 500~1,500[W]

㉣ 특 징

- 백열전구에 비해 크기는 $\frac{1}{10}$이며, 수명은 2배 이상으로 길다.
- 점등장치가 필요 없어 구조가 간단하다.
- 광속이 크며, 휘도가 높고, 연색성이 우수하다.
- 배광 제어가 용이하며 열충격에 강하다(온도가 높다).
- 흑화 현상이 거의 없다.

③ 형광등(Fluorescent Lamp) : 방전에 의하여 복사되는 2,537[Å](자외선)의 전자파를 형광 물질에 닿게 하여 가시광선을 얻는다.

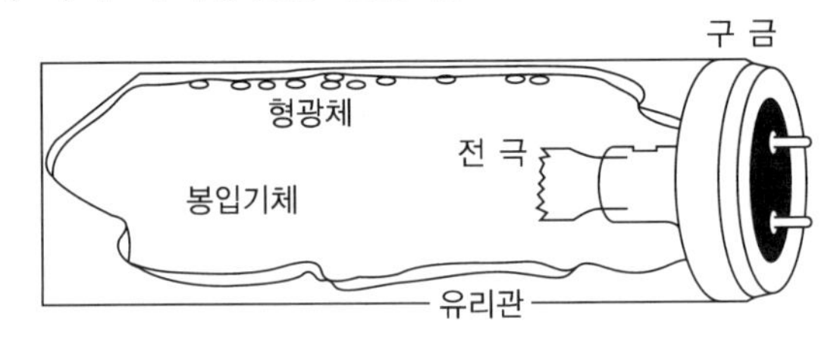

[형광등의 기본 구조]

㉠ 구 성

- 전극 : 열을 발생시켜 수은 기체를 방전
- 수은 : 여기 및 전리되어 방전됨
- 아르곤 : 불활성 기체로 방전 개시를 용이하게 하고 전극의 수명을 길게 하며 발광 효율을 향상
- 안정기
  - 전압-전류 특성은 부(-)특성이므로 일정한 전압의 전원에 연결 시 전류가 급속히 증가되어 방전등이 위험해지는데, 이를 방지하는 역할을 함
  - 형광등용 안정기의 효율은 55~65[%] 정도임

㉡ 형광체의 색체

- 텅스텐산 칼슘 : 청색
- 텅스텐산 마그네슘 : 청백색
- 규산 아연 : 녹색
- 규산 카드뮴 : 등색
- 붕산 카드뮴 : 핑크색

㉢ 형광등의 장단점

- 장점 : 수명이 길고 효율이 좋으며 휘도가 낮다.
- 단 점
  - 점등시간이 오래 걸리며, 역률이 나쁘다.

– 부속장치가 필요하여 가격이 비싸다.
– 플리커(깜박임) 현상이 있고, 주위 온도에 영향을 받는다.

㉣ 형광등의 특성
- 전 광속 : 점등 100시간 후 광속(초특성)
- 동정 특성 광속 : 점등 500시간 후 광속

㉤ 3파장 형광등 : 파장 폭이 좁은 청색, 녹색, 적색의 3가지 빛을 조합하여 효율이 높은 백색 빛을 얻는 등
- 일반 형광등보다 밝다.
- 광원의 색이 자연적이며 선명하다.
- 전력 소모량이 적다.

㉥ 특 징
- 저압 수은등(0.01[mmHg])의 일종
- 주위 온도가 25[℃]일 때 효율 최고(관벽 온도 40~45[℃])
- 안정기의 역률 : 50~60[%]
- 스토크스 법칙을 이용 : 자외선 → 가시광선

④ 나트륨등(소듐등)

㉠ 발광 원리
나트륨 증기 중의 방전을 이용한 것으로 D선이라 불리는 5,800~5,896[Å]의 황색선이 대부분을 차지한다(에너지 복사율 76[%]).

㉡ 나트륨등의 특징
- 방전등의 효율이 대단히 높다.
- 직진성 및 투과성이 우수하다.
- 안개가 많은 강변 지역의 가로등, 터널 내의 등에 사용된다.
- 연색성이 나쁘다.
- 점등 후 10분 정도 후 방전된다.
- 단색 광원으로 589[nm] 파장을 낸다.
- 이론 효율 : $680 \times 0.76 \times 0.76 \fallingdotseq 392$[lm/W]
- 실제 효율 : 40~70[lm/W]

※ 광색과 온도
- 주광색(D) : 6,500[K] (태양색)
- 백색(W) : 4,500[K]
- 온백색(WW) : 3,000[K]

⑤ 수은등(Mercury Vapor Lamp) : 유리구 내에 봉입한 수은 증기 중의 방전을 이용한 것

㉠ 저압 수은등 : 2,537[Å]의 자외선이 강하다.

㉡ 고압 수은등

• 6,000[Å] 이상 적외선

• 연색성이 나쁘고 점등에 8분 정도의 시간이 소요

㉢ 초고압 수은등 : 백색광에 가까워진다.

종 류	기 압	효 율	용 도	비 고
초고압	7,600[mmHg]	40~70[lm/W]	영화의 촬영, 영사기 등의 응용 등	휘감도가 높고 사진 감도가 좋다.
고 압	100~760[mmHg]	20~50[lm/W]	큰 공장의 높은 조명	발광관 벽의 온도는 400~500[℃]이다.
저 압	0.01[mmHg]	10~20[lm/W]	형광, 살균, 청사진 의료용, 물질감별	일반 조명에는 부적당하고 청사진을 굽는 데 사용한다.

※ 연색성이 나쁘다.

⑥ 메탈 할라이드등 : 고압 수은등에 금속 할로겐 화합물 첨가 효율(1.5배)과 연색성 개선(경기장 조명에 주로 사용)

※ 수명 : 6,000~9,000[h]

⑦ 크세논등(제논등) : 크세논 가스 속에서 일어나는 방전을 이용한 램프, 자연광에 가장 가까운 빛을 낸다.

㉠ 크세논등의 특징

• 발광 효율은 1[W]당 20~40[lm]이며 백열등의 효율 1[W]당 10~20[lm]에 비해 높다.

• 단(短)아크 크세논등은 직류용으로, 영사기에 사용된다.

• 장(長)아크 크세논등은 교류로 점등하는 것이 보통인데, 대형 램프를 만들 수 있는 20[kW]까지 사용된다.

• 점등과 동시에 광출력 안정되며, 소등 후 순시 재점등이 가능하다.

⑧ 네온관등

㉠ 가늘고 긴(직경 10~15[mm]) 유리관의 양단에 전극을 설치

㉡ 20[mmHg]의 불활성 가스나 수은증기를 봉입한 냉음극 방전등

㉢ 양광주 부분의 발광을 이용

㉣ 기체 종류에 따른 양광주의 광색

가스 종류	Ar	Ne	H_2	He	CO_2	Hg	Na
양광주광색	붉은보라	주 홍	장 미	붉은노랑	흰 색	청 녹	노 랑

⑨ 네온전구

㉠ 유리구 내에 네온 가스를 수십 [mmHg] 정도 봉입

㉡ 전극을 1~3[mm] 정도 간격으로 접근시켜 설치한 것

㉢ 베이스 내에 1,500~3,000[Ω] 정도의 안정저항을 직렬로 접속

㉣ Pilot 램프, 종야등, 검전기, 직류극성 판별용으로 쓰임

※ 램프 효율 비교

나트륨등(80~150[lm/W]) > 메탈 할라이드등(75~105[lm/W]) > 형광등(48~80[lm/W]) > 수은등(33~55[lm/W]) > 할로겐등(20~22[lm/W]) > 백열등(7~20[lm/W])

핵 / 심 / 예 / 제

01 **절대온도 T[K]인 흑체의 복사발산도(전방사에너지)는?(단, σ는 슈테판-볼츠만의 상수이다)**

[2019년 2회 산업기사]

① σT ② $\sigma T^{1.6}$

③ σT^2 ④ σT^4

해설 **슈테판-볼츠만 법칙**

흑체의 복사 발산량 W는 절대온도 T[K]의 네제곱에 비례한다.

$W = \sigma T^4$[W/m^2]

02 **슈테판-볼츠만(Stefan-Boltzmann) 법칙을 이용하여 온도를 측정하는 것은?** [2022년 1회 기사]

① 광 고온계

② 저항 온도계

③ 열전 온도계

④ 복사 고온계

해설 흑체의 복사 발산량 W는 절대온도 T[K]의 4제곱에 비례한다.

03 **흑체 복사의 최대 에너지의 파장 λ_m은 절대온도 T와 어떤 관계인가?** [2019년 4회 산업기사]

① T^4에 비례 ② $\frac{1}{T}$에 비례

③ $\frac{1}{T^2}$에 비례 ④ $\frac{1}{T^4}$에 비례

해설 **빈의 변위 법칙**

흑체의 분광 방사 발산도가 최대가 되는 파장은 흑체의 절대온도에 반비례한다는 법칙

01 ④ 02 ④ 03 ② 정답

04 **흑체의 온도복사 법칙 중 절대 온도가 높아질수록 파장이 짧아지는 법칙은?** [2022년 1회 기사]

① 슈테판–볼츠만(Stefan–Boltzmann)의 법칙
② 빈(Wien)의 변위법칙
③ 플랑크(Planck)의 복사법칙
④ 베버–페히너(Weber–Fechner)의 법칙

해설 분광방사발산도가 최대가 되는 파장 λ_m은 그 흑체의 절대온도 T[K]에 반비례한다.

05 **시감도가 최대인 파장 555[nm]의 온도[K]는 약 얼마인가?(단, 빈의 법칙의 상수는 2,896 [μm · K]이다)** [2019년 4회 기사]

① 5,218 ② 5,318
③ 5,418 ④ 5,518

해설 **빈의 변위 법칙**
빈의 상수 $b = 2{,}896$[μm · K]이므로

$$T = \frac{b}{\lambda_m} = \frac{2{,}896 \times 10^{-6}}{555 \times 10^{-9}} \fallingdotseq 5{,}218[\text{K}]$$

06 **방전개시 전압을 나타내는 것은?** [2015년 2회 산업기사]

① 빈의 변위 법칙 ② 슈테판–볼츠만의 법칙
③ 톰슨의 법칙 ④ 파센의 법칙

해설 **파센의 법칙**
- 방전개시 전압을 나타낸 법칙
- 일정한 전극 금속과 기체의 조합에서는 압력과 관 길이의 곱의 함수로 정해진다.

07 **방전개시 전압과 관계되는 법칙은?** [2020년 4회 기사]

① 스토크스의 법칙 ② 페닝의 법칙
③ 파센의 법칙 ④ 탈보트의 법칙

해설 6번 해설 참조

정답 04 ② 05 ① 06 ④ 07 ③

08 **평등전계에서 기체의 온도가 일정한 경우, 방전개시 전압은 기체의 압력과 전극간격의 곱의 함수로 결정된다. 이것을 표현한 법칙은?** [2019년 4회 산업기사]

① 파센의 법칙 ② 스토크스의 법칙
③ 플랑크의 법칙 ④ 슈테판-볼츠만의 법칙

해설 **파센의 법칙**
- 방전개시 전압을 나타낸 법칙
- 일정한 전극 금속과 기체의 조합에서는 압력과 관 길이의 곱의 함수로 정해진다.

09 **수은이나 불활성 가스와 같은 준안정 상태를 형성하는 기체에 극히 미량의 다른 기체를 혼합한 경우 방전개시 전압이 매우 낮아지는 현상은?** [2016년 2회 산업기사]

① 페닝 효과 ② 파센의 법칙
③ 베버의 법칙 ④ 빈의 변위 효과

해설 **페닝 효과**
준안정 상태를 형성하는 기체에 극히 미량의 다른 기체를 혼합하면 방전개시 전압이 강하하는 현상이다.

10 **기체 또는 금속 증기 내의 방전에 따른 발광 현상을 이용한 것으로 수은등, 네온관등에 이용된 루미네선스는?** [2019년 4회 산업기사]

① 열 루미네선스 ② 결정 루미네선스
③ 화학 루미네선스 ④ 전기 루미네선스

해설 **루미네선스(Luminescence)**
백열등과 같이 물체의 온도를 높여서 빛을 발생시키는 온도복사 이외의 모든 발광을 루미네선스라 한다.
- 전기 루미네선스 : 기체 중 방전(네온관등, 수은등)
- 복사 루미네선스 : 자외선, X선 등의 조사(형광등)
- 파이로 루미네선스 : 아크 속의 기체의 발광(발염 방전등)
- 열 루미네선스 : 높은 온도에 의한 흑체보다 강한 복사(금강석, 대리석)
- 화학 루미네선스 : 화학 변화 및 산화 현상 이용

08 ① 09 ① 10 ④ 정답

11 **형광판, 야광 도료 및 형광방전등에 이용되는 루미네선스는?** [2020년 1, 2회 기사]

① 열 루미네선스
② 전기 루미네선스
③ 복사 루미네선스
④ 파이로 루미네선스

해설 **루미네선스(Luminescence)**
백열등과 같이 물체의 온도를 높여서 빛을 발생시키는 온도복사 이외의 모든 발광을 루미네선스라 한다.
- 전기 루미네선스 : 기체 중 방전(네온관등, 수은등)
- 복사 루미네선스 : 자외선, X선 등의 조사(형광등)
- 파이로 루미네선스 : 아크 속의 기체의 발광(발염 방전등)
- 열 루미네선스 : 높은 온도에 의한 흑체보다 강한 복사(금강석, 대리석)
- 화학 루미네선스 : 화학 변화 및 산화 현상 이용

12 **파이로 루미네선스(Pyro-luminescence)를 이용한 것은?** [2018년 1회 산업기사]

① 형광등
② 수은등
③ 화학 분석
④ 텔레비전 영상

해설 파이로 루미네선스는 염색 반응에 의한 화학 분석, 스펙트럼 분석에 사용된다.

정답 11 ③ 12 ③

13 광원 중 루미네선스(Luminescence)에 의한 발광 현상을 이용하지 않는 것은?

[2018년 1회 산업기사]

① 형광 램프　　② 수은 램프
③ 네온 램프　　④ 할로겐 램프

해설 할로겐 램프는 소량의 할로겐 화합물을 넣은 텅스텐 전구이다.

14 다음 (　　)에 들어갈 도금의 종류로 옳은 것은?

[2019년 1회 산업기사]

(　　) 도금은 철, 구리, 아연 등의 장식용과 내식용으로 사용되며 대부분 그 위에 얇은 크롬 도금을 입혀서 사용한다.

① 동　　② 은
③ 니 켈　　④ 카드뮴

해설 **니켈 도금**
철, 구리, 아연 등의 장식용과 내식용으로 사용되며 대부분 그 위에 얇은 크롬 도금을 입혀서 사용한다.

15 300[W] 이상의 백열전구에 사용되는 베이스의 크기는?

[2020년 4회 기사]

① E10　　② E17
③ E26　　④ E39

해설 대형 전구에 사용하는 베이스 규격은 E39이다.

13 ④　14 ③　15 ④　정답

16 필라멘트 재료의 구비 조건에 해당되지 않는 것은? [2017년 1회 기사]

① 융해점이 높을 것
② 고유저항이 작을 것
③ 선팽창계수가 작을 것
④ 높은 온도에서 증발성이 적을 것

해설 **필라멘트의 구비 조건**
- 융해점이 높을 것
- 고유저항이 클 것
- 선팽창계수가 작을 것
- 높은 온도에서도 증발성이 적을 것
- 가공이 용이할 것
- 높은 온도에서 주위의 물질과 화합하지 않을 것

17 필라멘트 재료가 갖추어야 할 조건 중 틀린 것은? [2019년 2회 기사]

① 융해점이 높을 것
② 고유저항이 작을 것
③ 선팽창계수가 작을 것
④ 높은 온도에서 증발이 적을 것

해설 16번 해설 참조

18 백열전구에 사용되는 필라멘트 재료의 구비 조건으로 틀린 것은? [2020년 1, 2회 기사]

① 용융점이 높을 것
② 고유저항이 클 것
③ 선팽창계수가 높을 것
④ 높은 온도에서 증발이 적을 것

해설 16번 해설 참조

정답 16 ② 17 ② 18 ③

19 적외선 전구를 사용하는 건조 과정에서 건조에 유효한 파장인 1~4[μm]의 방사파를 얻기 위하여 적외선 전구의 필라멘트 온도[K] 범위는?

[2016년 1회 산업기사]

① 1,800~2,200 ② 2,200~2,500
③ 2,800~3,000 ④ 2,800~3,200

해설 **적외선 전구**
- 필라멘트 온도 : 2,200~2,500[K]
- 전구 수명 : 5,000~10,000[h]

20 전구에 게터(Getter)를 사용하는 목적은?

[2019년 1회 산업기사]

① 광속을 많게 한다.
② 전력을 적게 한다.
③ 진공도를 10^{-2}[mmHg]로 낮춘다.
④ 수명을 길게 한다.

해설 **게터(Getter)**
산화 및 유리구의 흑화(Blackening)를 방지하고 전구의 수명을 길게 하는 것

21 백열전구의 앵커에 사용되는 재료는?

[2018년 4회 기사]

① 철 ② 크 롬
③ 망 간 ④ 몰리브덴

해설 **백열전구**
- 도입선
  - 외부 도입선 : 동선
  - 내부 도입선 : 철-니켈 합금선에 동피복을 한 것
  - 앵커(지지선) : 몰리브덴

19 ② 20 ④ 21 ④ 정답

22 새로 제작한 전구의 최초의 점등에서 필라멘트의 특성을 안정화시키는 작업을 무엇이라 하는가?

[2018년 2회 기사]

① 초 특성
② 동정 특성
③ 전압 특성
④ 에이징(Aging)

해설 **에이징(Aging)**
필라멘트의 특성을 안정화시키는 작업

23 백열전구의 동정 곡선은 다음 중 어느 것을 결정하는 중요한 요소가 되는가?

[2017년 1회 산업기사]

① 전류, 광속, 전압
② 전류, 광속, 효율
③ 전류, 광속, 휘도
④ 전류, 광도, 전압

해설 **동정 곡선**
전구는 사용함에 따라 필라멘트가 증발하여 가늘어져 저항은 커지게 되고, 전류는 감소하고, 광속은 저하되고, 효율도 저하되는데 이러한 변화 상태를 나타낸 곡선을 동정 곡선이라 한다.

24 조명용 광원 중에서 연색성이 가장 우수한 것은?

[2019년 2회 기사]

① 백열전구
② 고압 나트륨등
③ 고압 수은등
④ 메탈 할라이드등

해설 백열등 > 메탈 할라이드등 > 고압 수은등 > 고압 나트륨등 순으로 연색성이 뛰어나다.

정답 22 ④ 23 ② 24 ①

25 방전등에 속하지 않는 것은? [2019년 2회 기사 / 2022년 2회 기사]

① 할로겐등
② 형광 수은등
③ 고압 나트륨등
④ 메탈 할라이드등

해설
- 방전 광원
  - 형광등
  - 고압 수은등
  - 메탈 할라이드등
  - 크세논등
  - 나트륨등
- 온도복사
  - 백열등
  - 할로겐등

26 광질과 특색이 고휘도이고 광색은 적색 부분이 많고 배광 제어가 용이하며 흑화가 거의 일어나지 않는 램프는? [2017년 4회 산업기사]

① 수은 램프
② 형광 램프
③ 크세논 램프
④ 할로겐 램프

해설 **할로겐등(할로겐 램프)**
- 단위 광속이 크다.
- 수명이 백열전구에 비해 길다.
- 열충격에 강하다.
- 배광 제어가 용이하다.
- 연색성이 좋다.
- 고휘도이다.
- 흑화 발생이 거의 없다.

27 광질의 특색이 고휘도이고 배광 제어가 용이하며 흑화가 거의 일어나지 않는 램프는? [2020년 1, 2회 산업기사]

① 수은 램프
② 형광 램프
③ 크세논 램프
④ 할로겐 램프

해설 26번 해설 참조

25 ① 26 ④ 27 ④ 정답

28 할로겐전구의 특징이 아닌 것은?

[2020년 3회 기사]

① 휘도가 낮다.
② 열충격에 강하다.
③ 단위 광속이 크다.
④ 연색성이 좋다.

해설 **할로겐등(할로겐 램프)**

- 단위 광속이 크다.
- 열충격에 강하다.
- 연색성이 좋다.
- 흑화 발생이 거의 없다.
- 수명이 백열전구에 비해 길다.
- 배광 제어가 용이하다.
- 고휘도이다.

29 형광등은 주위 온도가 약 몇 [℃]일 때 가장 효율이 높은가?

[2016년 4회 산업기사 / 2019년 1회 산업기사]

① 5~10
② 10~15
③ 20~25
④ 35~40

해설 **형광등(형광 램프)의 최대 효율 운전 조건**

- 주위 온도 : 20~25[℃]
- 관벽 온도 : 40~45[℃]

30 형광방전등의 효율이 가장 좋으려면 주위 온도[℃]와 관벽 온도[℃]는 각각 어느 정도가 적당한가?

[2017년 1회 산업기사]

① 주위 온도 : 40[℃], 관벽 온도 : 40~45[℃]
② 주위 온도 : 25[℃], 관벽 온도 : 40~45[℃]
③ 주위 온도 : 40[℃], 관벽 온도 : 20~30[℃]
④ 주위 온도 : 25[℃], 관벽 온도 : 20~30[℃]

해설 29번 해설 참조

정답 28 ① 29 ③ 30 ②

31 **청색 형광방전등의 램프에 사용되는 형광체는?** [2017년 2회 산업기사]

① 규산 아연 ② 규산 카드뮴
③ 붕산 카드뮴 ④ 텅스텐산 칼슘

해설 **형광 물체에 따른 발광색**
- 텅스텐산 칼슘 : 청색
- 텅스텐산 마그네슘 : 청백색
- 규산 아연 : 녹색
- 규산 카드뮴 : 등색
- 붕산 카드뮴 : 핑크색

32 **형광등은 형광체의 종류에 따라 여러 가지 광색을 얻을 수 있다. 형광체가 규산 아연일 때의 광색은?** [2021년 2회 기사]

① 녹 색 ② 백 색
③ 청 색 ④ 황 색

해설 31번 해설 참조

33 **녹색 형광 램프의 형광제로 옳은 것은?** [2015년 1회 산업기사]

① 텅스텐산 칼슘 ② 규소 카드뮴
③ 규산 아연 ④ 붕산 카드뮴

해설 31번 해설 참조

34 **형광등의 광색이 주광색일 때 색온도[K]는 약 얼마인가?** [2021년 1회 기사]

① 3,000 ② 4,500
③ 5,000 ④ 6,500

해설
- 주광색 : 6,500[K]
- 백색 : 4,500[K]

31 ④ 32 ① 33 ③ 34 ④ 정답

35 **파장 폭이 좁은 3가지의 빛을 조합하여 효율이 높은 백색 빛을 얻는 3파장 형광 램프에서 3가지 빛이 아닌 것은?** [2016년 1회 산업기사]

① 청 색 ② 녹 색
③ 황 색 ④ 적 색

해설 **3파장 형광 램프**
청색, 녹색, 적색의 3가지 색 파장을 이용

36 **다음 중 형광체로 쓰이지 않는 것은?** [2015년 2회 산업기사]

① 텅스텐산 칼슘 ② 규산 아연
③ 붕산 카드뮴 ④ 황산 나트륨

해설 **형광 물체에 따른 발광색**
- 텅스텐산 칼슘 : 청색
- 텅스텐산 마그네슘 : 청백색
- 규산 아연 : 녹색
- 규산 카드뮴 : 등색
- 붕산 카드뮴 : 핑크색

37 **전원을 넣자마자 곧바로 점등되는 형광등용의 안정기는?** [2016년 1회 기사]

① 점등관식
② 래피드 스타트식
③ 글로 스타트식
④ 필라멘트 단락식

해설 **래피드 스타트식**
필라멘트로 예열하는 회로를 가진 구조로 전극을 가열함과 동시에 전극 사이에 자기 누설 변압기에 의한 고전압을 가하여 단시간 내에 형광 램프를 시동시키는 방식

정답 35 ③ 36 ④ 37 ②

38 **전원을 넣자마자 곧바로 점등되는 형광등용의 안정기는?** [2019년 1회 기사]

① 점등관식 ② 래피드 스타트식
③ 글로 스타트식 ④ 필라멘트 단락식

해설 **래피드 스타트식**
필라멘트로 예열하는 회로를 가진 구조로 전극을 가열함과 동시에 전극 사이에 자기 누설 변압기에 의한 고전압을 가하여 단시간 내에 형광 램프를 시동시키는 방식

39 **형광등의 점등회로 중 필라멘트를 예열하지 않고 직접 형광등에 고전압을 가하여 순간적으로 기동하는 점등회로로서, 전극이 기동 시에는 냉음극, 동작 시에는 방전전류에 의한 열음극으로 작동하는 회로는?** [2022년 1회 기사]

① 전자 스타터 점등회로
② 글로 스타터 점등회로
③ 속시 기동(래피드 스타터) 점등회로
④ 순시 기동(슬림 라인) 점등회로

해설
- 장 점
  - 점등 불량으로 인한 고장이 없다.
  - 관이 길어 양광주가 길고 효율이 좋다.
  - 전압 변동에 의한 수명의 단축이 없다.
  - 순시 기동으로 점등에 시간이 걸리지 않는다.
  - 필라멘트를 예열할 필요가 없어 점등관등 기동장치가 불필요하다.
- 단 점
  - 점등장치가 비싸다.
  - 전압이 높아 위험하다.
  - 전압이 높아 기동 시에 음극이 손상하기 쉽다.

38 ② 39 ④ 정답

40 **나트륨램프에 대한 설명 중 틀린 것은?** [2022년 2회 기사]

① KS C 7610에 따른 기호 NX는 저압 나트륨램프를 표시하는 기호이다.
② 등황색의 단일 광색으로 색수차가 적다.
③ 색온도는 5,000~6,000[K] 정도이다.
④ 도로, 터널, 항만표지 등에 이용한다.

해설

구 분	수은등	나트륨등	메탈 할라이드등
점등 원리	전계 루미네선스	전계 루미네선스	전계 루미네선스(광방사)
효율[lm/W]	35~55	80~100	75~105
연색성[Ra]	60	22~35	60~80
용량[W]	40~1,000	20~400	280~400
수명[h]	10,000	6,000	6,000
색온도[K]	3,300~4,200	2,200	4,500~6,500
특 성	고휘도, 배광 용이	60[%] 이상이 D선	고휘도, 배광 용이
용 도	고천장, 투광등	해안가도로, 보안등	고천장, 옥외, 도로

41 **방전등의 일종으로서 효율이 대단히 좋으며, 광색은 순황색이고 연기가 안개 속을 잘 투과하며 대비성이 좋은 것은?** [2018년 4회 기사]

① 수은등
② 형광등
③ 나트륨등
④ 요오드등

해설 나트륨등의 특징

- 효율이 대단히 높다.
- 직진성 및 투과성이 우수하다.
- 안개가 많은 지역의 가로등, 터널 내 등에 많이 사용된다.
- 연색성이 나쁘다.
- 나트륨등의 이론적 발광 효율 : 395[lm/W]

정답 40 ③ 41 ③

42 램프 효율이 우수하고 단색광이므로 안개 지역에서 가장 많이 사용되는 광원은?

[2015년 1회 기사 / 2017년 4회 기사 / 2021년 4회 기사]

① 나트륨등 ② 메탈 할라이드등
③ 수은등 ④ 크세논등

해설 나트륨등의 특징
- 효율이 대단히 높다.
- 직진성 및 투과성이 우수하다.
- 안개가 많은 지역의 가로등, 터널 내 등에 많이 사용된다.
- 연색성이 나쁘다.
- 나트륨등의 이론적 발광 효율 : 395[lm/W]

43 방전등의 일종으로 효율이 좋으며 빛의 투과율이 크고, 등황색의 단색광이며 안개 속을 잘 투과하는 등은?

[2015년 2회 기사 / 2020년 3회 기사]

① 나트륨등 ② 할로겐등
③ 형광등 ④ 수은등

해설 42번 해설 참조

44 휘도가 낮고 효율이 좋으며 투과성이 양호하여 터널 조명, 도로 조명, 광장 조명 등에 주로 사용되는 것은?

[2018년 2회 산업기사]

① 형광등 ② 백열전구
③ 나트륨등 ④ 할로겐등

해설 42번 해설 참조

45 터널 내의 배기가스 및 안개 등에 대한 투과력이 우수하여 터널 조명, 교량 조명, 고속도로 인터체인지 등에 많이 사용되는 방전등은?

[2015년 4회 기사 / 2019년 4회 기사]

① 수은등 ② 나트륨등
③ 크세논등 ④ 메탈 할라이드등

해설 42번 해설 참조

42 ① 43 ① 44 ③ 45 ② 정답

46 효율이 우수하고 특히 등황색 단색광으로 연색성이 문제되지 않는 도로 조명, 터널 조명 등에 많이 사용되고 있는 등(Lamp)은? [2018년 1회 기사]

① 크세논등 ② 고압 수은등
③ 저압 나트륨등 ④ 메탈 할라이드등

해설 **나트륨등의 특징**
- 효율이 대단히 높다.
- 직진성 및 투과성이 우수하다.
- 안개가 많은 지역의 가로등, 터널 내 등에 많이 사용된다.
- 연색성이 나쁘다.
- 나트륨등의 이론적 발광 효율 : 395[lm/W]

47 가로 조명, 도로 조명 등에 사용되는 저압 나트륨등의 설명으로 틀린 것은? [2020년 1, 2회 산업기사]

① 효율은 높고 연색성은 나쁘다.
② 등황색의 단일 광색이다.
③ 냉음극이 설치된 발광관과 외관으로 되어 있다.
④ 나트륨의 포화 증기압은 0.004[mmHg]이다.

해설 46번 해설 참조

48 가로 조명, 도로 조명 등에 사용되는 저압 나트륨등의 설명으로 틀린 것은? [2017년 2회 산업기사]

① 효율은 높고 연색성은 나쁘다.
② 점등 후 10분 정도에서 방전이 안정된다.
③ 냉음극이 설치된 발광관과 외관으로 되어 있다.
④ 실용적인 유일한 단색 광원으로 589[nm]의 파장을 낸다.

해설 46번 해설 참조

정답 46 ③ 47 ③ 48 ③

49 저압 나트륨등에 대한 설명 중 틀린 것은?

[2016년 2회 기사]

① 광원의 효율은 방전등 중에서 가장 우수하다.
② 가시광의 대부분이 단일 광색이므로 연색 지수가 낮다.
③ 물체의 형체나 요철의 식별에 우수한 효과가 있다.
④ 연색성이 우수하여 도로, 터널의 조명등에 쓰인다.

해설 **나트륨등의 특징**

- 효율이 대단히 높다.
- 직진성 및 투과성이 우수하다.
- 안개가 많은 지역의 가로등, 터널 내 등에 많이 사용된다.
- 연색성이 나쁘다.
- 나트륨등의 이론적 발광 효율 : 395[lm/W]

50 나트륨등의 이론적 발광 효율은 약 몇 [lm/W]인가?

[2016년 2회 기사]

① 255
② 300
③ 395
④ 500

해설 49번 해설 참조

51 다음 광원 중 발광 효율이 가장 좋은 것은?

[2019년 4회 기사]

① 형광등
② 크세논등
③ 저압 나트륨등
④ 메탈 할라이드등

해설 **효율이 좋은 순서**

나트륨등 > 메탈 할라이드등 > 형광등 > 수은등 > 할로겐등 > 백열등

49 ④ 50 ③ 51 ③ 정답

52 백색 LED의 발광 원리가 아닌 것은? [2019년 2회 산업기사]

① GaN계 적색 LED와 청색 발광 형광체를 조합한 형태
② GaN계 청색 LED와 황색 발광 형광체를 조합한 형태
③ GaN계 자외선 LED와 적·녹·청색 발광의 혼합 형광체를 조합한 형태
④ 3색(적·녹·청)의 개별 LED 칩을 1개의 패키지 안에 조합한 멀티칩 형태

해설 **백색 LED 발광 원리**

- GaN계 청색 LED와 황색 형광체 조합한 형태
- 형광등과 비슷한 원리를 응용해 UV/LED와 백색 형광체(적색, 녹색, 청색 형광체의 혼합물)를 조합한 형태

53 등기구의 표시 중 H자로 표시가 있는 것은 어느 등인가? [2015년 1회 산업기사]

① 백열등 ② 수은등
③ 형광등 ④ 나트륨등

해설 **등기구의 표시 기호**

- H : 수은등
- F : 형광등
- N : 나트륨등
- M : 메탈 할라이드등

54 다음 중 등(램프) 종류별 기호가 옳은 것은? [2017년 1회 기사]

① 형광등 : F ② 수은등 : N
③ 나트륨등 : T ④ 메탈 할라이드등 : H

해설 53번 해설 참조

정답 52 ① 53 ② 54 ①

55 HID 램프의 종류가 아닌 것은? [2018년 2회 기사]

① 고압 수은 램프
② 고압 옥소 램프
③ 고압 나트륨 램프
④ 메탈 할라이드 램프

해설 **고휘도 방전 램프(HID 램프)의 종류**
- 고압 수은 램프
- 고압 나트륨 램프
- 메탈 할라이드 램프

56 발광에 양광주를 이용하는 조명등은? [2018년 2회 산업기사]

① 네온전구
② 네온관등
③ 탄소아크등
④ 텅스텐아크등

해설 네온관등은 양광주가 발광한다.
※ 네온전구는 음극 글로를 이용한다.

57 KS C 7617에 따른 네온관의 공칭 관전류는 몇 [mA]인가? [2022년 1회 기사]

① 10　② 20
③ 30　④ 40

해설 **네온관**
네온사인에 사용되는 것으로, 네온가스 또는 수은과 아르곤 가스의 혼합물을 봉입하여 60[Hz]의 저압 교류회로에 접속하는 네온 변압기로 점등하는 냉음극 네온관에 해당하며 공칭 관전류는 20[mA]로 한다.

55 ② 56 ② 57 ② 정답

58 투명 네온관등에 네온 가스를 봉입하였을 때 광색은? [2016년 4회 산업기사]

① 등 색　② 황갈색
③ 고동색　④ 등적색

해설 네온관등
- 유리관 색이 투명인 경우 네온 가스 봉입 시 등적색이 나온다.
- 유리관 색이 청색인 경우 네온 가스 봉입 시 등색이 나온다.

59 네온전구에 대한 설명으로 옳지 않은 것은? [2015년 1회 산업기사]

① 소비전력이 적으므로 배전반의 파일럿 램프 등에 적합하다.
② 전극 간의 길이가 짧으므로 부글로 발광으로 이용한 것이다.
③ 음극 글로를 이용하고 있어 직류의 극성 판별용에 이용된다.
④ 광학적 검사용에 이용된다.

해설 네온전구
- 소비전력이 적으므로 배전반의 표시등에 적합
- 부글로를 이용 직류의 극성 판별 등에 사용(음극)
- 일정한 전압 이상에서 점등되므로 검전기, 교류 파곳값의 측정에 이용
- 전극 간의 길이가 짧아 부글로를 발광으로 이용
- 광도∝전류
- 빛의 관성이 없음

60 음극만 발광하므로 직류 극성을 판별하는 데 이용되는 것은? [2017년 4회 산업기사]

① 네온 램프　② 크립톤 램프
③ 크세논 램프　④ 나트륨 램프

해설 59번 해설 참조

정답 58 ④　59 ④　60 ①

61 네온방전등에 대한 설명으로 틀린 것은? [2021년 4회 기사]

① 네온방전등에 공급하는 전로의 대지전압은 300[V] 이하로 하여야 한다.
② 네온변압기 2차 측은 병렬로 접속하여 사용하여야 한다.
③ 관등회로의 배선은 애자 공사로 시설하여야 한다.
④ 관등회로의 배선에서 전선 상호 간의 이격거리는 60[mm] 이상으로 하여야 한다.

해설 **네온전구**

- 소비전력이 적으므로 배전반의 표시등에 적합
- 부글로를 이용 직류의 극성 판별 등에 사용(음극)
- 일정한 전압 이상에서 점등되므로 검전기, 교류 파곳값의 측정에 이용
- 전극 간의 길이가 짧아 부글로를 발광으로 이용
- 광도∝전류
- 빛의 관성이 없음

62 네온전구의 용도로서 틀린 것은? [2016년 4회 기사]

① 소비전력이 적으므로 배전반의 표시등에 적합하다.
② 부글로를 이용하고 있어 직류의 극성 판별에 사용된다.
③ 일정한 전압에서 점등되므로 검전기, 교류 파곳값의 측정에 이용할 수 없다.
④ 네온전구는 전극 간의 길이가 짧으므로 부글로를 발광으로 이용한 것이다.

해설 61번 해설 참조

61 ② 62 ③ 정답

5. 조명설계

(1) 조명 목적

① 명시 조명 : 순수 조도 확보(물체의 명확한 식별)

② 분위기 조명 : 순수 조도 확보 + 공간 분위기

(2) 조명기구 배치에 따른 조명 방식

① 국부 조명 : 특별한 부분의 국부적인 조명(진열장, 진열창 등)

② 전반 조명 : 조명 부분을 전반적으로 균일하게 한 조명(교실, 사무실 등)

③ 전반국부 조명 : 전체는 낮은 조도의 전반 조명, 필요한 부분만 높은 조도(미술관 등)

(3) 작업면상 조도의 종류에 따른 분류

① 직접 조명 : 직사 조도가 확산 조도보다 높은 경우, 즉 90~100[%]의 광속을 아래로 조사시키는 방식

② 간접 조명 : 직사 조도가 거의 없고 등기에서 나오는 광속의 90~100[%]를 천장이나 벽에 투사시켜 반사 확산된 광속을 이용한 조명 방식

③ 반간접 조명 : 두 가지 조명 방식의 장점만을 살리는 방식

(4) 건축화 조명 종류

① 광천장 조명 : 천장 전면을 발광면으로 하는 조명

② 루버천장 조명 : 루버를 천장에 부착하고 위쪽에 광원을 배치한 조명(직접 조명의 일종)

③ 다운라이트(Down Light) 조명

㉠ 천장에 작은 구멍을 뚫고 그 속에 광원을 매입하는 조명 방식
㉡ 건물의 일부에 광원을 매입하여 조명과 건물을 일체화하는 건축화 조명
㉢ 가장 많이 쓰이는 조명 방식
㉣ 매입형 조명기구로 노출이 거의 없어 천장면이 깨끗해 보이는 것이 장점

④ 밸런스 조명 : 광원의 전면에 밸런스 판을 설치하여 천장면, 벽면을 이용해 조명하는 방식

⑤ **코너 조명** : 천장과 벽면 사이에 조명기구를 배치하여 천장과 벽면을 동시에 조명하는 방식

⑥ **코니스 조명** : 실내의 코너를 이용하여 코니스라는 자재를 15~20[cm] 정도 내려서 아래쪽의 벽 또는 커튼을 조명하도록 하는 방식

⑦ **코브 조명** : 천장이나 벽 상부에 빛을 보내는 조명 장치로, 광원이 가려져 있는 점이 특징이며 휘도가 균일함

(5) 조명설계

① 기본식

$FUN = EAD$

여기서, F : 광속

U : 조명률(전광속에 대한 작업면에 입사되는 광속의 비)

N : 전등수

E : 조도

A : 면적

D : 감광보상률(광원의 광속 감소의 비율)

② 실지수 $= \dfrac{XY}{H(X+Y)}$

여기서, X, Y : 방의 폭과 길이

H : 작업면상의 광원의 높이(피조면과 광원의 높이)

③ 조명기구의 간격 및 배치

㉠ 등-등 사이 : $S \leq 1.5H$ (S : 간격, H : 등기구 높이)

㉡ 등-벽 사이 : $S_0 \leq \dfrac{1}{2}H$ (벽을 사용하지 않을 때)

$S_0 \leq \dfrac{1}{3}H$ (벽을 사용할 때)

④ 도로 조명설계

㉠ 1대의 소요 광속 $F = \dfrac{ESBD}{NU}$ [lm]

여기서, S : 등주의 간격[m]

B : 도로의 폭[m]

N : 등주의 열수(대칭 및 지그재그식은 2, 편도 및 중앙식은 1)

ⓛ 도로 조명의 조명기구 배치 방법

ⓐ 도로 양쪽에 대칭 배열 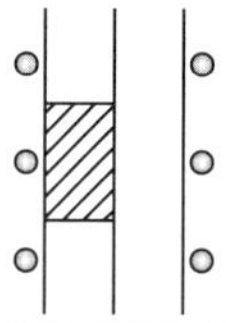	ⓑ 지그재그 배열 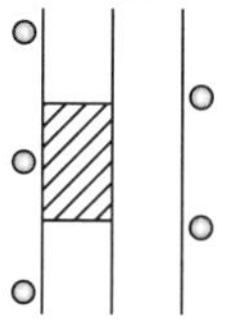	ⓒ 도로 중앙 배열 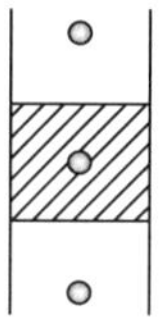	ⓓ 도로의 편도 배열 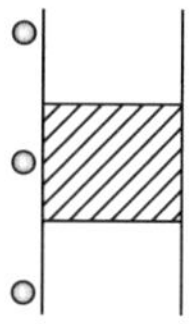

ⓐ, ⓑ $S = \dfrac{\text{등간격} \times \text{도로폭}}{2}$

ⓒ, ⓓ $S = \text{등간격} \times \text{도로폭}$

핵 / 심 / 예 / 제

01 **직접 조명의 장점이 아닌 것은?** [2018년 4회 산업기사]

① 설비비가 저렴하며, 설계가 단순하다.
② 그늘이 생기므로 물체의 식별이 입체적이다.
③ 조명률이 크므로, 소비전력은 간접 조명이 1/2~1/3이다.
④ 등기구의 사용을 최소화하여 조명 효과를 얻을 수 있다.

해설 ④는 간접 조명의 장점이다.
직접 조명의 장점
- 조명률이 크므로 소비전력은 간접 조명의 $\frac{1}{2}\sim\frac{1}{3}$이다.
- 설비비가 저렴하며 설계가 단순하다.
- 그늘이 생겨 물체가 입체적으로 보여 식별이 용이하다.

02 **다음 조명기구의 배광에 의한 분류 중 병실이나 침실에 시설할 조명기구로 가장 적합한 것은?** [2018년 1회 기사]

① 직접 조명기구 ② 반간접 조명기구
③ 반직접 조명기구 ④ 전반확산 조명기구

해설 **반간접 조명기구**
- 빛이 직접 아래쪽으로만 조사되지 않으므로 아늑한 분위기를 낸다.
- 병원의 병실이나 침실은 반간접 조명으로 설계하여 환자가 심리적으로 안정될 수 있다.

03 **발산 광속이 상향으로 90~100[%] 정도 발산하며 직사 눈부심이 없고 낮은 휘도를 얻을 수 있는 조명 방식은?** [2017년 4회 산업기사]

① 직접 조명 ② 간접 조명
③ 국부 조명 ④ 전반확산 조명

해설 **간접 조명**
상향 방향의 광속이 90[%] 이상이고, 하향 광속은 10[%] 이하인 조명 방식

01 ④ 02 ② 03 ② 정답

04 조명기구나 소형 전기기구에 전력을 공급하는 것으로 상점이나 백화점, 전시장 등에서 조명기구의 위치를 빈번하게 바꾸는 곳에 사용되는 것은? [2017년 1회 기사 / 2020년 4회 기사]

① 라이팅덕트
② 다운라이트
③ 코퍼라이트
④ 스포트라이트

해설 **라이팅덕트**
조명기구나 소형 전기기구에 전력을 공급하거나 상점, 백화점, 전시장 등에서 조명기구의 위치를 빈번하게 바꾸는 곳에 사용

05 연속열 등기구를 천장에 매입하거나 들보에 설치하는 조명 방식으로 일반적으로 사무실에 설치되는 건축화 조명 방식은? [2019년 4회 기사]

① 밸런스 조명
② 광량 조명
③ 코브 조명
④ 코퍼 조명

해설 **광량(Luminous Beam) 조명**
매우 긴 조명기구를 보 형태로 보이게 한 것이므로, 매입기구를 천장에 일렬로 매입하는 조명 방식

06 빛을 아래쪽에 확산, 복사시키며 눈부심을 적게 하는 조명기구는? [2016년 4회 산업기사]

① 루 버
② 글로브
③ 반사볼
④ 투광기

해설 **루 버**
빛을 아래쪽에 확산, 복사시키며 눈부심을 적게 하는 조명기구

정답 04 ① 05 ② 06 ①

07 무대 조명의 배치별 구분 중 무대 상부 배치 조명에 해당되는 것은?

[2017년 2회 기사 / 2021년 2회 기사]

① Foot Light
② Tower Light
③ Ceiling Spot Light
④ Suspension Spot Light

해설 Suspension Spot Light(서스펜션 스포트라이트)
전등기구를 천장에서 밑으로 내려 부분 조명하는 방식으로 무대 상부 배치 조명에 많이 사용된다.

08 상향 광속과 하향 광속이 거의 동일하므로 하향 광속으로 직접 작업면에 직사시키고 상향 광속의 반사광으로 작업면의 조도를 증가시키는 조명기구는?

[2021년 1회 기사]

① 간접 조명기구
② 직접 조명기구
③ 반직접 조명기구
④ 전반확산 조명기구

해설
- 전반확산 조명기구 : 하향 광속을 직접 작업면에 직사시키고 상향 광속의 반사광을 이용하여 작업면의 조도를 증가시키는 조명기구
- 반직접 조명기구 : 발산광속 중 하향 광속은 60~90[%], 상향 광속은 10~40[%]로 사용하며 상향 광속은 천장, 벽면 등에 반사되고 반사광을 이용하여 작업면의 조도를 증가시키는 조명기구

09 주로 옥외 조명기구로 사용되며 실내에서는 체육관 등 넓은 장소에 사용되는 조명기구는?

[2015년 4회 산업기사]

① 다운라이트 ② 트랙라이트
③ 투광기 ④ 펜던트

해설 투광기
- 주로 옥외 조명기구로 사용
- 실내에서는 체육관 등 넓은 장소에 사용

07 ④ 08 ④ 09 ③ 정답

10 천장면을 여러 형태의 사각, 삼각 등으로 구멍을 내어 다양한 형태의 매입기구를 취부하여 실내의 단조로움을 피하는 조명방식은? [2022년 2회 기사]

① Pin Hole Light
② Coffer Light
③ Line Light
④ Cornis Light

해설 대형의 Down Light 종류이며, 천장면에 둥글게 또는 사각으로 만들어(파내어) 내부에 조명기구를 배치하는 조명 방식

11 지름 2[m]의 작업면의 중심 바로 위 1[m]의 높이에서 각 방향의 광도가 100[cd]되는 광원 1개로 조명할 때의 조명률은 약 몇 [%]인가? [2018년 4회 기사]

① 10
② 15
③ 48
④ 65

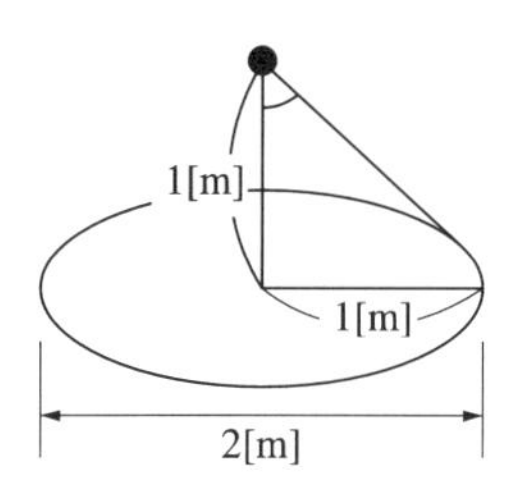

$$\text{조명률 : } u = \frac{\text{피조면의 유효 광속[lm]}}{\text{광원의 전 광속[lm]}} = \frac{2\pi(1-\cos\theta)I}{4\pi I} = \frac{1-\frac{1}{\sqrt{2}}}{2} \fallingdotseq 0.147$$

$\therefore$ 14.7[%] ≒ 15[%]

12 방의 가로 8[m], 세로가 10[m], 광원의 높이가 4[m]인 방의 실지수는? [2015년 1회 산업기사]

① 1.1
② 2.1
③ 3.1
④ 4.1

해설 $\text{실지수} = \frac{XY}{H(X+Y)} = \frac{8\times10}{4\times(8+10)} \fallingdotseq 1.1$

정답 10 ② 11 ② 12 ①

13 실내 조도계산에서 조명률 결정에 미치는 요소가 아닌 것은? [2020년 3회 기사]

① 실지수 ② 반사율
③ 조명기구의 종류 ④ 감광보상률

해설 조명률에 미치는 요소 : 실지수, 반사율, 기구 종류

14 옥내 전반 조명에서 바닥면의 조도를 균일하게 하기 위한 등간격은?(단, 등간격 S, 등높이 H이다) [2016년 4회 산업기사]

① $S = H$ ② $S \le 2H$
③ $S \le 0.5H$ ④ $S \le 1.5H$

해설 조명기구와 기구 사이의 간격
$S \le 1.5H$
(단, H : 작업면에서 광원까지의 높이[m])

15 직접 조명 시 벽면을 이용할 경우 등기구와 벽면 사이의 간격 S_0는? [2016년 1회 산업기사]

① $S_0 \le \frac{H}{2}$ ② $S_0 \le \frac{H}{3}$
③ $S_0 \le 1.5H$ ④ $S_0 \le 2H$

해설 조명기구와 벽면의 간격
- 벽면을 사용할 경우 : $S_0 \le \frac{H}{3}$
- 벽면을 사용하지 않을 경우 : $S_0 \le \frac{H}{2}$

13 ④ 14 ④ 15 ② 정답

16 폭 10[m], 길이 20[m]의 교실에 총광속 3,000[lm]인 32[W] 형광등 24개를 점등하였다. 조명률 50[%], 감광보상률 1.5라 할 때 이 교실의 공사 후 초기 조도[lx]는? [2017년 2회 산업기사]

① 90 ② 120 ③ 152 ④ 180

해설 $FUN = EAD$에서

$\therefore E = \frac{FUN}{AD} = \frac{3,000 \times 0.5 \times 24}{(10 \times 20) \times 1.5} = 120$ [lx]

17 1,000[lm]의 광속을 발산하는 전등 10개를 1,000[m^2]인 방에 설치하였다. 조명률 0.5, 감광보상률 1이라 하면 평균 조도[lx]는 얼마인가? [2015년 1회 기사]

① 2 ② 5 ③ 20 ④ 50

해설 $FUN = EAD$에서

$\therefore E = \frac{FUN}{AD} = \frac{1,000 \times 0.5 \times 10}{1000 \times 1} = 5$[lx]

18 1,000[lm]인 광속을 발산하는 전등 10개를 500[m^2]인 방에 점등하였다. 평균 조도는 약 몇 [lx]인가?(단, 조명률은 0.5이고, 감광보상률은 1.5이다) [2018년 4회 산업기사]

① 1.67 ② 2.52
③ 6.67 ④ 60

해설 $FUN = EAD$에서

$\therefore E = \frac{FUN}{AD} = \frac{1,000 \times 0.5 \times 10}{500 \times 1.5} \fallingdotseq 6.67$[lx]

19 평균 구면 광도 80[cd]의 전구 4개를 지름 8[m] 원형의 방에 점등하였다. 조명률을 0.4라고 하면 방의 평균 조도[lx]는? [2015년 4회 산업기사]

① 18 ② 22
③ 28 ④ 32

해설 구 광원의 광속(F) $= 4\pi I = 4\pi \times 80 = 320\pi$[lm]

원형방의 면적(A) $= \pi r^2 = \pi \times \left(\frac{8}{2}\right)^2 \fallingdotseq 50.27$[$m^2$]

따라서, 조도는 $E = \frac{FUN}{AD} = \frac{320\pi \times 0.4 \times 4}{50.27 \times 1} \fallingdotseq 32$[lx]

정답 16 ② 17 ② 18 ③ 19 ④

20

평균 구면 광도 100[cd]의 전구 5개를 지름 10[m]인 원형의 방에 점등할 때 조명률을 0.5, 감광보상률을 1.5로 하면 방의 평균 조도[lx]는 약 얼마인가? [2020년 1, 2회 기사]

① 18 ② 23
③ 27 ④ 32

해설 $E=\frac{FUN}{AD}=\frac{(4\pi\times100)\times0.5\times5}{\pi\times5^2\times1.5}\fallingdotseq26.6\fallingdotseq27[\text{lx}]$

21

가로 30[m], 세로 40[m]되는 실내 작업장에 광속이 2,800[lm]인 형광등 21개를 점등하였을 때, 이 작업장의 평균 조도[lx]는 약 얼마인가?(단, 조명률은 0.4이고, 감광보상률이 1.5이다) [2020년 4회 기사]

① 17 ② 16
③ 13 ④ 11

해설 $E=\frac{FUN}{AD}=\frac{2,800\times0.4\times21}{(30\times40)\times1.5}\fallingdotseq13[\text{lx}]$

22

폭 6[m], 길이 10[m], 높이 4[m]인 교실에 32[W] 형광등 20개를 점등하였다. 교실의 평균 조도는 약 몇 [lx]인가?(단, 조명률 0.45, 감광보상률 1.3, 32[W] 형광등의 광속은 1,500[lm]이다) [2016년 2회 산업기사]

① 153 ② 163
③ 173 ④ 183

해설 $FUN=EAD$에서

$\therefore\ E=\frac{FUN}{AD}=\frac{1,500\times0.45\times20}{(6\times10)\times1.3}\fallingdotseq173[\text{lx}]$

정답 20 ③ 21 ③ 22 ③

23 가로 10[m], 세로 20[m], 천장의 높이가 5[m]의 방에 완전 확산성 FL-40D 형광등 24등을 점등하였다. 조명률 0.5, 감광보상률 1.5일 때 이 방의 평균 조도는 몇 [lx]인가?(단, 형광등의 축과 수직 방향의 광도는 300[cd]이다) [2015년 1회 산업기사]

① 38 ② 118
③ 150 ④ 177

해설 원통형 광원의 광속(F)$=\pi^2 I=\pi^2\times 300 \fallingdotseq 2{,}960$[lm]
따라서, 평균 조도는
$E=\dfrac{FUN}{AD}=\dfrac{2{,}960\times 0.5\times 24}{(10\times 20)\times 1.5}\fallingdotseq 118$[lx]

24 가로 12[m], 세로 20[m]인 사무실에 평균 조도 400[lx]를 얻고자 32[W] 전광속 3,000[lm]인 형광등을 사용하였을 때 필요한 등 수는?(단, 조명률은 0.5, 감광보상률은 1.25이다) [2018년 1회 기사]

① 50 ② 60
③ 70 ④ 80

해설 등수(N)$=\dfrac{EAD}{FU}=\dfrac{400\times(12\times 20)\times 1.25}{3{,}000\times 0.5}=80$개

25 곡선 도로 조명 상 조명기구의 배치 조건으로 가장 적합한 것은? [2016년 2회 산업기사]

① 양측 배치의 경우는 지그재그식으로 한다.
② 한쪽만 배치하는 경우는 커브 바깥쪽에 배치한다.
③ 직선 도로에서 보다 등 간격을 조금 더 넓게 한다.
④ 곡선 도로의 곡률 반경이 클수록 등 간격을 짧게 한다.

해설 **곡선 도로 조명 배치 방법**
- 직선 도로 구간보다 안전을 확보하기 위하여 높은 조도를 유지하기 위해 등 간격을 좁게 배치해야 한다.
- 곡률 반지름이 클수록 등 간격을 넓게 할 수 있다.
- 도로 양측 조명 배치일 경우에는 대칭식, 한쪽 배치 시에는 커브 바깥쪽에 조명기구를 배치한다.

정답 23 ② 24 ④ 25 ②

26 다음 (   ) 안에 들어갈 말이 순서대로 되어 있는 것은?

[2017년 1회 산업기사]

> "곡선 도로에서 조명기구를 한쪽 열에만 배치할 경우 (   )에만 배치하며, 곡선의 경우 곡률 반경이 작을수록 조명기구의 배치 간격을 (   )한다."

① 안쪽, 짧게
② 안쪽, 길게
③ 바깥쪽, 길게
④ 바깥쪽, 짧게

해설 **곡선 도로 조명 배치 방법**

- 직선 도로 구간보다 안전을 확보하기 위하여 높은 조도를 유지하기 위해 등 간격을 좁게 배치해야 한다.
- 곡률 반지름이 클수록 등 간격을 넓게 할 수 있다.
- 도로 양측 조명 배치일 경우에는 대칭식, 한쪽 배치 시에는 커브 바깥쪽에 조명기구를 배치한다.

27 폭 15[m]의 무한히 긴 가로 양측에 10[m]의 간격을 두고 수많은 가로등이 점등되고 있다. 1등당 전광속은 3,000[lm]이고, 이의 60[%]가 가로 전면에 투사한다고 하면 가로면의 평균 조도는 약 몇 [lx]인가?

[2017년 1회 기사]

① 36 ② 24
③ 18 ④ 9

해설

- 양측 배치 시 도로 면적 $A = \frac{SB}{2} = \frac{15 \times 10}{2} = 75[\text{m}^2]$
- 조도$(E) = \frac{FUN}{AD} = \frac{3{,}000 \times 0.6 \times 1}{75 \times 1} = 24[\text{lx}]$

26 ④ 27 ② 정답

02 전동기 응용

1. 전동기 응용의 특징과 종류

(1) 특 징

① 장 점

㉠ 전동력의 집중, 분배가 용이하고 경제적이다.

㉡ 동력의 전달기구가 간단하고 효율적이다.

㉢ 전동기의 종류가 많으므로 부하에 알맞은 특성, 구조의 선택이 자유롭다.

㉣ 개별, 집단 운전 또는 복식 개별 운전 등이 용이하다.

㉤ 제어가 간단하고 또한 확실성이 있어서 자동 제어, 집중 제어 등의 총괄 제어 운전이 용이하다.

㉥ 전동기의 작업 능률이 좋고 신뢰도, 안전도가 높다.

㉦ 효율이 좋다. 또한, 경부하에서도 효율의 저하가 적다.

㉧ 연료가 필요 없기 때문에 연료의 운반, 저장 등의 노력이 필요 없다.

② 단 점

㉠ 외관만으로는 고장난 곳을 발견하기 어렵다.

㉡ 단락 사고 등에 의한 영향이 광범위하게 미치기 쉽다.

㉢ 이동용 동력기구로서 전선이 부수되기 때문에 불편하다.

㉣ 전동력을 구사하는 고도의 제어 운전을 하는 경우에는 상당한 전문지식을 가진 기술자가 필요하다.

㉤ 전원의 전압, 주파수 변동에 의한 영향을 받는다.

㉥ 정전 시에는 자가용 예비 전원 설비가 없는 한 운전을 할 수 없다.

(2) 전동기의 종류

① 직류전동기

직류전동기는 계자의 접속에 따라 타여자, 직권, 분권, 가동 복권, 차동 복권 등으로 분류된다.

㉠ 타여자전동기

- 특 징
  - 여자전류를 조절하여 속도를 세밀하고 광범위하게 조정(정속도전동기)
  - 전원의 극성을 반대로 하면 역으로 회전

- 용 도
  - 압연기
  - 엘리베이터 등

㉡ 분권전동기

- 특 징
  - 계자와 전기자가 병렬로 연결(타여자와 같이 정속도 특성)
  - 정격전압 상태에서 무여자 운전 시(계자 회로의 단선) 위험 속도에 도달하여 기계가 파손될 우려가 있음(계자권선에 퓨즈 설치 불가, 직결함)
- 용 도
  - 공작기계
  - 컨베이어 등

㉢ 직권전동기

- 특 징
  - 계자와 전기자가 직렬로 연결
  - 부하 증가 시 부하전류와 계자전류가 동일($I_a = I = I_s \propto \phi$)하므로 기동토크가 크고 이에 따라 속도 변동도 크기 때문에 가변속도 특성을 지님
  - 정격전압 상태에서 무부하 운전 시 위험 속도에 도달하여 기계가 파손될 우려가 있음(벨트 운전 금지 기어 사용)
- 용 도
  - 전동차(전철)
  - 권상기, 크레인 등 매우 큰 기동토크가 필요한 곳

② 동기전동기

3상 동기전동기는 부하의 대소에 관계없이 항상 동기속도로 회전하는 전동기이다. 동기전동기의 동기속도(회전 자장의 속도)는

$$N_s = \frac{120f}{P}\,[\mathrm{rpm}]$$

여기서, N_s : 동기속도[rpm]

f : 공급 전원의 주파수[Hz]

P : 극수

동기전동기는 회전수가 일정하고 효율이 좋으나 기동토크가 작으므로 장시간 연속 운전에 적당하다. 큰 기동토크가 필요할 때는 유도 동기전동기, 전자 클러치 동기전동기 등 특수형의 것을 사용한다. 동기전동기는 일반적으로 큰 동력의 정속도, 운전기계의 연속 운전 또는 역률 개선용으로 사용된다.

㉠ 동기전동기의 특징

장 점	단 점
• 속도가 일정하다. • 역률을 조정할 수 있다. • 효율이 좋다. • 공극이 넓으므로 기계적으로 튼튼하다.	• 속도 조정이 어렵다. • 기동토크가 작기 때문에 별도의 기동장치가 필요하다. • 직류 여자장치가 필요하다. • 난조 발생이 빈번하다. • 가격이 비싸다. • 구조가 복잡하다.

㉡ 동기전동기의 용도
- 분쇄기
- 압축기
- 송풍기

③ 유도전동기

가장 많이 사용하는 3상 유도전동기는 토크를 발생하면서 회전하므로 그 회전수는 반드시 동기속도 이하로 된다.

$$N = N_s(1-s) = \frac{120f}{P}(1-s)$$

여기서, N_s : 동기속도[rpm]

N : 유도전동기의 회전수(축의 속도)[rpm]

f : 주파수[Hz]

s : 슬립(Slip), 속도의 손실$= \dfrac{N_s - N}{N_s}$

㉠ 농형 유도전동기의 특징
- 구조가 간단하며 보수가 용이하다.
- 전동기의 효율이 양호하다.
- 속도 조정이 곤란하다.
- 기동토크가 작다.

㉡ 권선형 유도전동기의 특징
- 기동토크가 크다.
- 2차 저항을 이용한 비례추이를 이용하여 속도 제어가 용이하다.
- 구조가 복잡하고 효율이 떨어진다.

2. 전동기 기동 및 속도 제어, 제동

(1) 직류전동기

① 기동법

㉠ 기동저항기의 저항값을 최대로 하여 기동전류를 제한한다.

㉡ 계자저항기의 저항값을 최소로 하여 계자전류를 크게 하여 기동토크를 보상한다.

② 속도 제어

회전속도$(N) = k\dfrac{E}{\phi} = k\dfrac{V - I_a R_a}{\phi}\,(E = V - I_a R_a)$

속도 제어

- 자속(ϕ)을 변화시켜 전자속의 세기에 따라 속도 변화를 일으킴(자속 제어)
- 공급전압(V)을 변화시켜 속도 변화를 일으킴(전압 제어)
- 전기자저항(R_a)을 변화시켜 공급전압을 변화, 속도 변화를 일으킴(저항 제어)

속도변동률 $\varepsilon = \dfrac{N_0 - N}{N} \times 100[\%]$

전압 제어	효율이 좋다.	• 광범위 속도 제어 • 일그너 방식(부하가 급변하는 곳, 플라이휠) • 정토크 제어 • 직병렬 제어
계자 제어	효율이 좋다.	• 세밀하고 안정된 속도 제어 • 속도 조정 범위가 좁음 • 정출력 구동 방식
저항 제어	효율이 나쁘다.	속도 조정 범위가 좁음

(2) 동기전동기

① **동기전동기 기동법** : 동기전동기는 동기속도에서만 토크를 발생하므로 기동 시 $N = 0$에서 기동토크가 발생하지 않으므로 기동을 시켜 주어야 한다.

② 기동법

㉠ 자기동법 : 제동권선을 이용한다.

㉡ 타기동법(기동 전동기법) : 2극 적은 유도전동기를 이용하여 토크를 발생한다.

③ 속도 제어는 농형 유도전동기의 동기속도 조정 방식을 참고한다.

(3) 유도전동기

① 농형 전동기의 기동

기동전류가 크면 전원에 부담을 주게 되므로 이를 제한하도록 하여야 한다.

㉠ 전전압 기동

소용량(3.7[kW] 이하의 보통 농형, 11[kW] 미만의 특수 농형) 전동기에 적용한다.

㉡ Y－Δ 기동

1차 권선을 Y 접속으로 해서 기동하고 거의 정격속도로 가속되었을 때에 Δ 접속으로 변환하여서 운전한다. 기동전류는 처음부터 Δ 접속으로 하는 경우보다 $\frac{1}{3}$로 줄고 기동토크도 $\frac{1}{3}$로 감소된다. 정격출력 5~15[kW]의 전동기에 흔히 쓰인다.

㉢ 기동 보상기법

단권변압기에 의하여 전동기의 단자전압을 전원전압보다 낮게 하여 기동하고 운전 시에는 전전압을 공급한다.

㉣ 리액터 기동

3상 전원과 전동기 사이에 리액터를 직렬로 접속하여 기동하고, 가속 후에는 이를 단락하는 방식의 펌프나 송풍기에 적합하다.

② 권선형 전동기의 기동

㉠ 2차 저항 기동

- 2차 측에 슬립링을 거쳐 접속된 저항기를 가속됨에 따라서 그 저항치를 감소하고 최후에는 이를 단락한다. 비례추이 현상을 이용한 것이므로 기동전류를 제한함과 동시에 큰 기동토크를 얻는다.
- 농형보다 기동 특성이 우수하고 중부하에서도 원활한 기동이 가능하다.

㉡ 2차 임피던스 기동

㉢ 게르게스법

③ 속도 제어

전동기의 회전속도가 N[rpm]이고 슬립 s이면 $N_s = \frac{120f}{p}$, $N = (1-s)N_s$이다.

속도 N을 변화시키려면 동기속도의 변화 또는 슬립의 변화에 의하여 이루어진다.

속도 제어법	동기속도의 변환	전원주파수를 변환하는 방법
		극수의 변환에 의한 방법
	슬립을 바꾸는 방법	전원전압을 변환하는 방법
		2차 회로의 저항을 변환하는 방법

㉠ 극수 변환법

- $N_s = \dfrac{120f}{p}$ 에서 극수 p를 변환시켜 속도를 변환시키는 방법이다.
- 비교적 효율이 좋다.
- 연속적인 속도 제어가 아니라 계단적인 속도 제어 방법이다.

㉡ 주파수 변환법

- 인버터를 사용하여 $N_s = \dfrac{120f}{p}$ 에서 주파수 f를 변환시켜 속도를 제어하는 방법이다.
- 자속을 일정하게 유지하기 위하여 $\dfrac{V_1}{f}$을 일정하게 한다.
- 선박추진기, 포트모터(인견공업용 전동기) 등에 사용된다.

㉢ 전원전압 제어법

유도전동기의 토크가 전압의 제곱에 비례하는 성질을 이용하여 부하 시에 운전하는 슬립을 변화시키는 방법이다.

㉣ 저항 제어법

권선형 유도전동기에서 사용하는 방법으로 2차 회로의 저항을 이용하여 속도 변화 특성의 비례추이를 응용한 것이다.

㉤ 2차 여자법

유도전동기의 회전자 권선에 2차 기전력 sE_2와 동일 주파수의 전압을 가해 그 크기를 조절하여 속도를 제어하는 방법이다.

㉥ 종속 접속법 : 극수가 다른 2대의 권선형 유도전동기 사용

- 직렬 종속법 : $N = \dfrac{120f}{p_1 + p_2}$ [rpm]
- 차동 종속법 : $N = \dfrac{120f}{p_1 - p_2}$ [rpm]
- 병렬 종속법 : $N = \dfrac{2 \times 120f}{p_1 + p_2}$ [rpm]

(4) 전동기의 제동 및 진동

① 전기 제동법

㉠ 역전 제동 : 전동기의 전원 접속을 바꾸어 역토크를 발생시켜 급정지시키는 방법을 역전(역상) 제동 또는 플러깅(Plugging)이라 한다. 교류전동기에서는 고정자 측의 3상 중 2단자만 교환하여 상회전을 반대로 하면 된다.

㉡ 발전 제동 : 전동기의 전기자를 전원에서 끊고 전동기를 발전기로 동작시켜 회전 운동에너지로서 발생하는 전력을 그 단자에 접속한 저항에서 열로 소비시키는 제동 방법이다.

㉢ 회생 제동 : 전동기에 전원을 접속한 상태에서 전동기에 유기되는 역기전력을 전원 전압보다 높게 하여 회전 운동에너지로 발생되는 전력을 전원 측에 반환하면서 제동하는 방식이다.

㉣ 와전류 제동 : 전기 동력계에서와 같이 전동기 축에 동심으로 설치한 구리의 원판을 자계 내에서 회전시켜 동판에 생긴 와전류에 의해서 제동력을 얻는 방법이다.

② 기계 제동법

기계 제동법은 주로 마찰 제동 방식이 쓰인다. 탄조, 압축 공기, 유압 등으로 제동편을 제동륜에 압착시켜 그 사이의 마찰력으로 제동하는 방식이며 주로 저속도 시에 이용된다. 결점은 마찰면의 마모와 발열이 일어난다는 점이다.

③ 전동기의 진동

※ 전동기의 정적 및 동적 불평형

- 회전자의 정적 및 동적 불평형
- 베어링의 불균등
- 상대 기계와의 연결 불량 및 설치 불량
- 회전자의 편심, 기타의 원인에 의한 회전 시 공극의 변동
- 회전자 철심의 자기적 성질의 불균등
- 고조파 자계에 의한 자기력의 불평형

3. 전동기의 속도, 토크 특성

(1) 전동기의 안정 운전 조건

그림에서 T_M은 전동기 토크, T_L은 부하 토크, 교점 C는 운전점이다.

그림 (a)의 경우 어떤 이유로 속도가 C점보다 커지게 되면 부하가 요구하는 토크는 전동기의 발생 토크보다 크게 되어 속도는 떨어져 C점에 되돌아오게 되고, 속도가 C점보다 작게 되면 위의 경우와는 반대가 되어 속도는 상승하여 다시 C점에 와서 멈추게 되므로 안정 운전이 가능하게 된다.

그림 (b)의 경우 교점 C보다 속도가 크게 되면 $T_M > T_L$이 되어 점점 가속 현상을 일으켜 결국에는 전동기의 파괴점까지 속도는 상승하게 되며, 이와 반대로 속도가 작게 되면

$T_M < T_L$이 되어 점점 감속 현상을 일으켜 정지 상태에 달하게 된다. 그러므로 이 경우 교점 C가 존재하더라도 운전은 불안정하게 된다.

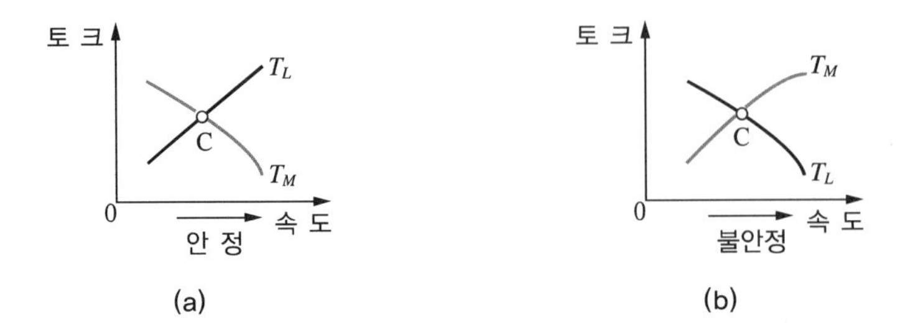

(2) 전동기의 속도-토크 특성의 구분

① 정속도 특성(분권 특성)

㉠ 정속도 특성은 그림 (c)와 같이 토크가 변하여도 속도가 별로 크게 변하지 않는 특성을 말한다. 유도전동기, 직류 분권전동기, 교류 분권 정류자 전동기, 동기전동기 등이 모두 이 특성을 지니고 있다.

㉡ 정속도 특성은 운전 속도가 극히 안정하므로 정속도가 요구되는 팬, 송풍기, 펌프, 컴프레서 등의 구동용으로나 제철, 제지, 공작기계 등의 생산 기계용으로 널리 쓰여지고 있다.

② 변속도 특성(직권 특성)

㉠ 변속도 특성은 그림 (d)에서와 같이 토크가 증가하면 속도가 저하되는 특성을 말하며 직류전동기, 직류 가동 복권 전동기, 교류 직권 정류자 전동기, 2차 저항이 큰 유도전동기 등은 이 특성을 가진다.

㉡ 기동토크가 크며 전차, 하역용의 크레인 등에 많이 쓰여진다.

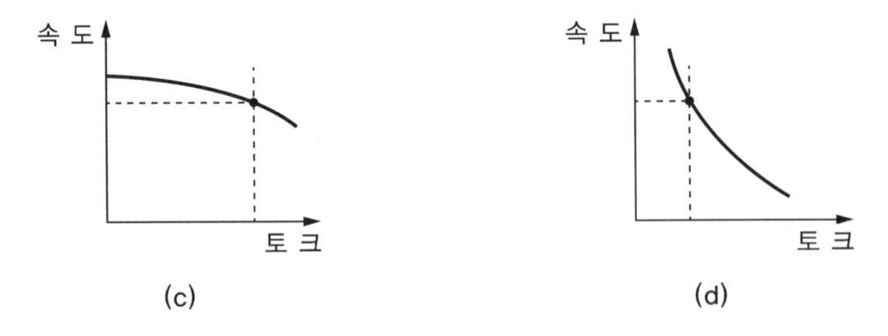

※ 토크-속도 특성(표 1)

구 분	직류(M)	교류(M)
정속도(M) (부하와 무관)	속도 변화 없음	동기(M)
	• 속도 변화 거의 없음 • 분권(M)	유도(M)
다속도(M) • 속도를 몇 단으로 조정 • 각 단마다 속도 일정(부하와 무관)	• 분권(M) 계자 조정 • 워드-레오나드 장치	극수 변환에 의한 다속도 유도(M)
가감속도(M) • 광범위 속도 제어 • 속도 거의 일정	• 분권(M) 계자 조정 • 워드-레오나드 장치	• 2차 저항 제어 사용 권선형 유도전동기(가감 변속도) • 분권 정류자(M)
변속도(M) • V일정 시 부하에 의해 속도가 광범위하게 변함(M) • 부하 증가 시 속도 감소	직권(M)	직권 정류자(M)

※ 직류전동기 용도 및 특성(표 2)

종 류	용 도	특 성	속 도
분 권	송풍기, 펌프, 공작 기계, 인쇄기, 컨베이어	정토크, 정출력의 부하	정속도
	권상기, 압연기, 공작기계, 초지기	정토크, 정출력의 광범위한 속도를 요하는 부하	가감속도
직 권	권상기, 기중기, 전차용 전동기	높은 기동토크, 속도 변화가 큰 부하	변속도
복 권	권상기, 절단기, 컨베이어, 분쇄기	높은 기동토크, 일정 속도의 부하	

4. 직선운동과 회전운동

직선운동	회전운동
힘 F[N]	토크 τ[N · m]
질량 M[kg]	관성모멘트 J[kg · m^2]
가속도 a[m/s^2]	각가속도 a_0[rad/s^2]
속도 v[m/s]	각속도 ω[rad/s]
거리 l[m]	각도 θ[rad]

(1) 토 크

토크 $\tau = Ja_0 = J\dfrac{d\omega}{dt}$ [N·m]에서

관성모멘트 $J = Gr^2 = \dfrac{GD^2}{4}$ [kg·m] (GD^2 : 플라이휠 효과)

각속도 $\omega = \dfrac{\theta}{t} = \dfrac{\text{각도}}{\text{시간}}$ [rad/s] $= \dfrac{360°}{t} = \dfrac{2\pi}{t} = 2\pi f = 2\pi n = 2\pi\dfrac{N}{60}$

그러므로 $\tau = \dfrac{GD^2}{4} \cdot \dfrac{d}{dt}\left(\dfrac{2\pi N}{60}\right) = \dfrac{GD^2}{38.2} \cdot \dfrac{dN}{dt}$ [N·m]

또는 $\tau = \dfrac{1}{9.8}\left(\dfrac{GD^2}{38.2} \cdot \dfrac{dN}{dt}\right) = \dfrac{GD^2}{375} \cdot \dfrac{dN}{dt}$ [kg·m]

(2) 동 력

$$P = WT = 2\pi\frac{N}{60}\tau = 0.1047NT \times 9.8 = 1.026\,TN\text{[N·m]}$$

(3) 운동에너지

$$W = \frac{1}{2}mv^2 = \frac{1}{2}mr^2\omega^2 = \frac{1}{2}J\omega^2 = \frac{1}{8}GD^2\omega^2 = \frac{1}{2}\left(\frac{GD^2}{4}\right)\left(2\pi\frac{N}{60}\right)^2 = \frac{GD^2N^2}{730}\text{[J]}$$

※ 각속도(ω)$= \dfrac{v}{r}$ 에서 $v = \omega r$, $J = Gr^2 = mr^2$

(4) 속도 N_1 에서 N_2 로 감속될 때 방출에너지

$$W = \frac{GD^2(N_1^2 - N_2^2)}{730}\text{[J]}$$

5. 전동기의 용량 계산

(1) 펌프, 송풍기용 전동기

$P = k\frac{9.8QH}{\eta}$ [kW]

여기서, P : 전동기 용량[kW]

Q : 유량, 풍량[m^3/s]

H : 낙차, 풍압[m]

k : 여유계수

(단, 송풍기의 경우 H_0[mmAq]인 경우 $P = \frac{QH_0}{102\eta}$)

또는 $P = \frac{QH}{6.12\eta}k$[kW] (단, Q : 양수량[m^3/min])

(2) 권상, 크레인용 전동기

$P = \frac{9.8WN}{\eta}$[kW]

여기서, P : 전동기 용량[kW]

W : 권상하중[t]

V : 권상속도[m/s]

(단, 속도가 V_0[m/min]인 경우 $P = \frac{WV_0}{6.12\eta}$[kW]$= \frac{WV_0}{4.5\eta}$[HP])

6. 전동기 절연물의 최고 허용 온도

절연 종별	Y	A	E	B	F	H	C
허용 온도	90[℃]	105[℃]	120[℃]	130[℃]	155[℃]	180[℃]	180[℃] 초과

핵 / 심 / 예 / 제

01 **직류전동기의 속도 제어법에서 정출력 제어에 속하는 것은?** [2016년 1회 기사 / 2020년 4회 기사]

① 계자 제어법
② 전압 제어법
③ 전기자저항 제어법
④ 워드-레오나드 제어법

해설 **직류전동기의 속도 제어법**

- 직류전동기의 속도(회전수)
  $n = k\dfrac{V - I_a R_a}{\phi}$ [rps]
- 계자 제어법
  - 계자저항을 조절하여 자속을 변화시켜 속도를 제어하는 방법이다.
  - 전력 손실이 적고 간단하지만 속도 제어 범위가 작다.
  - 정출력 제어법이다.
- 전압 제어법
  - 외부에서 공급 전압을 조절하여 속도를 제어하는 방법이다.
  - 효율이 좋고, 광범위한 속도 제어가 가능하다.
  - 워드-레오나드 방식 : 정부하 시 사용(광범위한 속도 제어 가능)한다.
  - 일그너 방식 : 부하 변동이 심할 경우 사용(플라이휠 설치)한다.
  - 직·병렬 제어법 : 직권전동기에만 사용한다.
- 저항 제어법
  - 전기자 회로의 기동저항으로 속도를 제어하는 방법이다.
  - 손실이 커서 잘 사용하지 않는다.

02 **직류전동기의 속도 제어법 중 가장 효율이 낮은 것은?** [2019년 4회 산업기사]

① 전압 제어
② 저항 제어
③ 계자 제어
④ 워드-레오나드 제어

해설 1번 해설 참조

01 ① 02 ② 정답

03 직류전동기의 속도 제어법으로 쓰이지 않는 것은? [2016년 2회 산업기사]

① 저항 제어법　② 계자 제어법
③ 전압 제어법　④ 주파수 제어법

해설 **직류전동기의 속도 제어법**

- 직류전동기의 속도(회전수)

$$n = k\frac{V - I_a R_a}{\phi}\,[\text{rps}]$$

- 계자 제어법
  - 계자저항을 조절하여 자속을 변화시켜 속도를 제어하는 방법이다.
  - 전력 손실이 적고 간단하지만 속도 제어 범위가 작다.
  - 정출력 제어법이다.
- 전압 제어법
  - 외부에서 공급 전압을 조절하여 속도를 제어하는 방법이다.
  - 효율이 좋고, 광범위한 속도 제어가 가능하다.
  - 워드-레오나드 방식 : 정부하 시 사용(광범위한 속도 제어 가능)한다.
  - 일그너 방식 : 부하 변동이 심할 경우 사용(플라이휠 설치)한다.
  - 직・병렬 제어법 : 직권전동기에만 사용한다.
- 저항 제어법
  - 전기자 회로의 기동저항으로 속도를 제어하는 방법이다.
  - 손실이 커서 잘 사용하지 않는다.

04 직류전동기의 속도 제어법이 아닌 것은? [2022년 2회 기사]

① 극수 변환　② 전압 제어
③ 저항 제어　④ 계자 제어

해설 3번 해설 참조

05 플라이휠의 사용과 무관한 것은? [2016년 2회 산업기사]

① 효율이 좋아진다.　② 최대 토크를 감소시킨다.
③ 전류의 동요가 감소한다.　④ 첨두 부하값을 감소시킨다.

해설 **플라이휠 효과**

- 최대 토크의 감소
- 전류 변동 감소
- 첨두 부하값 감소
- 효율이 나빠짐

정답 03 ④　04 ①　05 ①

06 직류전동기 속도제어에서 일그너 방식이 채용되는 것은?

[2021년 4회 기사]

① 제지용 전동기
② 특수한 공작기계용
③ 제철용 대형 압연기
④ 인쇄기

해설 일그너 방식은 플라이휠 효과를 이용하여 관성모멘트를 크게 하며 제철용 압연기 등에 사용된다.

07 플라이휠을 이용하여 변동이 심한 부하에 사용되고 가역 운전에 알맞은 속도 제어 방식은?

[2018년 1회 기사]

① 일그너 방식
② 워드-레오나드 방식
③ 극수를 바꾸는 방식
④ 전원 주파수를 바꾸는 방식

해설 **직류전동기의 속도 제어법**

- 직류전동기의 속도(회전수)

  $$n = k\frac{V - I_a R_a}{\phi}\,[\mathrm{rps}]$$

- 계자 제어법
  - 계자저항을 조절하여 자속을 변화시켜 속도를 제어하는 방법이다.
  - 전력 손실이 적고 간단하지만 속도 제어 범위가 작다.
  - 정출력 제어법이다.
- 전압 제어법
  - 외부에서 공급 전압을 조절하여 속도를 제어하는 방법이다.
  - 효율이 좋고, 광범위한 속도 제어가 가능하다.
  - 워드-레오나드 방식 : 정부하 시 사용(광범위한 속도 제어 가능)한다.
  - 일그너 방식 : 부하 변동이 심할 경우 사용(플라이휠 설치)한다.
  - 직·병렬 제어법 : 직권전동기에만 사용한다.
- 저항 제어법
  - 전기자 회로의 기동저항으로 속도를 제어하는 방법이다.
  - 손실이 커서 잘 사용하지 않는다.

06 ③ 07 ① 정답

08 3상 농형 유도전동기의 기동 방법이 아닌 것은? [2019년 2회 기사]

① Y－△ 기동
② 전전압 기동
③ 2차 저항 기동
④ 기동 보상기 기동

해설 **3상 농형 유도전동기의 기동 방식**

- 전전압 기동(직입 기동)
  - 정격전압을 인가하여 기동하는 방식
  - 5[kW] 이하의 소용량
- Y－△ 기동
  - 기동 시는 1차 권선을 Y접속으로 기동하고 정격속도에 가까워지면 △접속으로 변환 운전하는 방식
  - 기동할 때에는 1차 각 상의 권선에는 정격전압의 $\frac{1}{\sqrt{3}}$ 전압, 기동전류는 직입 기동의 $\frac{1}{3}$배, 기동토크도 $\frac{1}{3}$로 감소
  - 5~15[kW]급
- 기동 보상기법(단권변압기 기동)
  - 기동 보상기로서 3상 단권변압기를 이용하여 기동전압을 낮추는 방식
  - 약 15[kW] 이상의 전동기에 적용
- 리액터 기동법
  - 리액터를 1차 고정자 권선에 직렬로 삽입하여 단자전압을 저감하여 기동한 후 일정 시간이 지난 후에 리액터를 단락시킴
  - 리액터의 크기는 보통 정격전압의 50~80[%]가 되는 값을 선택

※ 2차 저항 기동법은 권선형 유도전동기의 기동 방법이다.

09 3상 농형 유도전동기의 속도 제어 방법이 아닌 것은? [2020년 3회 기사]

① 극수 변환법
② 주파수 제어법
③ 전압 제어법
④ 2차 저항 제어법

해설 8번 해설 참조

정답 08 ③ 09 ④

10 일반적인 농형 유도전동기의 기동법이 아닌 것은?

[2017년 1회 기사 / 2021년 1회 기사]

① Y-△ 기동
② 전전압 기동
③ 2차 저항 기동
④ 기동 보상기에 의한 기동

해설 **3상 농형 유도전동기의 기동 방식**

- 전전압 기동(직입 기동)
  - 정격전압을 인가하여 기동하는 방식
  - 5[kW] 이하의 소용량
- Y-△ 기동
  - 기동 시는 1차 권선을 Y접속으로 기동하고 정격속도에 가까워지면 △접속으로 변환 운전하는 방식
  - 기동할 때에는 1차 각 상의 권선에는 정격전압의 $\frac{1}{\sqrt{3}}$ 전압, 기동전류는 직입 기동의 $\frac{1}{3}$배, 기동토크도 $\frac{1}{3}$로 감소
  - 5~15[kW]급
- 기동 보상기법(단권변압기 기동)
  - 기동 보상기로서 3상 단권변압기를 이용하여 기동전압을 낮추는 방식
  - 약 15[kW] 이상의 전동기에 적용
- 리액터 기동법
  - 리액터를 1차 고정자 권선에 직렬로 삽입하여 단자전압을 저감하여 기동한 후 일정 시간이 지난 후에 리액터를 단락시킴
  - 리액터의 크기는 보통 정격전압의 50~80[%]가 되는 값을 선택

※ 2차 저항 기동법은 권선형 유도전동기의 기동 방법이다.

11 15[kW] 이상의 중형 및 대형기의 기동에 사용되는 농형 유도전동기의 기동법은?

[2015년 4회 산업기사]

① 기동 보상기법
② 전전압 기동법
③ 2차 임피던스 기동법
④ 2차 저항 기동법

해설 10번 해설 참조

10 ③ 11 ① 정답

12 유도전동기의 비례추이 특성을 이용한 기동 방법은? [2016년 4회 산업기사]

① 전전압 기동
② Y-△ 기동
③ 리액터 기동
④ 2차 저항 기동

해설 **권선형 유도전동기의 비례추이**
- 권선형 유도전동기는 회전자에 권선을 감아 2차 회로에 저항을 연결할 수 있다.
- 2차 회로의 저항을 조정하여 크기를 제어할 수 있다.

$\frac{r_2}{s} = \frac{r_2 + R}{s'}$ (R : 2차에 삽입한 저항[Ω])

13 선박의 전기 추진에 많이 사용되는 속도 제어 방식은? [2016년 4회 기사]

① 크레머 제어 방식
② 2차 저항 제어 방식
③ 극수 변환 제어 방식
④ 전원 주파수 제어 방식

해설 **전원 주파수 제어 방식(포트 모터)**
- 발전기 구동용 원동기의 속도를 바꾸어 전원용 발전기의 주파수를 바꾸며 그에 따라 전동기의 속도를 제어한다.
- 선박의 전기 추진에 많이 사용되는 속도 제어 방식이다.

14 인견 공업에 쓰이는 포트 모터의 속도 제어에 적합한 것은? [2017년 1회 산업기사]

① 저항에 의한 제어
② 극수 변환에 의한 제어
③ 1차 측 회전에 의한 제어
④ 주파수 변환에 의한 제어

해설 13번 해설 참조

정답 12 ④ 13 ④ 14 ④

15 전동력 응용 기술의 특성으로 틀린 것은?

[2015년 2회 산업기사]

① 동력 전달기구가 간단하고 효율적이다.
② 전동력의 집중, 분배가 쉽고 경제적이다.
③ 전원의 전압, 주파수 변동에 의한 영향이 없다.
④ 동력을 얻기가 쉽다.

해설 **유도전동기의 회전속도**

$N=(1-s)N_s=(1-s)\times\frac{120f}{p}$[rpm]

즉, 유도전동기의 속도는 주파수와 비례 관계에 있다.
※ VVVF(가변 전압 가변 주파수) 사용

16 3상 4극 유도전동기를 입력 주파수 60[Hz], 슬립 3[%]로 운전할 경우 회전자 주파수[Hz]는?

[2015년 1회 기사]

① 0.18 ② 0.24 ③ 1.8 ④ 2.4

해설 $f_2=sf_1=0.03\times60=1.8$[Hz]

17 3상 유도전동기를 급속히 정지 또는 감속시킬 경우, 가장 손쉽고 효과적인 제동법은?

[2016년 2회 기사]

① 역상 제동 ② 회생 제동
③ 발전 제동 ④ 와전류 제동

해설 **유도전동기 제동 방법**

- 발전 제동 : 전동기의 전원을 끊고 전동기를 발전기로 동작시켜 회전 운동에너지로서 발생하는 전력을 그 단자에 접속한 외부 저항에서 열로 소비시켜서 제동시킨다.
- 회생 제동 : 전동기에 전원을 투입한 상태에서 전동기에 유기되는 역기전력을 전원 전압보다 높게 하여 제동하는 방법으로 회전 운동에너지로서 발생하는 전력을 전원 측에 반환하면서 제동하는 방법이다.
- 와전류 제동 : 와전류의 원리를 이용한 제동법이다.
- 역상 제동
  - 전동기의 3선 중 2선을 바꾸어 접속시켜(회전자계를 반대) 역상 토크를 발생시켜 제동하는 방법이다.
  - 역전 제동 또는 플러깅이라고도 한다.
  - 3상 유도전동기를 급속히 정지 또는 감속시킬 경우 가장 손쉽고 효과적인 제동법이다.

15 ③ 16 ③ 17 ① 정답

18 3상 유도전동기를 급속히 정지 또는 감속시킬 경우나 과속을 급히 막을 수 있는 가장 쉽고 효과적인 제동법은?

[2018년 2회 기사 / 2022년 제1회 기사]

① 발전 제동　　② 회생 제동
③ 역전 제동　　④ 와전류 제동

해설 **유도전동기 제동 방법**

- 발전 제동 : 전동기의 전원을 끊고 전동기를 발전기로 동작시켜 회전 운동에너지로서 발생하는 전력을 그 단자에 접속한 외부 저항에서 열로 소비시켜서 제동시킨다.
- 회생 제동 : 전동기에 전원을 투입한 상태에서 전동기에 유기되는 역기전력을 전원 전압보다 높게 하여 제동하는 방법으로 회전 운동에너지로서 발생하는 전력을 전원 측에 반환하면서 제동하는 방법이다.
- 와전류 제동 : 와전류의 원리를 이용한 제동법이다.
- 역상 제동
  - 전동기의 3선 중 2선을 바꾸어 접속시켜(회전자계를 반대) 역상 토크를 발생시켜 제동하는 방법이다.
  - 역전 제동 또는 플러깅이라고도 한다.
  - 3상 유도전동기를 급속히 정지 또는 감속시킬 경우 가장 손쉽고 효과적인 제동법이다.

19 전동기의 전원 접속을 바꾸어 역토크를 발생시켜 급정지시키는 방법은?

[2019년 1회 기사]

① 역전 제동　　② 발전 제동
③ 와전류식 제동　　④ 회생 제동

해설 18번 해설 참조

20 3상 유도전동기에서 플러깅의 설명으로 가장 옳은 것은?

[2017년 1회 산업기사]

① 단상 상태로 기동할 때 일어나는 현상
② 플러그를 사용하여 전원을 연결하는 방법
③ 고정자와 회전자의 상수가 일치하지 않을 때 일어나는 현상
④ 고정자 측의 3단자 중 2단자를 서로 바꾸어 접속하여 제동하는 방법

해설 18번 해설 참조

정답 18 ③ 19 ① 20 ④

21 직류전동기 중 공급전원의 극성이 바뀌면 회전방향이 바뀌는 것은? [2020년 1, 2회 기사]

① 분권기 ② 평복권기
③ 직권기 ④ 타여자기

해설 타여자인 경우 계자전원은 불변으로 자속방향이 일정하고 전원 접속이 반대인 경우 전기자권선 전류방향이 반대가 되어 역으로 회전한다.

22 전동기를 전원에 접속한 상태에서 중력 부하를 하강시킬 때, 전동기의 유기기전력이 전원 전압보다 높아져서 발전기로 동작하고 발생 전력을 전원으로 되돌려 줌과 동시에 속도를 점차로 감속하는 경제적인 제동법은? [2017년 1회 기사]

① 역상 제동 ② 회생 제동
③ 발전 제동 ④ 와전류 제동

해설 유도전동기 제동 방법

- 발전 제동 : 전동기의 전원을 끊고 전동기를 발전기로 동작시켜 회전 운동에너지로서 발생하는 전력을 그 단자에 접속한 외부 저항에서 열로 소비시켜서 제동시킨다.
- 회생 제동 : 전동기에 전원을 투입한 상태에서 전동기에 유기되는 역기전력을 전원 전압보다 높게 하여 제동하는 방법으로 회전 운동에너지로서 발생하는 전력을 전원 측에 반환하면서 제동하는 방법이다.
- 와전류 제동 : 와전류의 원리를 이용한 제동법이다.
- 역상 제동
  - 전동기의 3선 중 2선을 바꾸어 접속시켜(회전자계를 반대) 역상 토크를 발생시켜 제동하는 방법이다.
  - 역전 제동 또는 플러깅이라고도 한다.
  - 3상 유도전동기를 급속히 정지 또는 감속시킬 경우 가장 손쉽고 효과적인 제동법이다.

23 전동기의 회생 제동이란? [2016년 1회 산업기사 / 2015년 4회 기사]

① 전동기의 기전력을 저항으로써 소비시키는 방법이다.
② 전동기에 붙인 제동화에 전자력으로 가압하는 방법이다.
③ 전동기를 발전 제동으로 하여 발생 전력을 선로에 공급하는 방식이다.
④ 와전류손으로 회전체의 에너지를 소비하는 방법이다.

해설 22번 해설 참조

21 ④ 22 ② 23 ③ 정답

24 **유도전동기를 동기속도보다 높은 속도에서 발전기로 동작시켜 발생된 전력을 전원으로 반환하여 제동하는 방식은?** [2020년 3회 기사]

① 역전 제동　　② 발전 제동
③ 회생 제동　　④ 와전류 제동

해설 **유도전동기 제동 방법**
- 발전 제동 : 전동기의 전원을 끊고 전동기를 발전기로 동작시켜 회전 운동에너지로서 발생하는 전력을 그 단자에 접속한 외부 저항에서 열로 소비시켜서 제동시킨다.
- 회생 제동 : 전동기에 전원을 투입한 상태에서 전동기에 유기되는 역기전력을 전원 전압보다 높게 하여 제동하는 방법으로 회전 운동에너지로서 발생하는 전력을 전원 측에 반환하면서 제동하는 방법이다.
- 와전류 제동 : 와전류의 원리를 이용한 제동법이다.
- 역상 제동
  - 전동기의 3선 중 2선을 바꾸어 접속시켜(회전자계를 반대) 역상 토크를 발생시켜 제동하는 방법이다.
  - 역전 제동 또는 플러깅이라고도 한다.
  - 3상 유도전동기를 급속히 정지 또는 감속시킬 경우 가장 손쉽고 효과적인 제동법이다.

25 **기중기 등으로 물건을 내릴 때 또는 전차가 언덕을 내려가는 경우 전동기가 갖는 운동에너지를 전기에너지로 변환하고, 이것을 전원에 변환하면서 속도를 점차로 감속시키는 제동법은?** [2017년 2회 산업기사]

① 발전 제동　　② 회생 제동
③ 역상 제동　　④ 와전류 제동

해설 24번 해설 참조

정답 24 ③ 25 ②

26 기동토크가 가장 큰 단상 유도전동기는?

[2016년 2회 기사]

① 콘덴서 전동기 ② 반발 기동 전동기
③ 분상 기동 전동기 ④ 콘덴서 기동 전동기

해설 ㉠ 기동 방식에 따른 단상 유도전동기의 종류
- 반발 기동형
  - 기동토크가 가장 크다.
  - 기동, 역전 및 속도 제어는 브러시의 이동으로 할 수 있다.
- 반발 유동형
  - 반발 기동형에 비해서 기동토크는 작지만 최대 토크가 크다.
  - 부하에 의한 속도 변동은 반발 기동형보다 크다.
- 콘덴서 기동형
  - 기동권선에 콘덴서를 설치하여 기동권선이 전기자권선에 대해 90° 앞선(진상) 전류가 흐르도록 하여 기동하는 방식이다.
  - 기동토크는 크고 기동전류는 작다(역률이 좋다).
  - 분상 기동의 일종이다.
- 분상 기동형 : 기동권선을 별도로 설치하여 기동 시 기동권선에 전류를 흘려 기동토크를 얻는 방식이다.
- 셰이딩 코일형
  - 자극 일부분에 셰이딩 코일을 삽입하여 기동하는 방식이다.
  - 구조는 간단하나 기동토크가 작다.
  - 역회전이 불가하다.

㉡ 기동토크가 큰 순서
반발 기동형 > 콘덴서 기동형 > 분상 기동형 > 셰이딩 코일형

27 단상 유도전동기 중 기동토크가 가장 큰 것은?

[2018년 4회 기사 / 2021년 4회 기사]

① 반발 기동형 ② 분상 기동형
③ 콘덴서 기동형 ④ 셰이딩 코일형

해설 26번 해설 참조

28 기동토크가 가장 큰 단상 유도전동기는?

[2018년 4회 산업기사]

① 반발 기동 전동기 ② 분상 기동 전동기
③ 콘덴서 기동 전동기 ④ 셰이딩 코일형 전동기

해설 26번 해설 참조

26 ② 27 ① 28 ① 정답

29 다음 중 토크가 가장 적은 전동기는?

[2015년 2회 산업기사]

① 반발 기동형　　② 콘덴서 기동형
③ 분상 기동형　　④ 반발 유도형

해설 ㉠ 기동 방식에 따른 단상 유도전동기의 종류
- 반발 기동형
  - 기동토크가 가장 크다.
  - 기동, 역전 및 속도 제어는 브러시의 이동으로 할 수 있다.
- 반발 유동형
  - 반발 기동형에 비해서 기동토크는 작지만 최대 토크가 크다.
  - 부하에 의한 속도 변동은 반발 기동형보다 크다.
- 콘덴서 기동형
  - 기동권선에 콘덴서를 설치하여 기동권선이 전기자권선에 대해 90° 앞선(진상) 전류가 흐르도록 하여 기동하는 방식이다.
  - 기동토크는 크고 기동전류는 작다(역률이 좋다).
  - 분상 기동의 일종이다.
- 분상 기동형 : 기동권선을 별도로 설치하여 기동 시 기동권선에 전류를 흘려 기동토크를 얻는 방식이다.
- 셰이딩 코일형
  - 자극 일부분에 셰이딩 코일을 삽입하여 기동하는 방식이다.
  - 구조는 간단하나 기동토크가 작다.
  - 역회전이 불가하다.

㉡ 기동토크가 큰 순서
반발 기동형 > 콘덴서 기동형 > 분상 기동형 > 셰이딩 코일형

30 단상 유도전동기의 기동 방법이 아닌 것은?

[2019년 2회 기사]

① 분상 기동법　　② 전압 제어법
③ 콘덴서 기동법　　④ 셰이딩 코일형

해설 29번 해설 참조

31 3상 유도전동기의 기동 방식이 아닌 것은?

[2019년 2회 산업기사]

① 직입 기동　　② Y-△ 기동
③ 콘덴서 기동　　④ 리액터 기동

해설 29번 해설 참조

정답 29 ③　30 ②　31 ③

32 교류 3상 직권 정류자 전동기는 다음에 분류하는 전동기 중 어디에 속하는가?

[2019년 4회 산업기사]

① 정속도 전동기 ② 다속도 전동기
③ 변속도 전동기 ④ 가감속도 전동기

해설

구 분	직류(M)	교류(M)
정속도(M) (부하와 무관)	속도 변화 없음	동기(M)
	• 속도 변화 거의 없음 • 분권(M)	유도(M)
다속도(M) • 속도를 몇 단으로 조정 • 각 단마다 속도 일정(부하와 무관)	• 분권(M) 계자 조정 • 워드-레오나드 장치	극수 변환에 의한 다속도 유도(M)
가감속도(M) • 광범위 속도 제어 • 속도 거의 일정	• 분권(M) 계자 조정 • 워드-레오나드 장치	• 2차 저항 제어 사용 • 권선형 유도전동기(가감 변속도) • 분권 정류자(M)
변속도(M) • V 일정 시 부하에 의해 속도가 광범위하게 변함(M) • 부하 증가 시 속도 감소	직권(M)	직권 정류자(M)

33 토크가 증가할 때 가장 급격히 속도가 낮아지는 전동기는?

[2019년 1회 산업기사]

① 직류 분권전동기 ② 직류 복권전동기
③ 직류 직권전동기 ④ 3상 유도전동기

해설

종 류	용 도	특 성	속 도
분 권	송풍기, 펌프, 공작 기계, 인쇄기, 컨베이어	정토크, 정출력의 부하	정속도
	권상기, 압연기, 공작기계, 초지기	정토크, 정출력의 광범위한 속도를 요하는 부하	가감속도
직 권	권상기, 기중기, 전차용 전동기	높은 기동토크, 속도 변화가 큰 부하	변속도
복 권	권상기, 절단기, 컨베이어, 분쇄기	높은 기동토크, 일정 속도의 부하	

32 ③ 33 ③ 정답

34 직류 직권전동기는 어느 부하에 적당한가?

[2016년 2회 산업기사]

① 정토크 부하
② 정속도 부하
③ 정출력 부하
④ 변출력 부하

해설 **직권전동기**

- 특 징
  - 기동토크가 크다.
  - 가변속도 특성을 갖는다.
  - 정출력 특성을 갖는다.
  - 정격전압에 무부하 시 위험 속도에 도달된다(벨트운전 금지, 기어운전).
- 용 도
  - 전동차(전철)
  - 권상기, 크레인 등 매우 큰 기동토크가 필요한 곳

35 다음 전동기 중에서 속도 변동률이 가장 큰 것은?

[2015년 4회 산업기사 / 2016년 1회 기사]

① 3상 농형 유도전동기
② 3상 권선형 유도전동기
③ 3상 동기전동기
④ 단상 유도전동기

해설 **단상 유도전동기의 특징**

- 단상 유도전동기는 회전 자계가 없다(교번 자계).
- 회전 자계가 없으므로 자기 기동하지 못한다(기동장치 필요).
- 3상 유도전동기에 비해 속도 변동률이 크다.

정답 34 ③ 35 ④

36 **2차 저항 제어를 하는 권선형 유도전동기의 속도 특성은?** [2015년 산업기사 2회]

① 가감 정속도 특성
② 가감 변속도 특성
③ 다단 변속도 특성
④ 다단 정속도 특성

해설

구 분	직류(M)	교류(M)
정속도(M) (부하와 무관)	속도 변화 없음	동기(M)
	• 속도 변화 거의 없음 • 분권(M)	유도(M)
다속도(M) • 속도를 몇 단으로 조정 • 각 단마다 속도 일정(부하와 무관)	• 분권(M) 계자 조정 • 워드-레오나드 장치	극수 변환에 의한 다속도 유도(M)
가감속도(M) • 광범위 속도 제어 • 속도 거의 일정	• 분권(M) 계자 조정 • 워드-레오나드 장치	• 2차 저항 제어 사용 • 권선형 유도전동기(가감 변속도) • 분권 정류자(M)
변속도(M) • V 일정 시 부하에 의해 속도가 광범위하게 변함(M) • 부하 증가 시 속도 감소	직권(M)	직권 정류자(M)

37 **하역 기계에서 무거운 것은 저속으로, 가벼운 것은 고속으로 작업하여 고속이나 저속에서 다 같이 동일한 동력이 요구되는 부하는?** [2015년 2회 기사 / 2018년 2회 기사]

① 정토크 부하
② 제곱토크 부하
③ 정동력 부하
④ 정속도 부하

해설 **정출력(정동력) 부하**
- 속도에 관계없이 기계 동력이 일정한 특성을 가진 부하
- 속도 증가 시 토크가 감소, 속도 감소 시 토크가 증가하는 특성

36 ② 37 ③ 정답

38 **엘리베이터용 전동기에 대한 설명으로 틀린 것은?** [2015년 2회 산업기사 / 2019년 1회 산업기사]

① 관성모멘트가 작아야 한다.
② 기동토크가 큰 것이 요구된다.
③ 플라이휠 효과(GD^2)가 커야 한다.
④ 가속도의 변화율이 작아야 한다.

해설 **엘리베이터에 사용되는 전동기에 요구되는 특성**
- 소음이 적어야 한다.
- 기동토크가 커야 한다.
- 회전 부분의 관성모멘트$\left(J=\dfrac{GD^2}{4}\right)$는 작아야 한다.
- 가속도의 변화 비율이 일정해야 한다.

39 **엘리베이터에 사용되는 전동기의 특성이 아닌 것은?** [2017년 4회 기사 / 2022년 2회 기사]

① 소음이 적어야 한다.
② 기동토크가 적어야 한다.
③ 회전 부분의 관성모멘트는 작아야 한다.
④ 가속도의 변화 비율이 일정값이 되도록 선택한다.

해설 38번 해설 참조

40 **출력 P[kW], 속도 N[rpm]인 3상 유도전동기의 토크[kg·m]는?** [2018년 4회 기사]

① $0.25\dfrac{P}{N}$　② $0.716\dfrac{P}{N}$
③ $0.956\dfrac{P}{N}$　④ $0.975\dfrac{P}{N}$

해설 **유도전동기의 토크**

$T=0.975\dfrac{P}{N}$[kg·m]

정답 38 ③ 39 ② 40 ④

41 전동기의 출력 15[kW], 속도 1,800[rpm]으로 회전하고 있을 때 발생되는 토크[kg·m]는 약 얼마인가? [2015년 4회 기사 / 2019년 4회 기사]

① 6.2　② 7.4
③ 8.1　④ 9.8

해설 $T=0.975\frac{P}{N}=0.975\times\frac{15,000}{1,800}=8.125 \fallingdotseq 8.1$[kg·m]

42 출력 7,200[W], 800[rpm]으로 회전하고 있는 전동기의 토크[kg·m]는 약 얼마인가? [2016년 1회 산업기사]

① 0.14　② 8.77
③ 86　④ 115

해설 $T=0.975\frac{P}{N}=0.975\times\frac{7,200}{800} \fallingdotseq 8.77$[kg·m]

43 극수 P의 3상 유도전동기가 주파수 f[Hz], 슬립 s, 토크 T[kg·m]로 회전하고 있을 때의 기계적 출력[W]은? [2019년 2회 기사]

① $\frac{4\pi f T}{P}$　② $T\frac{2\pi f}{P}(1-s)$
③ $T\frac{4\pi f}{P}(1-s)$　④ $T\frac{\pi f}{P}(1-s)$

해설 유도전동기 토크

$T=\frac{P_0}{\omega}=\frac{P_0}{2\pi\frac{N}{60}}=\frac{P_0}{\frac{2\pi}{60}(1-s)N_s}=\frac{P_0}{\frac{2\pi}{60}(1-s)\frac{120f}{P}}$ 에서

기계적 출력 $P_0=T\frac{4\pi f}{P}(1-s)$

41 ③　42 ②　43 ③ 정답

44 회전축에 대한 관성모멘트가 150[kg · m²]인 회전체의 플라이휠 효과(GD^2)는 몇 [kg · m²]인가? [2020년 1, 2회 산업기사]

① 450 ② 600
③ 900 ④ 1,000

해설 $J=\frac{GD^2}{4}$ 에서 $GD^2=4J=4\times150=600$[kg · m²]

45 유도전동기를 기동하여 각속도 ω_s에 이르기까지 회전자에서의 발열 손실 Q[J]를 나타낸 식은?(단, J는 관성모멘트이다) [2018년 4회 산업기사]

① $Q=\frac{1}{2}J\omega_s$ ② $Q=\frac{1}{2}J\omega_s^2$
③ $Q=\frac{1}{2}J^2\omega_s$ ④ $Q=\frac{1}{2}J^2\omega_s^2$

해설 전동기를 기동하여 각속도(ω_s)로 증가시킬 경우 회전자의 발열 손실은 $Q=\frac{1}{2}J\omega_s^2$[J]이다.

46 플라이휠 효과가 GD^2[kg · m²]인 전동기의 회전자가 n_2[rpm]에서 n_1[rpm]으로 감속할 때 방출한 에너지[J]는? [2018년 1회 산업기사]

① $\frac{GD^2(n_2-n_1)^2}{730}$ ② $\frac{GD^2(n_2^2-n_1^2)}{730}$
③ $\frac{GD^2(n_2-n_1)^2}{375}$ ④ $\frac{GD^2(n_2^2-n_1^2)}{375}$

해설 에너지의 차인 방출에너지는

$$\triangle W=W_2-W_1=\frac{GD^2\times n_2^2}{730}-\frac{GD^2\times n_1^2}{730}=\frac{GD^2(n_2^2-n_1^2)}{730}\text{[J]}$$

정답 44 ② 45 ② 46 ②

47 플라이휠 효과 1[kg · m^2]인 플라이휠 회전속도가 1,500[rpm]에서 1,200[rpm]으로 떨어졌다. 방출에너지는 약 몇 [J]인가? [2017년 2회 기사 / 2020년 1, 2회 기사]

① 1.11×10^3　　② 1.11×10^4

③ 2.11×10^3　　④ 2.11×10^4

해설

$$W=\frac{GD^2(n_1^2-n_2^2)}{730}=\frac{1\times(1,500^2-1,200^2)}{730}=1,109\fallingdotseq1.11\times10^3[\text{J}]$$

48 높이 10[m]에 있는 용량 100[m^3]의 수조를 만조시키는 데 필요한 전력량은 약 몇 [kWh]인가? (단, 전동기 및 펌프의 종합 효율은 80[%], 여유계수 1.2, 손실수두는 2[m]이다)

[2016년 4회 기사]

① 1.5　　② 2.4

③ 3.7　　④ 4.9

해설 시간당 $W=\frac{9.8QH}{\eta}k\times t=\frac{9.8\times100\times(10+2)}{0.8\times3,600}\times1.2=4.9[\text{kWh}]$

49 높이 10[m]의 곳에 있는 용량 100[m^3]의 수조를 만수시키는 데 필요한 전력량은 약 몇 [kWh] 인가?(단, 펌프의 종합 효율은 90[%], 전손실 수두는 2[m]이다) [2016년 2회 산업기사]

① 3.6　　② 4.1

③ 7.2　　④ 8.9

해설 시간당 $W=\frac{9.8QH}{\eta}k\times t=\frac{9.8\times100\times(10+2)}{0.9\times3,600}\times1\fallingdotseq3.6[\text{kWh}]$

47 ①　48 ④　49 ① 정답

50 풍압 500[mmAq], 풍량 0.5[m^3/s]인 송풍기용 전동기의 용량[kW]은 약 얼마인가?(단, 여유계수는 1.23, 팬의 효율은 0.6이다) [2020년 4회 기사]

① 5　　② 7

③ 9　　④ 11

해설 $P = k\frac{9.8QH}{\eta} = 1.23 \times \frac{9.8 \times 0.5 \times 0.5}{0.6} \fallingdotseq 5$[kW]

51 풍량 6,000[m^3/min], 전 풍압 120[mmAq]의 주 배기용 팬을 구동하는 전동기의 소요동력[kW]은 약 얼마인가?(단, 팬의 효율 $\eta = 60$[%], 여유계수 $K = 1.2$) [2021년 1회 기사]

① 200　　② 235

③ 270　　④ 305

$P = k\frac{9.8QH}{\eta} = 1.2 \times \frac{9.8 \times 6,000 \times 120 \times 10^{-3}}{0.6 \times 60} \fallingdotseq 235$[kW]

52 5[t]의 하중을 매분 30[m]의 속도로 권상할 때, 권상전동기의 용량은 약 몇 [kW]인가?(단, 장치의 효율은 70[%], 전동기 출력의 여유를 20[%]로 계산한다) [2015년 1회 기사]

① 40　　② 42

③ 44　　④ 46

해설 $P = \frac{mv}{6.12\eta}k = \frac{5 \times 30}{6.12 \times 0.7} \times 1.2 \fallingdotseq 42$[kW]

단, m : 물체의 무게[t], v : 권상기의 권상 속도[m/min], k : 여유계수, η : 권상 효율

정답 50 ① 51 ② 52 ②

53 권상하중 10,000[kg], 권상속도 5[m/min]의 기중기용 전동기 용량은 약 몇 [kW]인가?(단, 전동기를 포함한 기중기의 효율은 80[%]라 한다) [2015년 2회 산업기사]

① 7.5　② 8.3
③ 10.2　④ 14.3

해설 $P=\dfrac{mv}{6.12\eta}k=\dfrac{10,000\times10^{-3}\times5}{6.12\times0.8}\times1 ≒ 10.2[\text{kW}]$

54 발전소에 설치된 50[t]의 천장 주행 기중기의 권상속도가 2[m/min]일 때 권상용 전동기의 용량은 약 몇 [kW]인가?(단, 효율은 70[%]이다) [2017년 4회 산업기사]

① 5　② 10
③ 15　④ 23

해설 $P=\dfrac{mv}{6.12\eta}k=\dfrac{50\times2}{6.12\times0.7}\times1 ≒ 23[\text{kW}]$

55 5층 빌딩에 설치된 적재중량 1,000[kg]의 엘리베이터를 승강속도 50[m/min]로 운전하기 위한 전동기의 출력은 약 몇 [kW]인가?(단, 권상기의 기계 효율은 0.9이고 균형추의 불평형률은 1이다) [2018년 1회 산업기사]

① 4　② 6
③ 7　④ 9

해설 $P=\dfrac{mv}{6.12\eta}k=\dfrac{1,000\times10^{-3}\times50}{6.12\times0.9}\times1 ≒ 9[\text{kW}]$

56 양수량 5[m^3/min], 총양정 10[m]인 양수용 펌프 전동기의 용량은 약 몇 [kW]인가?(단, 펌프 효율 85[%], 여유계수 $k=1.1$이다) [2018년 2회 산업기사]

① 9.01　② 10.56
③ 16.60　④ 17.66

해설 $P=\dfrac{QH}{6.12\eta}k=\dfrac{5\times10}{6.12\times0.85}\times1.1 ≒ 10.56[\text{kW}]$

53 ③　54 ④　55 ④　56 ② 정답

57 양수량 30[m^3/min], 총양정 10[m]를 양수하는 데 필요한 펌프용 3상 전동기에 전력을 공급하고자 한다. 단상 변압기를 V결선하여 전력을 공급하고자 할 때 단상 변압기 한 대의 용량[kVA]은 약 얼마인가?(단, 펌프의 효율은 70[%]이다) [2022년 1회 기사]

① 31 ② 36
③ 41 ④ 46

해설 $P_v = \sqrt{3}P_1$에서

$$P_v = k\frac{9.8QH}{\eta} = \frac{9.8\times30\times10}{0.7\times60} = 70$$

$$\therefore P_1 = \frac{70}{\sqrt{3}} \fallingdotseq 41[\text{kVA}]$$

58 양수량 30[m^3/min], 총양정 10[m]를 양수하는 데 필요한 펌프용 전동기의 소요출력[kW]은 약 얼마인가?(단, 펌프의 효율은 75[%], 여유계수는 1.1이다) [2021년 2회 기사]

① 59 ② 64
③ 72 ④ 78

해설 $$P = \frac{QH}{6.12\eta}k = \frac{30\times10}{6.12\times0.75}\times1.1 \fallingdotseq 71.9[\text{kW}]$$

59 권상하중이 100[t]이고 권상속도가 3[m/min]인 권상기용 전동기를 설치하였다. 전동기의 출력[kW]은 약 얼마인가?(단, 전동기의 효율은 70[%]이다) [2019년 4회 기사]

① 40 ② 50
③ 60 ④ 70

해설 $$P = \frac{mv}{6.12\eta}k = \frac{100\times3}{6.12\times0.7} \fallingdotseq 70[\text{kW}]$$

정답 57 ③ 58 ③ 59 ④

60 동력 전달 효율이 78.4[%]인 권상기로 30[t]의 하중을 매분 4[m]의 속력으로 끌어 올리는 데 필요한 동력은 약 몇 [kW]인가? [2019년 2회 산업기사]

① 14　　② 18
③ 21　　④ 25

해설
$$P=\frac{mv}{6.12\eta}k=\frac{30\times 4}{6.12\times 0.784}\fallingdotseq 25[\text{kW}]$$

61 권상하중 10[t], 매분 24[m/min]의 속도로 물체를 올리는 권상용 전동기의 용량[kW]은 약 얼마인가?(단, 전동기를 포함한 기중기의 효율은 65[%]이다) [2020년 3회 산업기사]

① 41　　② 73
③ 60　　④ 97

해설
$$P=\frac{mv}{6.12\eta}k=\frac{10\times 24}{6.12\times 0.65}\fallingdotseq 60[\text{kW}]$$

62 부식성의 산, 알칼리 또는 유해 가스가 있는 장소에서 실용상 지장 없이 사용할 수 있는 구조의 전동기는? [2018년 1회 기사]

① 방직형　　② 방진형
③ 방수형　　④ 방식형

해설 **전동기의 형식에 따른 분류**
- 방식(방부)형 : 부식성의 산, 알칼리 또는 유해 가스가 존재하는 장소에서 실용상 지장이 없도록 사용할 수 있는 구조
- 방적형 : 연직에서 15° 이내의 각도로 낙하하는 물방울이 기기 내부에 들어가 접촉하는 일이 없도록 하는 구조
- 방수형 : 지정된 조건에서 1~3분 동안 주수하여도 전동기에 물이 침입할 수 없는 구조
- 수중형 : 전동기가 수중에서 지정 압력에서 지정 시간 동안 계속 사용 시 이상이 없는 구조
- 내산형 : 바닷가나 염분이 많은 지역에서 사용할 수 있는 구조
- 방진형 : 먼지나 분진의 침입을 최대한 방지하여 운전에 지장이 없는 구조

60 ④　61 ③　62 ④ 정답

63 전동기의 손실 중 직접 부하손에 해당하는 것은? [2018년 2회 산업기사]

① 풍 손　　② 베어링 마찰손
③ 브러시 마찰손　　④ 전기자 권선의 저항손

해설 **전기자 권선의 저항손**
부하손에 해당한다.

64 3상 교류전동기의 입력을 표시하는 식은?(단, V_s는 공급전압, I는 선전류이다) [2015년 1회 산업기사]

① $V_s I\cos\theta$　　② $2V_s I\cos\theta$
③ $V_s I\theta$　　④ $\sqrt{3}\,V_s I\cos\theta$

해설
- 단상 전동기 입력 : $P = V_s I\cos\theta$[W]
- 3상 전동기 입력 : $P = \sqrt{3}\,V_s I\cos\theta$[W]

65 전동기의 정격(Rate)에 해당되지 않는 것은? [2017년 1회 기사]

① 연속 정격　　② 반복 정격
③ 단시간 정격　　④ 중시간 정격

해설 **전동기의 정격**
- 연속 정격 : 장시간 연속으로 운전 시에도 규정된 온도 상승 한도를 초과하지 않는 정격
- 단시간 정격 : 단시간 운전 시에도 규정된 온도 상승 한도를 초과하지 않는 정격
- 반복 정격 : 일정한 운전, 정지를 반복하는 운전 시에도 규정된 온도 상승 한도를 초과하지 않는 정격

정답 63 ④　64 ④　65 ④

66 **전동기의 전동 원인 중 전자적 원인이 아닌 것은?** [2017년 4회 산업기사]

① 베어링의 불평형
② 고정자 철심의 자기적 성질 불평등
③ 회전자 철심의 자기적 성질 불평등
④ 고조파 자계에 의한 자기력의 불평등

해설 **전동기의 진동 원인**
- 기계적 원인
  - 회전자의 정적 동적 불균형
  - 베어링의 불평형
  - 설치 불량(상대 기계와 연결 불량)
- 전자적 원인
  - 고정자 철심의 자기적 성질 불평등
  - 회전자 철심의 자기적 성질 불평등
  - 고조파 자계에 의한 자기력의 불평등

67 **전동기 운전 시 발생하는 진동 중 전자력적인 원인에 의한 것은?** [2020년 1, 2회 산업기사]

① 회전자의 정적 및 동적 불균형
② 베어링의 불균형
③ 상대 기계와의 연결 불량 및 설치 불량
④ 회전 시 공극의 변동

해설 66번 해설 참조

68 **전기기기의 절연의 종류와 허용 최고 온도가 잘못 연결된 것은?** [2020년 3회 기사]

① A종 – 105[℃]
② E종 – 120[℃]
③ B종 – 130[℃]
④ H종 – 155[℃]

해설

절연 종별	Y	A	E	B	F	H	C
허용 온도	90[℃]	105[℃]	120[℃]	130[℃]	155[℃]	180[℃]	180[℃] 초과

66 ① 67 ④ 68 ④ 정답

03 전기철도

1. 선로(궤도)의 구성

(1) 구성요소

① **궤조(레일)** : 차량을 지지, 운전저항의 감소, 고탄소강

② **침목** : 레일의 위치 유지, 궤조를 지지, 차량 하중 분산, 궤간을 확보

③ **도 상**
㉠ 레일, 침목을 경유하여 전달된 하중을 넓게 분포시켜 노반에 전달
㉡ 차량의 진동 흡수
㉢ 빗물 배수를 용이하게 하고 잡초가 자라는 것을 방지

④ **노반** : 궤도 하부에서 궤도를 지지하는 흙 구조물로서 상층부의 궤도와 함께 높은 속도로 운행되는 중량물인 열차의 하중을 끊임없이 받고 있는 부분

⑤ **궤간** : 레일 사이의 거리, 양궤조의 두부 내측 사이의 거리를 말함
㉠ 표준궤간 : 1,435[mm]
㉡ 광궤 : 1,675[mm], 1,500[mm]
㉢ 협궤 : 1,067[mm], 1,000[mm], 871[mm], 762[mm]

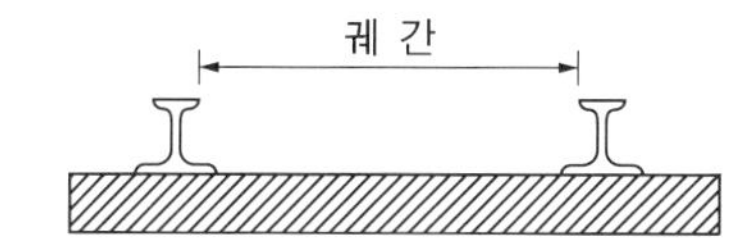

⑥ **유간** : 레일의 이음매, 부분 틈새, 온도변화에 따른 신축에 대응하기 위해 약 10[mm] 정도의 간격을 두는 것

⑦ **고도(Cant)** : 곡선부에서 열차의 탈선을 방지하기 위하여 외측 레일을 내측 레일보다 약간 높게 시설하는 것(운전의 안전 확보)

$$h = \frac{GV^2}{127R}[\text{mm}]$$

여기서, G : 궤간[mm], V : 속도[km/h], R : 반지름[m]

⑧ **확도(Slack)** : 곡선 부분에서 차륜과 궤조의 수면 마찰을 완화하기 위해 내측 궤조의 궤간을 넓히는 정도를 말함

$$s = \frac{l^2}{8R}[\text{mm}]$$

여기서, l : 고정차축거리[m], R : 곡선 반지름[m]

⑨ 구배(Grade) : 선로의 구배(경사)를 1,000분율[‰]로 나타낸 값

㉠ 중요한 선로에서는 10[‰], 보통 선로에서는 25[‰], 간선이나 전차 전용 선로에서는 35[‰] 정도

㉡ 구배의 표시법

$$구배 = \frac{\overline{bc}}{\overline{ab}} \times 1,000[‰] \ (분수법 \ \tan\theta)$$

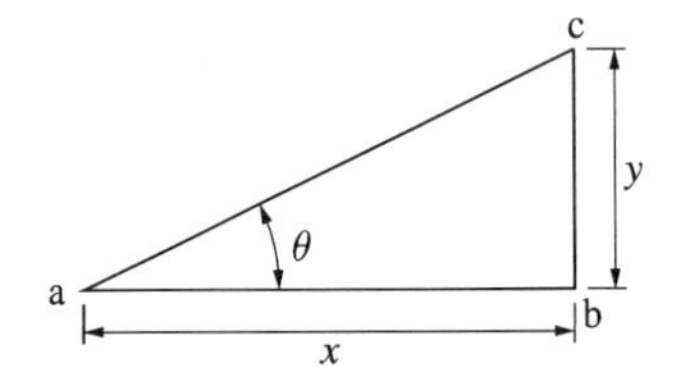

⑩ 복진지 : 열차운행 시 궤도가 열차 진행 방향으로 이동하는 것을 방지

(2) 선로의 분기

① 전철기 : 차륜을 궤도에서 다른 궤도로 유도하는 장치로, 끝을 얇게 깍은 첨단궤조를 움직여 동작함

② 철차(Crossing) : 궤도를 분기하는 곳

③ 도입궤조(Lead Rail) : 전철기와 철차부를 연결하는 곡선 궤조

④ 철차각 : 철차부에서 기준선과 분기선이 교차하는 각도

⑤ 호륜궤조 : 차륜의 탈선을 막기 위해 분기 반대편 레일에 설치한 레일

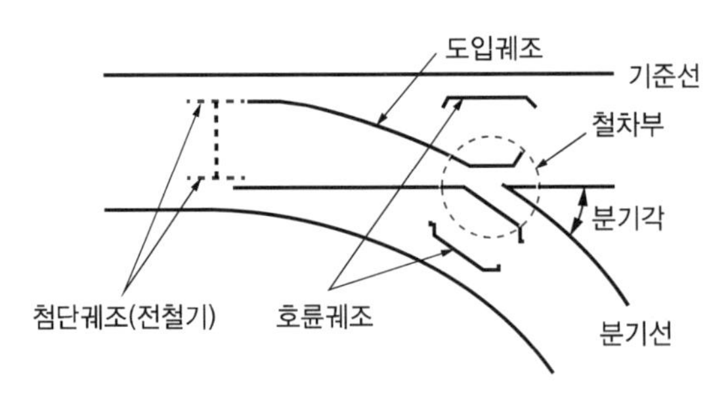

⑥ 완화곡선 : 직선 궤도에서 곡선 궤도로 변하는 부분의 곡선부

⑦ 종곡선 : 수평 궤도에서 경사 궤도로 변하는 부분

2. 전기 차량

(1) 차량의 구성

차량은 차체와 대차로 되어 있으며, 차체는 대틀이라 하는 기초 구조물 위에 차실, 운전대를 조립하며, 대차는 차륜과 차축, 전동기 및 제동장치 등을 구비하고 있으며, 대차로서 차체를 떠받치고 있다.

(2) 차량의 종류

① 전기기관차

② 전동차

③ 제어차

④ 부수차

(3) 차 륜

차륜에는 한 덩어리로 된 일체 차륜과 차륜에 외륜을 끼운 외륜부 차륜의 두 종류가 있다.

(4) 집전장치

전기 차량이 가공선 또는 제3궤조에서 전기를 취하기 위한 장치를 집전장치라 하며, 집전자에는 다음과 같은 종류가 있다.

종 류	특 징	접촉 압력
트롤리 봉	시가지 노면 철도 등의 저속용	7~11[kg]
궁상 집전자(뷔겔)	저전압, 저속도, 소용량	5.5[kg]
팬터그래프	• 고속도, 대전류, 고전압용(대용량 수송) • 현재 우리나라에서 사용	5~11[kg]

3. 전기철도용 주전동기

(1) 구비 조건

① 기동 시 회전력이 클 것

② 올라가는 구배 등에서 회전수가 줄어들면 회전력이 커질 것

③ 회전수를 광범위하게 조절할 수 있을 것

④ 병렬운전할 때 부하의 불평형이 적을 것

⑤ 제한된 장소에 설치할 수 있도록 중량 용적이 크지 않을 것

⑥ 수리 점검이 편리할 것(직류에서는 직권전동기, 교류에서는 단상 정류자 전동기)

(2) 전동기의 특징

① 직류 직권전동기 회전수와 전류의 관계

$$e = \frac{pZ}{a}\phi \times \frac{N}{60}\,[\mathrm{V}]$$

여기서, e : 직류전동기의 역기전력 $= E - IR_a$

(E : 전동기 단자전압[V], I : 전기자 전류[A], R_a : 전기자 회로 저항[Ω])

p : 자극의 수

Z : 전기자 도체수

a : 전기자 내부 병렬회로수

ϕ : 매극의 유효 자속[Wb]

N : 매분 회전수[rpm]

이때 a, p, Z는 상수이므로

$$N = K_1\frac{E - IR_a}{\phi} \simeq K_1\frac{E}{\phi}\,[\mathrm{rpm}]$$

② 전동기의 회전력과 속도

반지름 R[m]의 원주 상에 작용하는 견인력을 F[kg]라 하고 회전력을 T[kg·m]라 하면 N[rpm]으로 회전할 때 1[s]에 하는 일 $P = 2\pi\frac{N}{60}T$ [kg·m/s],

1[kW] ≃ 102[kg·m/s]이므로 $P = 2\frac{\pi}{60 \times 120}TN = \frac{TN}{975}$ [kW]

이 식에 기어 및 축받이의 효율 η'를 고려하면

$$P = \frac{TN}{975\eta'}\,[\mathrm{kW}]$$

③ 견인력과 출력

반지름 R[m], 회전수 N[rpm]의 직선속도 V[km/h]는

$$P = \frac{FV}{367\eta}[\text{kW}]$$

④ 마찰력과 견인력

차륜이 궤조면을 미끄러지지 않고 회전할 수 있는 것은 차륜과 궤조면 사이에 마찰력이 있기 때문이다. 이 마찰력은 견인력과 더불어 커지나 한도가 있어 견인력의 크기가 최대 마찰력보다 커지면 차륜은 미끄러져서 공전하게 된다. 이때의 최대 마찰력 F_a를 점착력, 최대 마찰계수 μ를 점착계수라 한다.

일반적으로 차체의 중력을 W_a[t]라 하면 $F_a = 1{,}000\mu W_a$[kg], 최대 견인력을 F_m이라 하면 공전하지 않기 위해서는 $F_m \le F_a$의 관계가 만족되어야 한다.

4. 열차의 운전

(1) 열차저항

① 기동저항 : 열차가 정지 상태에서 출발 시 축과 축받이 사이에 유막이 형성되기까지 걸리는 저항

② 주행저항 : 주행 시 생기는 축받이, 궤조에서의 마찰저항과 주행 시의 공기저항을 합한 것

③ 경사저항 : 구배가 G[‰]인 경우 차량 1[t]당 경사저항 R_g[kg/t]$= G$[kg/t]

④ 곡선저항 : 곡률 반지름 R[m], 궤간 G[mm], 차륜의 고정축 간 거리 L[m], 차륜과 궤조의 마찰계수가 μ일 때

$$R = \frac{1{,}000\mu(G+L)}{2R}[\text{kg/t}]$$

⑤ 가속저항 : 차량을 직선 부분에서 가속하는 데 필요한 것

차량의 중량 W[t], 가속도 $A\left[\frac{\text{km}}{\text{h/s}}\right]$이면 가속력 F는 다음과 같다.

$F = 31\,WA$[kg] (전동차의 경우)

$F = 30\,WA$[kg] (객차의 경우)

⑥ **구배저항** : 오르막길의 경사도를 오를 때 발생하는 저항(내려갈 때는 (-)의 저항)

$R_g = \pm 1,000 \mu W$ [kg]

여기서, μ : 구배[‰], W : 중량[t]

(2) 속 도

① 평균속도 $= \dfrac{\text{주행거리}}{\text{주행시간}}$

② 표정속도 $= \dfrac{\text{거리}}{\text{주행시간} + \text{정차시간}} = \dfrac{(n-1)L}{T+(n-2)t}$

여기서, n : 정거장수, L : 정거장 간격, T : 전주행시간, t : 정차시간

※ 표정속도를 올리는 방법 : 주행시간, 정차시간을 짧게, 가속도와 감속도를 크게

핵 / 심 / 예 / 제

01 온도의 변화로 인한 궤조의 신축에 대응하기 위한 것은? [2018년 4회 산업기사]

① 궤 간 ② 곡 선
③ 유 간 ④ 확 도

해설 유 간
궤조(Rail)는 열차운행이나 주위 온도에 따라 선팽창을 하게 되므로 안전운행을 위하여 레일의 간격을 적당히 두는 것이다.

02 전기철도에서 궤도(Track)의 3요소가 아닌 것은? [2018년 1회 산업기사]

① 레 일 ② 침 목
③ 도 상 ④ 구 배

해설 전기철도에서 궤도의 3요소
- 도 상
- 침 목
- 레 일

03 전기철도에서 궤도의 구성요소가 아닌 것은? [2020년 4회 기사]

① 침 목 ② 레 일
③ 캔 트 ④ 도 상

해설 2번 해설 참조

04 바깥쪽 레일은 원심력의 작용으로 지나친 하중이 걸려 탈선하기 쉬우므로 안쪽 레일보다 얼마간 높게 한다. 이 바깥쪽 레일과 안쪽 레일의 높이차를 무엇이라 하는가? [2017년 2회 산업기사]

① 편 위 ② 확 도
③ 캔 트 ④ 궤 간

해설 고도(캔트)
- 곡선 구간에서 열차 운행의 안정성을 확보하기 위하여 안쪽 레일보다 바깥쪽 레일을 조금 높게 하는 것을 말한다.
- 곡선부를 지날 때 원심력을 고려하여 이런 고도를 두게 된다.

정답 01 ③ 02 ④ 03 ③ 04 ③

05 곡선 궤도에 있어 캔트(Cant)를 두는 주된 이유는?

[2016년 4회 산업기사]

① 시설이 곤란하기 때문에
② 운전 속도를 제한하기 위하여
③ 운전의 안전을 확보하기 위하여
④ 타고 있는 사람의 기분을 좋게 하기 위하여

해설 **고도(캔트)**
- 곡선 구간에서 열차 운행의 안정성을 확보하기 위하여 안쪽 레일보다 바깥쪽 레일을 조금 높게 하는 것을 말한다.
- 곡선부를 지날 때 원심력을 고려하여 이런 고도를 두게 된다.

06 궤간이 1[m]이고 반경이 1,270[m]인 곡선 궤도를 64[km/h]로 주행하는 데 적당한 고도는 약 몇 [mm]인가?

[2018년 2회 산업기사]

① 13.4
② 15.8
③ 18.6
④ 25.4

해설

$$h = \frac{GV^2}{127R} = \frac{1,000 \times 64^2}{127 \times 1,270} = 25.4[\text{mm}]$$

07 시속 45[km/h]의 열차가 곡률 반지름 1,000[m]인 곡선 궤도를 주행할 때 고도(Cant)는 약 몇 [mm]인가?(단, 궤간은 1,067[mm]이다)

[2020년 1, 2회 산업기사]

① 10
② 13
③ 17
④ 20

해설

$$\text{고도(Cant)} = \frac{GV^2}{127R} = \frac{1,067 \times 45^2}{127 \times 1,000} = 17[\text{mm}]$$

정답 05 ③ 06 ④ 07 ③

08 고도(Cant)가 20[mm]이고 반지름이 800[m]인 곡선 궤도를 주행할 때 열차가 낼 수 있는 최대 속도는 약 몇 [km/h]인가?(단, 궤간은 1,067[mm]이다) [2017년 1회 산업기사]

① 34.94　　② 38.94
③ 43.64　　④ 83.64

해설 $V_m = \sqrt{\dfrac{127Rh}{G}} = \sqrt{\dfrac{127 \times 800 \times 20}{1{,}067}} = 43.64$[km/h]

09 열차가 곡선 궤도부를 원활하게 통과하기 위한 조치는? [2016년 1회 산업기사]

① 궤간(Gauge)
② 확도(Slack)
③ 복진지(Anti-creeping)
④ 종곡선(Vertical Curve)

해설
- 궤간 : 레일과 레일 사이
- 확도 : 곡선로 부분에서 열차가 탈선하는 것을 방지하기 위하여 궤간을 직선부보다 약간 넓게 하는 것
- 복진지 : 레일이 열차의 진행 방향과 같이 종 방향으로 이동하는 것을 방지하는 장치
- 종곡선 : 수평 궤도에서 경사 궤도로 변화하는 부분에 설치함

10 열차가 곡선 궤도를 운행할 때 차륜의 플랜지와 레일 사이의 측면 마찰을 피하기 위하여 내측 레일의 궤간을 넓히는 것은? [2020년 3회 기사]

① 고 도　　② 유 간
③ 확 도　　④ 철차각

해설 **확 도**
곡선로 부분에서 열차가 탈선하는 것을 방지하기 위하여 궤간을 직선부보다 약간 넓게 하는 것을 말한다.

정답 08 ③ 09 ② 10 ③

11 궤간의 확도(Slack)[mm]를 표시하는 식은?(단, l은 차축거리[m], R[m]은 곡선의 반지름이다)

[2019년 1회 산업기사]

① $\frac{l^2}{8R}$ ② $\frac{8l^2}{R}$

③ $\frac{l^2}{R}$ ④ $\frac{l^2}{5R}$

해설

궤간의 확도(Slack) $S=\frac{l^2}{8R}$[mm]

여기서, l : 차축거리[m], R : 곡선 반지름[m]

12 궤도의 확도(Slack)는 약 몇 [mm]인가?(단, 곡선의 반지름 100[m], 고정차축거리 5[m]이다)

[2017년 1회 산업기사]

① 21.25 ② 25.68

③ 29.35 ④ 31.25

해설

$S=\frac{l^2}{8R}=\frac{5^2}{8\times100}=0.03125[m]=31.25[mm]$

13 2개의 곡선 반경 중심이 선로에 대해 서로 반대 측에 위치하는 선로 곡선은?

[2019년 2회 산업기사]

① 단심곡선 ② 복심곡선

③ 반향곡선 ④ 완화곡선

해설 곡선부의 종류는 크게 수평곡선과 연직곡선으로 나누며, 수평곡선은 다음과 같다.

- 단곡선(단심곡선) : 1개의 원으로 이루어지는 기본적인 곡선
- 복곡선(복심곡선) : 반지름이 다른 2개의 단곡선이 그 접속점에서 공통접선을 갖고 중심이 공통접선과 같은 방향에 있을 때
- 반향곡선(S곡선) : 반지름이 다른 2개의 원곡선이 그 접속점에서 공통접선을 갖고 이들의 중심이 공통접선의 반대쪽에 있을 때
- 완화곡선 : 원심력에 의한 영향을 감소시키기 위해 직선부와 곡선부 사이에 완만한 곡선을 설치

11 ① 12 ④ 13 ③ 정답

14 철도차량이 운행하는 곡선부의 종류가 아닌 것은? [2017년 1회 기사 / 2020년 1, 2회 기사]

① 단곡선 ② 복곡선
③ 반향곡선 ④ 완화곡선

해설 곡선부의 종류는 크게 수평곡선과 연직곡선으로 나누며, 수평곡선은 다음과 같다.
- 단곡선(단심곡선) : 1개의 원으로 이루어지는 기본적인 곡선
- 복곡선(복심곡선) : 반지름이 다른 2개의 단곡선이 그 접속점에서 공통접선을 갖고 중심이 공통접선과 같은 방향에 있을 때
- 반향곡선(S곡선) : 반지름이 다른 2개의 원곡선이 그 접속점에서 공통접선을 갖고 이들의 중심이 공통접선의 반대쪽에 있을 때
- 완화곡선 : 원심력에 의한 영향을 감소시키기 위해 직선부와 곡선부 사이에 완만한 곡선을 설치

15 직선 궤도에서 호륜궤조를 반드시 설치해야 하는 곳은? [2015년 4회 산업기사]

① 분기 개소 ② 병용 궤도
③ 고속운전 구간 ④ 교량 위

해설 **호륜궤조**
- 차체를 분기 선로로 유도하기 위하여 설치
- 궤도의 분기 개소에서 철차가 있는 곳은 궤조가 중단되므로 원활하게 차체를 분기 선로로 유도하기 위하여 반대 궤조 측에 호륜궤조를 설치

16 차륜의 탈선을 막기 위해 분기 반대쪽 레일에 설치한 레일은? [2017년 4회 산업기사]

① 전철기 ② 완화곡선
③ 호륜궤조 ④ 도입궤조

해설 15번 해설 참조

정답 14 ② 15 ① 16 ③

17 다음 중 전기차량의 대차에 의한 분류가 아닌 것은? [2016년 4회 기사]

① 4륜차 ② 전동차
③ 보기차 ④ 연결차

해설 **전기차량의 대차에 의한 분류**
- 4륜차
- 보기차
- 연결차(관절차)

18 열차가 주행할 때 중력에 의하여 발생하는 저항으로 두 점 간의 수평거리와 고저차의 비로 표시되는 저항은? [2016년 4회 산업기사]

① 출발저항 ② 구배저항
③ 곡선저항 ④ 주행저항

해설 **열차저항의 종류**
- 기동저항 : 정지 상태에서 열차가 출발할 때 생기는 저항
- 구배저항 : 경사면을 올라갈 때 중력에 의하여 발생하는 저항
- 곡선저항 : 열차가 곡선 부분을 통과할 때 레일과의 마찰이 증가하면서 발생하는 저항
- 주행저항 : 정상적인 속도로 평평한 직선 경로를 운행할 때의 저항

19 열차저항에 대한 설명 중 틀린 것은? [2021년 4회 기사]

① 주행저항은 베어링 부분의 기계적 마찰, 공기저항 등으로 이루어진다.
② 열차가 곡선구간을 주행할 때 곡선의 반지름에 비례하여 받는 저항을 곡선저항이라 한다.
③ 경사궤도를 운전 시 중력에 의해 발생하는 저항을 구배저항이라 한다.
④ 열차 가속 시 발생하는 저항을 가속저항이라 한다.

해설 **열차저항**
- 기동저항 : 열차가 정지 상태에서 출발 시 축과 축받이 사이에 유막이 형성되기까지 걸리는 저항
- 주행저항 : 주행 시 생기는 축받이, 궤조에서의 마찰저항과 주행 시의 공기저항을 합한 것
- 경사저항 : 구배가 G[‰]인 경우 차량 1[t]당 받는 저항 $R_g[\text{kg/t}] = G[\text{kg/t}]$
- 곡선저항 : 곡선구간을 주행할 때 받는 저항으로 곡률 반지름에 반비례한다.

  $R = \frac{1,000\mu(G+L)}{2R}$[kg/t]

  (여기서, R : 곡률 반지름[m], G : 궤간[mm], L : 차륜의 고정축 간 거리[m], μ : 마찰계수)
- 가속저항 : 차량을 직선 부분에서 가속하는 데 필요한 것
- 구배저항 : 오르막길의 경사도를 오를 때 발생하는 저항

17 ② 18 ② 19 ② 정답

20 전철의 급전선의 구간은? [2019년 4회 산업기사]

① 전동기에서 레일까지
② 변전소에서 트롤리선까지
③ 트롤리선에서 집전장치까지
④ 집전장치에서 주전동기까지

해설 **급전선(Feeder)**
철도차량에 사용할 전기를 변전소로부터 합성전차선에 공급하는 전선

21 전차의 경제적인 운전 방법이 아닌 것은? [2018년 1회 기사]

① 가속도를 크게 한다.
② 감속도를 크게 한다.
③ 표정속도를 작게 한다.
④ 가속도·감속도를 작게 한다.

해설 **전차의 경제적인 운전법**
- 가속도를 크게 한다.
- 감속도를 크게 한다.
- 표정속도를 작게 한다.

22 전차를 시속 100[km]로 운전하려 할 때 전동기의 출력[kW]은 약 얼마인가?(단, 차륜상의 견인력은 400[kg]이다) [2020년 3회 산업기사]

① 95
② 100
③ 109
④ 121

해설 $P = \dfrac{FV}{367\eta} = \dfrac{400 \times 100}{367} \fallingdotseq 109[\text{kW}]$

정답 20 ② 21 ④ 22 ③

23 전기 기관차의 자중이 150[t]이고, 동륜상의 중량이 95[t]이라면 최대 견인력[kg]은?(단, 궤조의 점착계수는 0.2라 한다) [2015년 4회 산업기사]

① 19,000 ② 25,000
③ 28,500 ④ 38,000

해설 $F=1,000\mu W_a=1,000\times0.2\times95=19,000$[kg]
여기서, μ : 점착계수, W_a : 동륜상의 중량[t]

24 열차의 자중이 120[t]이고, 동륜상의 중량이 90[t]인 기관차의 최대 견인력[kg]은?(단, 레일의 점착계수는 0.2로 한다) [2020년 3회 산업기사]

① 1,800 ② 2,160
③ 18,000 ④ 21,600

해설 $F=1,000\mu W_a=1,000\times0.2\times90=18,000$[kg]

25 열차의 차체 중량이 75[ton]이고 동륜상의 중량이 50[ton]인 기관차가 열차를 끌 수 있는 최대 견인력은 몇 [kg]인가?(단, 궤조의 점착계수는 0.3으로 한다)
[2015년 1회 산업기사 / 2019년 4회 산업기사]

① 10,000 ② 15,000
③ 22,500 ④ 1,125,000

해설 $F=1,000\mu W_a=1,000\times0.3\times50=15,000$[kg]

26 열차의 자중이 100[t]이고, 동륜상의 중량이 90[t]인 기관차의 최대 견인력[kg]은?(단, 레일의 점착계수는 0.2로 한다) [2018년 2회 기사]

① 15,000 ② 16,000
③ 18,000 ④ 21,000

해설 $F=1,000\mu W_a=1,000\times0.2\times90=18,000$[kg]

23 ① 24 ③ 25 ② 26 ③ 정답

27 열차 차체의 중량이 80[ton]이고 동륜상의 중량이 55[ton]인 기관차의 최대 견인력[kg]은?(단, 궤조의 점착계수는 0.3으로 한다) [2017년 1회 기사]

① 15,000 ② 16,500
③ 18,000 ④ 24,000

해설 $F = 1{,}000\mu W_a = 1{,}000 \times 0.3 \times 55 = 16{,}500$[kg]

28 40[t]의 전차가 40/1,000의 구배를 올라가는 데 필요한 견인력[kg]은?(단, 열차저항은 무시한다) [2020년 3회 산업기사]

① 1,000 ② 1,200
③ 1,400 ④ 1,600

해설 $F = 1{,}000\mu W_a = 1{,}000 \times \dfrac{40}{1{,}000} \times 40 = 1{,}600$[kg]

29 총중량이 50[t]이고, 전동기 6대를 가진 전동차가 구배 20[‰]의 직선 궤도를 올라가고 있다. 주행 속도 40[km/h]일 때 각 전동기의 출력[kW]은 약 얼마인가?(단, 가속저항은 1,550[kg], 중량당 주행저항은 8[kg/t], 전동기 효율은 0.90이다) [2021년 2회 기사]

① 52 ② 60
③ 66 ④ 72

해설 견인력 = (주행저항 + 구배저항) × 중량
전체 견인력$= (8+20) \times 50 + 1{,}550$(가속력)$= 2{,}950$
1대당 출력(P_1) $= \dfrac{FV}{367N\eta} = \dfrac{2{,}950 \times 40}{367 \times 6 \times 0.9} \fallingdotseq 59.54$[kW]

정답 27 ② 28 ④ 29 ②

30 경사각 θ, 미끄럼 마찰계수 μ_s의 경사면 위에서 중량 M[kg]의 물체를 경사면과 평행하게 속도 v[m/s]로 끌어올리는 데 필요한 힘 F[N]는? [2017년 4회 기사]

① $F = 9.8M(\sin\theta + \mu_s \cos\theta)$

② $F = 9.8M(\cos\theta + \mu_s \sin\theta)$

③ $F = 9.8Mv(\sin\theta + \mu_s \cos\theta)$

④ $F = 9.8Mv(\cos\theta + \mu_s \sin\theta)$

해설 $F = 9.8M(\sin\theta + \mu_s \cos\theta)$

31 열차저항이 커지고 속도가 떨어져 표정속도가 낮아지는 원인은? [2018년 2회 산업기사]

① 건축 한계를 초과한 경우

② 차량 한계를 초과한 경우

③ 곡선이 있고 구배가 심한 경우

④ 표준궤간을 채택하지 않은 경우

해설 곡선이 있고 구배가 심한 경우 열차저항이 커지고, 속도가 떨어져서 표정속도가 낮아진다.

30 ① 31 ③ 정답

5. 전차선로

(1) 전차선 조가 방식

① 직접 조가식 : 단선으로 된 트롤리선을 일정한 간격의 지지점에서 지지하기 때문에 전선의 자중으로 지지점 중간은 얼마간 처지게 되며 차량 집전장치는 도약, 이선(離線)하여 불꽃이나 기계적 손상이 생긴다. 따라서, 집전장치에 접하는 전선을 되도록 수평으로 유지할 필요가 있다. 이러한 요구에 커티너리 조가식이 있다.

② 커티너리 조가식

㉠ 단식 커티너리 조가식(~100[km/h])

㉡ 복식 커티너리 조가식(~160[km/h])

㉢ 2중 커티너리 조가식

㉣ Y형 커티너리 조가식(~130[km/h])

㉤ 경사 커티너리 조가식

㉥ 합성 컴파운드 커티너리 조가식 : 전주 간 거리를 길게 할 수 있는 장점이 있으므로 전주수를 감소시킬 수 있으며 직류 고압식 또는 단상 교류 고압식 등의 고속도 운전의 전차 선로에 가장 적합하다.

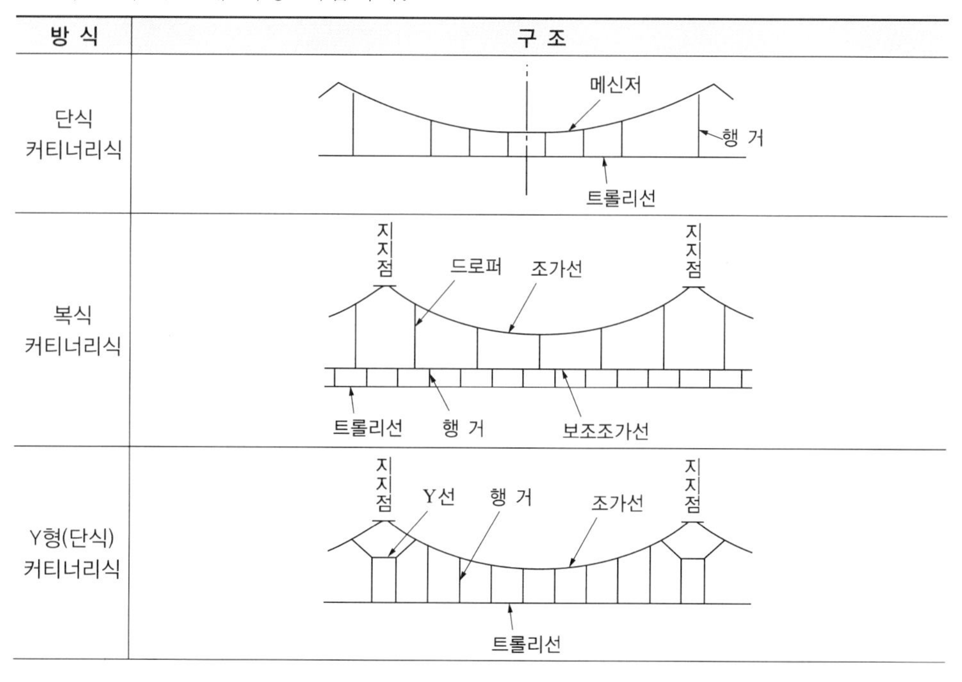

방 식	구 조
합성 컴파운드 커티너리식	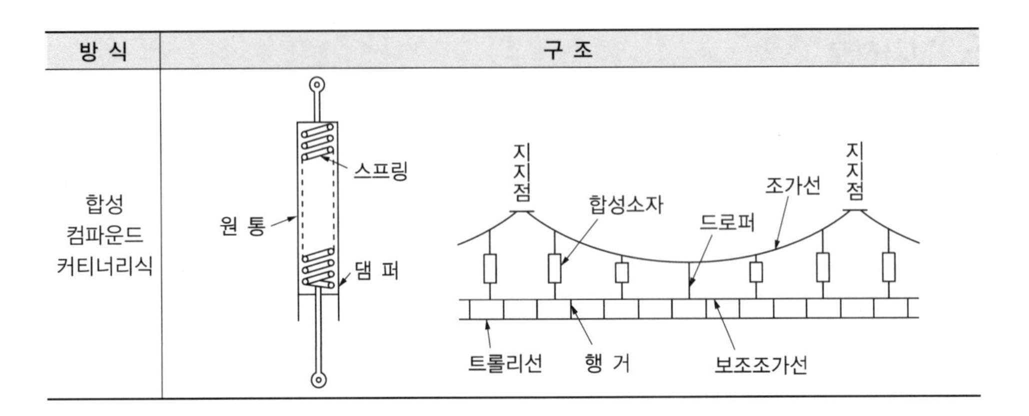

③ 강제 조가식 : 터널 등에 사용(단선 위험 없고, 터널 높이도 낮게 할 수 있으며, 가공전선과 연결도 가능, 지하철에 사용)한다.

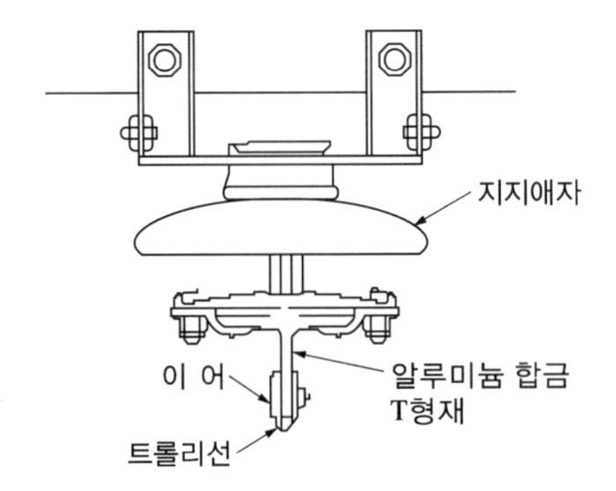

(2) 귀 선

① 전기철도에 공급된 전력을 변전소로 귀로시키기 위한 전기 회로를 말한다.

② 일반적으로 레일을 귀선으로 이용하고 감전 사고를 방지하기 위하여 부(-)극성으로 한다.

③ 귀선의 전기저항이 높은 경우에는 전력 손실이 증가하며, 전압 강하 또한 증가하고, 대지 밑으로 누설전류가 커져서 전식이나 통신 장해를 유발시킨다.

④ 귀선의 전기저항을 낮추는 방법
㉠ 레일 본드 설치
㉡ 보조 귀선이나 보조 급전선 설치

(3) 전차선의 종류

① **단선식** : 트롤리선 1본과 귀선(레일)

② **복선식** : 트롤리선 2본

③ **제3궤조식** : 제3레일로 전력 공급과 귀선(레일)

※ 제3궤조식의 특징
- 팬터그래프와 같은 전기 집전장치가 필요 없다.
- 터널 높이가 낮아져 경제적이다.
- 궤도 측면에 가압 궤조가 설치되어 감전의 우려가 있다.
- 보선 작업이 불편하고 궤도의 교차, 분기점 등에서 전력이 중단되는 단점이 있다.
- 제3궤조의 저항은 구리에 비해서 7배 정도로 크다.

(4) 전차선의 전기적 마모 방지 대책

① 동합금선을 사용하여 마모율을 낮춘다.

② 그래파이트(Graphite)를 전차선에 바른다.

③ 집전전류를 일정하게 유지한다.

6. 속도 제어와 제동

(1) 직류 직권전동기의 속도 제어

① **저항 제어법** : 외부에 직렬로 저항을 넣고 이 저항을 가감하여 단자전압 E를 변화시켜 속도를 제어하는 것이다.

② **직·병렬 제어** : 전동기를 직렬 또는 병렬로 접속하여 전동기 단자전압을 변화시켜 속도를 제어한다.

㉠ 개로 도법 : 전회로를 일시 개방하여 병렬로 옮기는 방법
㉡ 단락 도법 : 1개 또는 1조의 전동기를 일시 단락하여 병렬로 옮기는 방법
㉢ 교락 도법 : 브리지 회로를 써서 전전동기를 동작 상태 그대로 병렬로 옮기는 방법

③ **계자 제어** : 자속을 변화시켜 속도를 제어하는 방법으로 저항 제어 및 직·병렬 제어가 끝난 후에 사용한다.

㉠ 단락 계자법 : 계자 선륜의 일부를 직접 단락하여 유효 권선수를 감소시켜 계자를 약하게 한다.

㉡ 계자 분로법 : 전동기 계자에 저항을 병렬로 삽입하여 계자전류를 감소시키는 방법

㉢ 혼합법 : ㉠과 ㉡을 병용하는 방법

④ **초퍼 제어** : 고전압, 대용량 전기철도에 적용(직류 → 직류)

⑤ **메타다인법** : 정전류 제어법

(2) 교류전동기의 속도 제어

주로 주변압기에 설치된 탭 전환에 의하여 주전동기의 단자전압을 제어함으로써 제어하며 주변압기의 1차 측에서 제어하는 방법과 2차 측에서 제어하는 방법이 있다.

(3) 제 동

$$\text{제동률} = \frac{\text{차륜에 작용하는 제동 압력}}{\text{차량의 중량}}$$

$$\text{제동배율} = \frac{\text{제륜차 총압력}}{\text{피스톤 총압력}}$$

① **수동 제동장치** : 핸들을 잡아당기는 힘으로 30[kg]으로 본다. 소형 경량 저속도의 전차에서는 공기 제동장치가 예비용으로 사용된다.

② **공기 제동장치** : 압력 5[kg/cm^2] 내외의 압축 공기를 제동륜에 작용시켜 피스톤에 의하여 제동 연간에 힘을 전하는 방식이며, 간단하고 신뢰도가 높아 차량의 대부분에 사용된다.

③ **전기 제동장치** : 운전 중에 주전동기의 접속을 바꾸어 차량의 운동에너지로써 회전자를 돌리어 발전기로 전환한 후 발생된 전력을 외부로 공급할 때 나타나는 반항 회전력을 제동력으로 사용한다. 전력을 주철로 된 그리드 저항을 통하여 열로 소비시킬 때는 발전 제동, 전력을 전원 측으로 회송할 때는 전력 회생 제동이라 한다.

④ **역전 제동(플러깅)** : 3선 중 2선의 접속을 바꾸어 역방향의 토크를 발생 제동하는 방식(급제동)이다.

핵심예제

01 우리나라 전기철도에 주로 사용하는 집전장치는?

[2018년 4회 산업기사]

① 뷔 겔
② 집전슈
③ 트롤리봉
④ 팬터그래프

해설 **팬터그래프**
전기철도의 대표적인 집전장치(전기를 수집하는 장치)로서 가장 많이 사용되는 방식

02 급전선의 급전 분기장치의 설치 방식이 아닌 것은?

[2015년 2회 산업기사]

① 스팬선식
② 암 식
③ 커티너리식
④ 브래킷식

해설 **급전선의 급전 분기장치의 설치 방식**
- 스팬선식
- 암 식
- 브래킷식

정답 01 ④ 02 ③

03 그림과 같은 전동차선의 조가법은? [2015년 4회 산업기사]

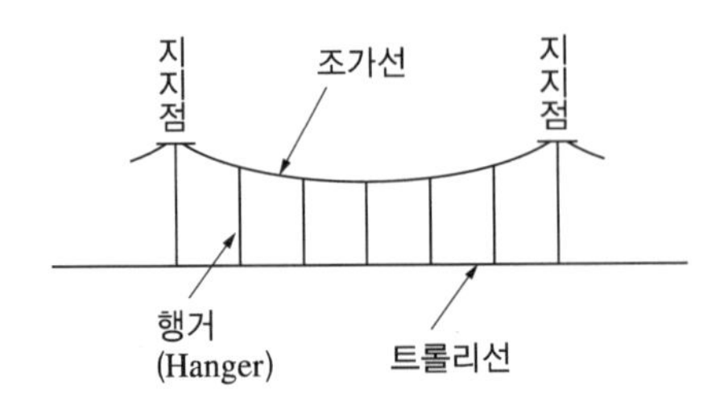

① 직접 조가식
② 단식 커티너리식
③ 변형 Y형 단식 커티너리식
④ 복식 커티너리식

해설

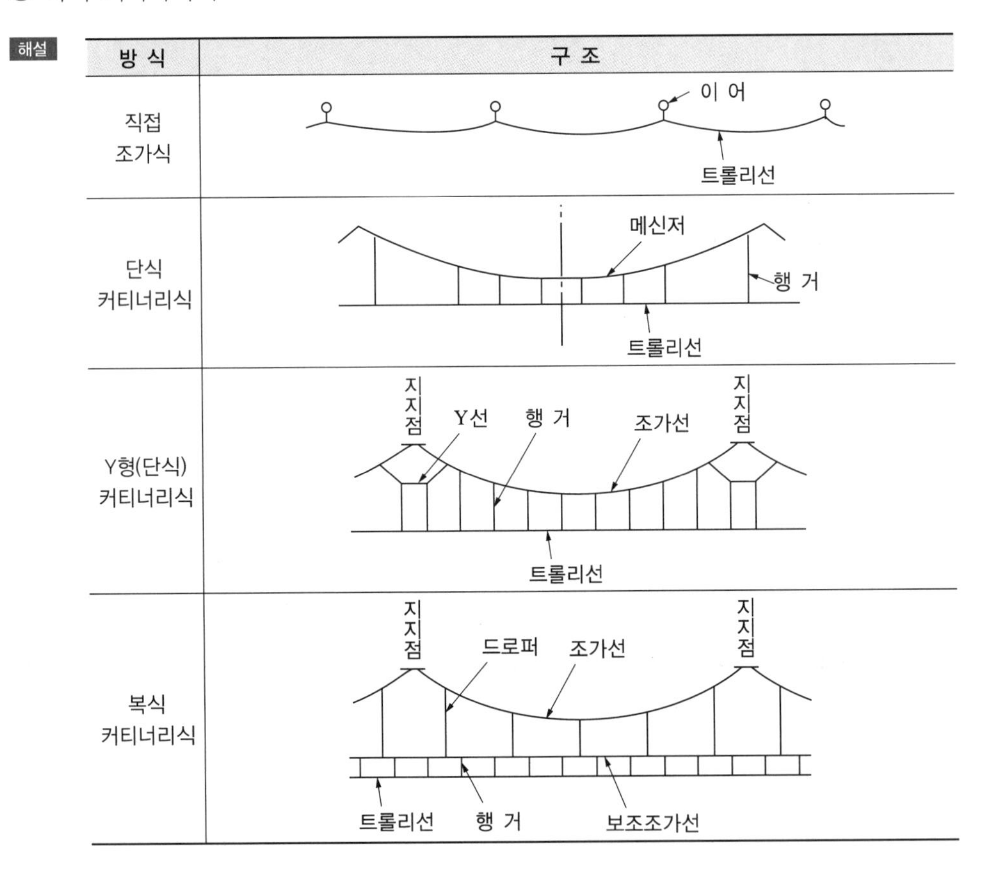

03 ② 정답

04 전철 전동기에 감속 기어를 사용하는 주된 이유는? [2016년 2회 산업기사]

① 역률 개선
② 정류 개선
③ 역회전 방지
④ 주전동기의 소형화

해설 **전철 전동기에 감속 기어를 사용하는 이유**
출력이 일정할 경우 토크와 회전수는 반비례의 관계이므로 감속기를 사용하여 회전수를 낮추면 이에 반비례하여 토크는 증가한다. 따라서, 전동기의 소형화가 된다.

05 직류 방식 전차용 전동기로 적당한 전동기는? [2017년 2회 산업기사]

① 분권형
② 직권형
③ 가동복권형
④ 차동복권형

해설 **직권전동기**

$$T \propto I_a^2 \propto \frac{1}{N^2}$$

작은 전류로도 큰 힘을 얻을 수 있다.

06 전기철도의 전기차 주전동기 제어 방식 중 특성이 다른 것은? [2015년 4회 산업기사]

① 개로 제어
② 계자 제어
③ 단락 제어
④ 브리지 제어

해설
- 전기철도의 전기차 주전동기(유도전동기) 제어 방식
  - 개로 제어
  - 단락 제어
  - 브리지 제어
- 계자 제어 : 직류 직권전동기 제어법이다.

정답 04 ④ 05 ② 06 ②

07 **전기철도에 적용하는 직류 직권전동기의 속도 제어 방법이 아닌 것은?** [2019년 2회 산업기사]

① 저항 제어
② 초퍼 제어
③ VVVF 인버터 제어
④ 사이리스터 위상 제어

해설 **교류전동기의 속도 제어법**
- VVVF 인버터 제어
  - 가변 전압 가변 주파수 제어이다.
  - 교류전동기에 공급하는 전원의 주파수와 전압을 같이 가변하여 전동기의 속도를 제어하는 방법이다.

08 **전기철도의 전동기 속도 제어 방식 중 주파수와 전압을 가변시켜 제어하는 방식은?**
[2021년 1회 기사]

① 저항 제어
② 초퍼 제어
③ 위상 제어
④ VVVF 제어

해설 **VVVF 제어 시스템**
- 가변 전압 가변 주파수 제어이다.
- 유도전동기에 공급하는 전원의 주파수와 전압을 같이 가변하여 속도를 제어하는 방법이다.

07 ③ 08 ④ 정답

7. 전 식

누설전류가 흐르면 전해작용이 일어나 전류가 유출하는 쪽의 전극이 전식을 받으며, 이 근처의 지중관도 전식에 의해 손상을 받게 된다. 이 누설전류는 기상상태, 토양의 전기적 성질 등에 따라서 변화한다.

전식되는 양은 패러데이 법칙에 의해 $W = KQ = Kit$[g]가 된다.

(K : 전식 물질의 전기화학당량, i : 전류값, t : 통전시간)

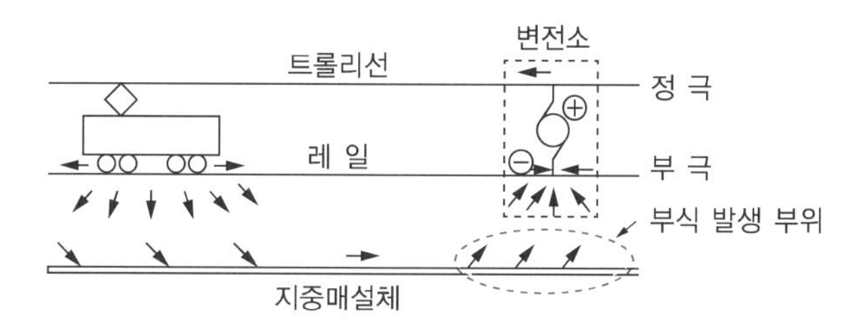

(1) 전기철도 측에 시설하여 방지하는 방법

① 전차선 전압 승압 : 승압으로 운전전류가 감소하여 누설전류는 감소함

② 귀선저항 감소 : 궤조 본드의 완전 접촉, 궤조 이음 용접의 시공

③ 해수 이용법 : 바다를 이용하여 배류하는 방법

④ 등전위법 : 전철 귀선의 굵기를 조정, 각 접속점에서의 궤조 전위를 같게 하는 방법

⑤ 궤조의 절연을 양호하게 함

⑥ 급전 구간의 단축(중간에 변전소 설치, 변전소 간격 짧게)

(2) 매설관 측에 시설하여 방지하는 방법(매설관을 1.2[m] 이상 깊이에 매설)

① 배류법 : 매설 금속체에서 흙으로 직접 유출하는 전류를 적게 하기 위한 방법(매설관 배류점과 레일을 전기적으로 연결)이다.

㉠ 선택 배류법 : 매설 금속체에서 전류의 유출이 많은 부분을 부전위인 궤조에 전기적으로 직접 접속하여 대지로 유출하는 부분을 거의 없게 한다. 그러나, 매설 금속체에 대한 궤조 전위는 전철 부하에 따라 상대적으로 (+), (−)로 변화하므로 계전기 또는 정류기를 사용하여 매설 금속체가 (+)전위인 경우에만 통전하게 하여야 한다. 이와 같은 방법을 선택 배류법이라 한다.

㉡ 강제 배류법 : 매설 금속체에 외부에서 직류 역전압을 가하여 항상 매설 금속체를 부근의 대지보다 부전위로 유지하도록 하는 방법이다.

② **매설 금속체를 대지와 절연 또는 차폐하는 방법** : 고무, 비닐 또는 다른 절연재료로 매설관을 싸매어 대지와 절연시킨다.

③ **저전위 금속의 접속** : Fe, Pb 등의 매설 금속보다 표준 단극 전위차가 더 낮은 Zn, Al, Mg 등의 금속을 부근에 매설하고 양자 간을 절연 도체로 접속한다.

8. 변전소

(1) 전철용 변전소

① **직류 모선 변전소** : 교류 특별 고압을 변압기로 적당한 값으로 변성한 후 회전 변류기 또는 정류기 등으로 직류로 만들어 전차선에 공급하는 역할을 한다.

② **단위 변전소** : 간선의 여러 점에서 급전하는 방식으로서 주변압기 1대로 된 변전소를 비교적 작은 간격(보통 10[km] 이내)으로 분포시켜, 1개의 변전소가 정전이 되어도 운전에 큰 지장이 없도록 한 것이다.

③ **이동 변전소** : 변전 설비 일체를 차량에 적재하여 변전소의 고장 또는 임시로 전력 보강을 필요로 하는 개소에 이동하여 사용할 수 있게 한 변전소를 말한다.

(2) 급전 방식

① **급전선** : 변전소 이하의 전력 공급 계통을 급전 계통이라 하며, 급전 계통의 전압 강하가 클 때 전차선과는 별도로 병렬로 가설하여 사용하는 것을 급전선이라 한다.

② **급전 분기선** : 급전선과 전차선을 접속하는 것을 말하며, 이와 같은 급전 분기선은 약 300[m]마다 설치한다. 또 급전 계통이 3상일 때에는 직접 큰 부하의 단상 전력만을 쓰게 되기 때문에 3상 계통에 불평형이 생긴다. 이와 같은 폐단을 감소시키기 위하여 3상에서 2상으로 변환하는 스코트 결선(T결선)을 하여 3상 측에 평형 부하가 걸리게 하는 방법을 쓴다.

(3) 보호장치

① **고속도 차단기** : 사고전류는 되도록 빨리 차단되어야 하며, 이와 같은 목적에 쓰이는 고속도 차단기를 말한다(차단시간은 일반적으로 18[ms] 이하).

② **선택 차단기** : 선택 차단 특성을 더 급준하게 한 것을 선택 차단기라 한다.

(4) 흡상 변압기(BT : Booster Transformer) 방식

대지로 누설되는 귀로전류를 BT(흡상 변압기)를 설치하여 강제적으로 부급 전선에 흡상하는 방식이다(통신선에 대한 유도장해를 경감, 전압 변동 및 전압 불평형을 억제).

(5) 단권 변압기(AT : Auto Transformer) 급전 방식(교류 전기 방식)

① 권선비 1 : 1의 단권 변압기를 급전선과 전차선 사이에 병렬로 설치하고 변압기 권선의 중성점을 철도 레일에 접속하는 급전 방식이다.

② AT 급전 방식의 특징

㉠ 급전 전압이 철도 공급 전압의 2배로서 전압 강하가 적다.

㉡ 대전력 공급에 유리한 방식이다.

㉢ 절연 레벨이 급전 전압의 $\frac{1}{2}$로 적어진다.

㉣ 전압 강하가 적어 변전소 간격이 넓어도 된다.

㉤ 부하전류는 인접한 양쪽의 AT로 흡상되어 통신선에 대한 유도장해가 적다.

9. 교류 전환 및 신호 보안

(1) 교류 전기차의 특징

① 고속 운전에 있어서 집전이 용이하다.

② 보호 설비가 간단하고 보호 협조가 용이하다.

③ 차내에서 임의의 교류 전원 전압을 얻을 수 있다.

④ 주변압기의 탭 전환으로 필요한 전압으로 수시 조절이 가능하다.

⑤ 특성 곡선이 차량 운전에 적합하다.

⑥ 진보된 전기 기술을 응용하는 데 적합하다.

(2) 교직 전환 방법

직류 전차선 구간과 교류 전차선 구간을 연결 운전하는 방법을 말한다.

① **지상 변환법** : 접속 역의 구내에서 가선을 교류와 직류로 전환하고, 기관차를 바꾸어 붙이든가 또는 전차를 바꾸어 운전하는 방식이다.

② **차상 변환법** : 두 역 사이 중간에 짧은 무전압 구간을 설치하여 교류와 직류의 전환점을 만들고 차량 내에서 주행 중에 교류 운전 ⇄ 직류 운전의 전환으로 하는 방법이다.

(3) 유도장해

① **정전유도** : 가선 전압에 의하여 통신선에 유도되어 가선 전압의 크기, 트롤리선과 통신선과의 거리에 따라 결정되며 연피 케이블을 사용하면 완전히 차폐할 수 있다.

② **전자유도** : 트롤리선의 전류에 의하여 통신선에 종방향으로 유도된다.

③ **잡음 전압** : 직류 전기철도에서는 회전 변류기 또는 수은 정류기 등의 정류 과정에서 직류 측에 고주파 성분이 발생하며 교류 전기철도에서도 기관차 내에 정류기를 내장하고 있는 경우 같은 이유로 교류 측 전류에 고조파를 포함하게 되고 이것에 의하여 통신선에 잡음을 발생하는 전압이 유기되어 통화에 방해를 일으킨다.

(4) 유도장해의 대책

① **통신선의 케이블화** : 정전유도는 케이블의 연피 등으로 완전 제거되지만, 전자유도의 경우는 자기 차폐를 하여야 되므로 간단하지 않다. 차폐 효과를 더 높이기 위하여 구리 테이프, 철 테이프 등을 감은 특수 케이블이 제조되고 있다.

② **유도 경감 기기** : 통신선과 대지 사이에 배류 코일을 넣어 정전하를 배류시켜 정전유도를 경감시키며, 또 통신선 간에 절연 변압기를 넣어 전자유도되는 구간을 분할하여 유도전압을 경감시킨다.

③ **흡상 변압기** : 흡상 변압기를 사용하여 누설전류의 값을 줄인다.

④ **기관차에 여파기 삽입** : 정류기 기관차에는 2차 측에 콘덴서와 저항으로 된 여파기를 병렬로 놓음으로써 전선로에 흐르는 고조파를 감소시킬 수 있다.

(5) 신호 보안

보안의 기본 방식은 일정 시간 간격으로 열차를 발차시키는 시간 간격법과 일정한 선로 구간을 원칙적으로 한 열차만 운행되도록 폐색하는 공간 간격법이 있으며, 고속행 열차에서는 후자가 쓰인다. 공간 폐색 방식도 인위적으로 폐색 구간을 알리는 여러 가지 방식이 쓰여 왔었으나 현재 주로 차동 폐색 방식이 채용되고 있다.

① **궤도 회로** : 궤조의 일부를 전기 회로의 일부로 이용하여 신호 또는 보안장치를 직접 또는 간접으로 제어하는 데 이용하는 회로이다.

② **임피던스 본드** : 궤조를 직류 전차선 전류의 귀로로 사용할 때에는 폐색 구간의 경계를 귀로전류가 흐르게 하여야 한다. 이와 같은 목적을 이루기 위하여 각 구간의 경계는 임피던스 본드로 연결하고, 신호 회로의 전원으로는 교류를 사용한다.

③ **열차 단락 감도** : 차축이 궤조를 단락하였을 때 계전기의 동작 기능의 양부를 판단하는 기준으로 열차 단락 감도란 말을 쓴다.

※ 단락 감도를 높게 하려면
- 동작 전압과 낙하 전압의 차가 적은 계전기를 사용한다.
- 계전기 동작 전압은 최소한 낮게 조정한다.
- 계전기 코일, 궤도저항 및 궤도 리액터 등의 총합 임피던스는 가급적 클 것 등이다.

④ **연동장치** : 정거장 구내는 많은 선로와 분기선이 있고, 열차의 도착, 출발, 차량의 입환 등 복잡한 작업을 하게 되므로, 신호기 상호 간 또는 신호기와 전철기 사이에는 어떤 조건이 만족되어야만 동작하도록 연쇄 관계를 갖고 동작하는 것을 연동한다고 하며, 전기적 및 기계적 연쇄 관계를 맺게 하는 장치를 연동장치라 한다.

핵 / 심 / 예 / 제

01 **전기철도에서 귀선의 누설전류에 의해 전식은 어디서 발생하는가?** [2019년 2회 기사]

① 궤도로 전류가 유입하는 곳
② 궤도에서 전류가 유출하는 곳
③ 지중관로로 전류가 유입하는 곳
④ 지중관로에서 전류가 유출하는 곳

해설 **전 식**
레일을 귀선으로 하여 사용하는 경우 대지에 유출하는 누설전류의 전기분해 작용에 의하여 부식되는 일을 전식이라 하며, 지중 매설 금속체는 전지 작용에 의해서 전류를 유출하며 그 부분은 부식이 되는 전식을 발생시키는 원인이 된다.

02 **전기철도에서 전식 방지법이 아닌 것은?** [2017년 4회 기사]

① 변전소 간격을 짧게 한다.
② 대지에 대한 레일의 절연저항을 크게 한다.
③ 귀선의 극성을 정기적으로 바꿔 주어야 한다.
④ 귀선저항을 크게 하기 위해 레일에 본드를 시설한다.

해설 **전기철도에서 전식 부식 방지 대책**
- 레일에 본드를 시설하여 귀선저항을 적게 한다.
- 레일을 따라 보조 귀선을 설치한다.
- 변전소 간 간격을 짧게 한다.
- 귀선의 극성을 정기적으로 바꾼다.
- 대지에 대한 레일의 절연저항을 크게 한다.

03 **전기철도에서 전기 부식 방지 방법 중 전기철도 측 시설이 아닌 것은?** [2015년 2회 기사]

① 레일에 본드를 시설한다.
② 레일에 따라 보조 귀선을 설치한다.
③ 변전소 간 간격을 짧게 한다.
④ 매설관의 표면을 절연한다.

해설 2번 해설 참조

01 ④ 02 ④ 03 ④ 정답

04 전식을 방지하기 위한 전철 측에서의 방지대책 중 틀린 것은? [2022년 2회 기사]

① 변전소의 간격을 축소한다.
② 레일본드를 설치한다.
③ 대지에 대한 레일의 절연저항을 적게 한다.
④ 귀선의 극성을 전기적으로 바꾸어 준다.

해설 **전기철도에서 전식 부식 방지 대책**
- 레일에 본드를 시설하여 귀선저항을 적게 한다.
- 레일을 따라 보조 귀선을 설치한다.
- 변전소 간 간격을 짧게 한다.
- 귀선의 극성을 정기적으로 바꾼다.
- 대지에 대한 레일의 절연저항을 크게 한다.

05 전기 부식을 방지하기 위한 전기철도 측에서의 방법 중 틀린 것은? [2016년 2회 기사]

① 변전소 간격을 단축할 것
② 귀선로의 저항을 적게 할 것
③ 도상의 누설저항을 적게 할 것
④ 전차선(트롤리선) 전압을 승압할 것

해설 4번 해설 참조

06 직류 전차 선로에서 전압 강하 및 레일의 전위 상승이 현저한 경우에 귀선의 전기저항을 감소시켜 전식의 피해를 줄이기 위해 설치하는 것으로 가장 옳은 것은? [2015년 1회 기사]

① 레일 본드 ② 보조 귀선
③ 크로스 본드 ④ 압축 본드

해설 **귀선의 전기저항 감소 대책**
- 보조 귀선 설치(가장 효과적인 방법)
- 레일 본드 설치

정답 04 ③ 05 ③ 06 ②

07 **전기철도의 매설관 측에서 시설하는 전식 방지 방법은?** [2021년 4회 기사]

① 임피던스본드 설치
② 보조 귀선 설치
③ 이선율 유지
④ 강제 배류법 사용

해설 ㉠ 전기철도에서 전식 부식 방지 대책
- 레일에 본드를 시설하여 귀선저항을 적게 한다.
- 레일을 따라 보조 귀선을 설치한다.
- 변전소 간 간격을 짧게 한다.
- 귀선의 극성을 정기적으로 바꾼다.
- 대지에 대한 레일의 절연저항을 크게 한다.

㉡ 매설관 측에 시설하여 방지하는 방법
- 배류법 : 매설 금속체에서 흙으로 직접 유출하는 전류를 적게 하기 위한 방법이다(선택 배류법, 강제 배류법).
- 매설 금속체를 대지와 절연 또는 차폐하는 방법 : 고무, 비닐 또는 다른 절연재료로 매설관을 싸매어 대지와 절연시킨다.
- 저전위 금속의 접속 : Fe, Pb 등의 매설 금속보다 표준 단극 전위차가 더 낮은 Zn, Al, Mg 등의 금속을 부근에 매설하고 양자 간을 절연 도체로 접속한다.

08 **전기철도에서 귀선 궤조에서의 누설전류를 경감하는 방법과 관련이 없는 것은?**
[2015년 1회 산업기사]

① 보조 귀선
② 크로스 본드
③ 귀선의 전압 강하 감소
④ 귀선을 정(+)극성으로 조정

해설 **귀선 궤조에서의 누설전류를 경감하는 방법**
- 보조 귀선을 설치한다.
- 크로스 본드를 시설하여 누설전류를 감소시킨다.
- 귀선을 부(−)극성으로 조정한다.

07 ④ 08 ④ 정답

09 **전기철도의 교류 급전 방식 중 AT 급전 방식은 어떤 변압기를 사용하여 급전하는 방식을 말하는가?** [2016년 2회 산업기사 / 2020년 1, 2회 산업기사]

① 단권 변압기
② 흡상 변압기
③ 스코트 변압기
④ 3권선 변압기

해설 **AT 급전 방식**
단권 변압기(AT : Auto Transformer)를 이용한 급전 방식이다.

10 **열차가 정지 신호를 무시하고 운행할 경우 또는 정해진 신호에 따른 속도 이상으로 운행할 경우 설정 시간 이내에 제동 또는 지정 속도로 감속 조작을 하지 않으면 자동으로 열차를 안전하게 정지시키는 장치는?** [2017년 1회 기사]

① ATC ② ATS
③ ATO ④ CTC

해설
- ATC(Automatic Train Control : 자동 열차 제어)
  열차가 제한 속도 이상 운행 시 1차적으로 경보를 알려 경고를 하며, 이후에도 열차 운전자가 제동을 하지 않으면 자동으로 제동을 걸어 열차를 제한 속도 이하로 감속시키는 장치이다.
- ATS(Automatic Train Stop : 자동 열차 정지)
  열차가 정지 신호를 무시하고 운행할 경우 운전자에게 제동을 하도록 경보하며, 이후에도 열차 운전자가 제동을 하지 않으면 자동으로 열차를 안전하게 정지시키는 장치이다.
- ATO(Automatic Train Operation : 자동 열차 운전)
  열차가 연속적으로 지령을 받아서 열차를 지령받은 속도로 운전되도록 하는 장치이다.

정답 09 ① 10 ②

11 **열차의 설비에 의한 전력 소비량을 감소시키는 방법이 아닌 것은?** [2018년 4회 기사]

① 회생 제동을 한다.
② 직병렬 제어를 한다.
③ 기어비를 크게 한다.
④ 차량의 중량을 경감한다.

해설 **열차의 설비에 의한 전력 소비량을 감소시키는 방법**
- 회생 제동
- 직병렬 제어
- 차량의 중량을 경감

12 **전기철도의 전기차량용으로 교류전동기를 사용할 때 장점으로 틀린 것은?** [2019년 1회 산업기사]

① 제한된 공간에서 소형·경량으로 할 수 있고, 대출력화가 가능하다.
② 브러시 및 정류가 있어서, 구조가 간단하고 제작 및 유지보수가 간단하다.
③ 속도 제어 범위가 넓기 때문에 고속운전에 적합하다.
④ 인버터 제어 방식으로 주회로를 무접점화할 수 있다.

해설 교류전동기의 브러시나 변압기의 탭 절환의 보수에 많은 시간이 필요하다.

13 **전기철도에서 흡상 변압기의 용도는?** [2019년 4회 기사]

① 궤도용 신호 변압기
② 전자유도 경감용 변압기
③ 전기 기관차의 보조 변압기
④ 전원의 불평형을 조정하는 변압기

해설 **흡상 변압기(BT : Booster Transformer) 방식**
- 대지로 누설되는 귀로전류를 BT(흡상 변압기)를 설치하여 강제적으로 부급전선에 흡상하는 방식
- 전차선 근처의 통신선에 대한 유도장해를 경감하고 전압 변동 및 전압 불평형을 억제

11 ③ 12 ② 13 ② 정답

14 **전기철도에서 통신 유도장해의 경감 대책으로 통신선의 케이블화, 전차선과 통신선의 이격거리 증대 등의 방법은 어느 측에 하는 대책인가?** [2017년 2회 산업기사]

① 전 철
② 통신선
③ 전기차
④ 지중매설관

해설 **통신선 측에서의 유도장해 방지 대책**
- 통신선의 케이블 포설
- 전차선과 통신선의 이격거리 증대
- 배류 코일, 중화 코일, 절연 변압기 설치
- 통신선에 고성능 피뢰기 설치

15 **단상 교류식 전기철도에서 통신선에 발생하는 유도장해를 경감하기 위하여 사용되는 것은?** [2022년 1회 기사]

① 흡상 변압기
② 3권선 변압기
③ 스코트 결선
④ 크로스본드

해설 **유도장해를 경감하기 위한 대책**
- 통신선의 케이블화
- 유도 경감 기기 채택
- 흡상 변압기 사용
- 여파기 삽입

16 **전기철도의 전기차에 대한 직류 방식의 특징이 아닌 것은?** [2018년 1회 산업기사]

① 직류 변환 장치가 필요하다.
② 교류에 비해 전압 강하가 크다.
③ 사고 시 선택 차단이 용이하다.
④ 교류에 비해 절연 계급을 낮출 수 있다.

해설 사고 시 선택 차단은 전차선의 문제이다.

정답 14 ② 15 ① 16 ③

17 전기차의 속도 제어 시스템 중 주파수의 변화에 대응하도록 전압도 같이 제어하는 방법은?

[2016년 1회 기사]

① 저항 제어 시스템
② 초퍼 제어 시스템
③ 위상 제어 시스템
④ VVVF 제어 시스템

해설 **VVVF 제어 시스템**
- 가변 전압 가변 주파수 제어이다.
- 유도전동기에 공급하는 전원의 주파수와 전압을 같이 가변하여 속도를 제어하는 방법이다.

18 교류식 전기철도에서 전압 불평형을 경감시키기 위해서 사용하는 변압기 결선 방식은?

[2017년 4회 기사]

① Y-결선
② △-결선
③ V-결선
④ 스코트 결선

해설 **3상 입력에서 2상 출력을 내는 결선법 중 스코트 결선(T-결선)**
- 2상 서보모터 구동용으로 사용
- 교류식 전기철도에서 전압 불평형을 경감시키기 위해서 사용

17 ④ 18 ④ 정답

19 모노레일의 특징이 아닌 것은? [2015년 4회 기사]

① 소음이 적다.
② 승차감이 좋다.
③ 가속, 감속도를 크게 할 수 있다.
④ 단위 차량의 수송력이 크다.

해설 **모노레일의 특징**
- 소음이 적다.
- 승차감이 좋다.
- 가속, 감속도를 크게 할 수 있다.
- 단위 차량의 수송 능력이 적다.

20 자기부상식 철도에서 자석에 의해 부상하는 방법으로 틀린 것은? [2019년 1회 기사]

① 영구자석 간의 흡인력에 의한 자기부상 방식
② 고온 초전도체와 영구자석의 조합에 의한 자기부상 방식
③ 자석과 전기코일 간의 유도전류를 이용하는 유도식 자기부상 방식
④ 전자석의 흡인력을 제어하여 일정한 간격을 유지하는 흡인식 자기부상 방식

해설 **자기부상식 철도의 부상 방식** : 흡인식과 반발식으로 나눌 수 있다.
- 흡인식 : 열차 위의 전자석이 레일 쪽으로 흡인력을 발생시켜 전자석과 함께 차체가 위쪽 방향으로 부상하면 갭을 검출한 후 간격이 일정하도록 전류를 제어하는 방식이다(상전도 전자석 흡인식).
- 반발식 : 열차에 장착한 자석과 궤도에 연속적으로 배치한 코일의 유도전류에 의한 자장에 대해 반발력으로 부상되는 유도 반발식과 영구자석을 이용한 영구자석 반발식, 초전도체를 이용하여 만든 초전도 전자석 반발식 등이 사용된다.

정답 19 ④ 20 ①

04 전 열

1. 전열 일반

(1) 전열의 계산

① 열량의 단위

㉠ 1[kcal] : 물 1[kg]을 1[℃] 올리는 데 필요한 열량

1[BTU] = 252[cal] = 0.252[kcal]

㉡ 1[J] = 0.24[cal], 1[cal] = 4.2[J]

1[kWh] = 860[kcal]

1[kWh] = 10^3[W] × 3,600[s] × 0.24[cal] × 10^{-3} ≒ 860[kcal]

(2) 열의 이동

① 열의 전달

㉠ 전도 : 고체 내에서 분자의 열운동에 의하여 열에너지가 전달

㉡ 대류 : 액체나 기체의 유동에 의해 열이 전달

㉢ 복사 : 전자파, 빛, 적외선 등 복사에너지에 의해 열이 전달(슈테판-볼츠만 법칙 적용)

② 열회로

㉠ 열 류

- 열의 흐름
- 전기회로에서 전류에 대응

$$I=\frac{\theta}{R}=\frac{\text{열량[cal]}}{\text{시간[s]}}=[\text{W}]$$

여기서, I : 열류[W], θ : 온도차[℃], R : 열저항[℃/W]

㉡ 열저항

- 열의 흐름을 방해하는 성분이다.
- 전기회로에서 전기저항에 대응한다.
- 전력에 반비례하고 온도에 비례한다.

$$R=\frac{\theta}{P}[℃/\text{W}]$$

※ 전기회로와 열회로

전기회로	열회로
전위차 : V[V]	온도차 : θ[℃]
전류 : I[A]	열류 : I[W]
전기저항 : R[Ω]	열저항 : R[℃/W]
도전율 : K[℧/m]	열전도율 : λ[W/m・℃]
저항률 : ρ[Ω・m]	열저항률 : ρ[m・℃/W]
전기량 : Q[C]	열량 : Q[J]
정전용량 : C[F]	열용량 : C[J/℃]

(3) 가열 전력

$Q = 860\eta Pt = cm\theta\,[\text{kcal}]$

여기서, Q : 열량[kcal], P : 전력[kW], t : 사용시간[h], η : 효율
m : 질량[kg], θ : 온도차[℃], c : 비열[kcal/kg・℃]

※ 비열 : 물질 1[kg]을 1[℃]만큼 온도를 올리는 데 필요한 열량[kcal]
0[℃] 얼음 ⇒ 0[℃] 물 (잠열, 융해열 80[kcal/kg])
100[℃] 물 ⇒ 100[℃] 수증기 (기화열, 증발열 539[kcal/kg])

※ $P = VI = I^2R = \dfrac{V^2}{R}\,[\text{W}]$

$$W = Pt = VIt = I^2Rt = \frac{V^2}{R}t\,[\text{J}] = [\text{W}\cdot\text{s}]$$

$$Q = 0.24W = 0.24Pt = 0.24VIt = 0.24I^2Rt = 0.24\frac{V^2}{R}t\,[\text{cal}]$$

핵심예제

01 344[kcal]를 [kWh]의 단위로 표시하면? [2018년 2회 기사]

① 0.4
② 407
③ 400
④ 0.0039

해설 1[kWh] = 860[kcal]

$\therefore$ $344[\text{kcal}] = \frac{344}{860} = 0.4[\text{kWh}]$

02 열이 이동하는 방식 중 복사에 해당하는 것은? [2015년 4회 산업기사]

① 도체를 통하여 이동한다.
② 기체를 통하여 이동한다.
③ 액체를 통하여 이동한다.
④ 전자파로 이동한다.

해설 **열의 이동 방식**

- 복사 : 적외선, 빛 등의 복사에너지에 의해 열이 전달되는 것
- 전도 : 물체를 구성하는 분자의 열운동에 의하여 열에너지가 전달되는 것
- 대류 : 기체나 액체의 유동에 의해 열이 전달되는 것

03 전기회로의 전류는 열회로의 무엇에 대응하는가? [2016년 4회 산업기사]

① 열 류
② 열 량
③ 열용량
④ 열저항

해설 **전기회로와 열회로의 대응 관계**

- 전기 ↔ 열
- 전류 ↔ 열류
- 정전용량 ↔ 열용량
- 저항 ↔ 열저항
- 전위차 ↔ 온도차
- 도전율 ↔ 열전도율

01 ① 02 ④ 03 ① 정답

04 전기의 전도와 열의 전도는 서로 근사하여 온도를 전압, 열류를 전류와 같이 생각하여 열전도의 계산에 사용될 때의 열류의 단위로 옳은 것은? [2015년 1회 기사]

① [J] ② [deg]
③ [deg/W] ④ [W]

해설
$$열류 = \frac{열량[cal]}{시간[h]} = [cal/h] = [W]$$

05 전기회로와 열회로의 대응 관계로 틀린 것은? [2017년 4회 산업기사 / 2020년 1, 2회 산업기사]

① 전류 – 열류 ② 전압 – 열량
③ 도전율 – 열전도율 ④ 정전용량 – 열용량

해설 **전기회로와 열회로의 대응 관계**
- 전위차(전압) ↔ 온도차
- 전류 ↔ 열류
- 도전율 ↔ 열전도율
- 정전용량 ↔ 열용량

06 열전도율을 표시하는 단위는? [2020년 3회 산업기사]

① [J/℃] ② [℃/W]
③ [W/m · ℃] ④ [m · ℃/W]

해설
- [J/℃] : 열용량
- [℃/W] : 열저항
- [W/m · ℃] : 열전도율
- [m · ℃/W] : 열저항률

정답 04 ④ 05 ② 06 ③

07 열전도율의 단위를 나타낸 것은?

[2016년 1회 기사]

① [kcal/h]
② [m·h·℃/kcal]
③ [kcal/kg·℃]
④ [kcal/m·h·℃]

해설
- [kcal/m·h·℃] : 열전도율 단위([W/m·℃])
- [m·h·℃/kcal] : 열전도비 저항 단위
- [kcal/kg·℃] : 비열 단위
- [kcal/h] : 발열량 단위

08 단면적 0.5[m²], 길이 10[m]인 원형 봉상도체의 한쪽을 400[℃]로 하고 이로부터 100[℃]의 다른 단자로 매시간 40[kcal]의 열이 전도되었다면 이 도체의 열전도율은 약 몇 [kcal/m·h·℃]인가?

[2019년 1회 산업기사]

① 267
② 26.7
③ 2.67
④ 0.267

해설

열전달률의 일반식은 $q=\frac{kA}{L}(T_1-T_2)$이고, 주어진 조건은 열전도율 k[kcal/m·h·℃], 온도차 $\triangle T=(T_1-T_2)$[℃], 도체 단면적 A[m²], 도체 길이 L[m]이므로

열전도율 $k=\frac{q\times L}{A\times\triangle T}=\frac{40\times10}{0.5\times300}\fallingdotseq 2.67$[kcal/m·h·℃]

09 트랜지스터 정합온도(T_j)의 최대 정격값이 75[℃], 주위온도(T_a)가 35[℃]이다. 컬렉터 손실 P_c의 최대 정격값을 10[W]라고 할 때 열저항[℃/W]은?

[2020년 3회 산업기사]

① 40
② 4
③ 2.5
④ 0.2

해설

$R=\frac{\theta}{P}=\frac{75-35}{10}=4$[℃/W]

07 ④ 08 ③ 09 ② 정답

10 200[W]는 약 몇 [cal/s]인가?

[2019년 4회 산업기사]

① 0.24
② 0.86
③ 47.8
④ 71.7

해설 열량 $Q=0.24Pt=0.24\times200\times1=48$[cal/s]

11 500[W]의 전열기의 정격상태에서 1시간 사용할 때 발생하는 열량은 약 몇 [kcal]인가?

[2019년 2회 산업기사]

① 430
② 520
③ 610
④ 860

해설 $Q=0.24Pt=0.24\times500\times3,600\times10^{-3}=432$
∴ 약 430[kcal]

12 2[g]의 알루미늄을 60[℃] 높이는 데 필요한 열량은 약 몇 [cal]인가?(단, 알루미늄 비열은 0.2[cal/g·℃]이다)

[2017년 2회 산업기사]

① 24
② 20.64
③ 860
④ 20,640

해설 $Q=Cm\theta=0.2\times2\times60=24$[cal]

정답 10 ③ 11 ① 12 ①

13 5[Ω]의 전열선을 100[V]에 사용할 때의 발열량은 약 몇 [kcal/h]인가? [2017년 1회 산업기사]

① 1,720　　② 2,770

③ 3,745　　④ 4,728

해설

$$Q=0.24\frac{V^2}{R}t=0.24\times\frac{100^2}{5}\times10^{-3}\times3,600=1,728[\text{kcal/h}]$$

∴ 약 1,720[kcal/h]

14 1[kW] 전열기를 사용하여 5[L]의 물을 20[℃]에서 90[℃]로 올리는 데 30분이 걸렸다. 이 전열기의 효율은 약 몇 [%]인가? [2016년 2회 기사]

① 70　　② 78

③ 81　　④ 93

해설

$$Q=cm\theta=860\eta Pt$$

$$\eta=\frac{cm\theta}{860Pt}=\frac{1\times5\times(90-20)}{860\times1\times\left(\frac{30}{60}\right)}\fallingdotseq0.813$$

$$\therefore\ 0.813\times100=81.3[\%]\fallingdotseq81[\%]$$

15 20[℃]의 물 5[L]를 용기에 넣어 1[kW]의 전열기로 가열하여 90[℃]로 하는 데 40분 걸렸다. 이 전열기의 효율은 약 몇 [%]인가? [2018년 4회 산업기사]

① 46　　② 51

③ 56　　④ 61

해설

$$Q=cm\theta=860\eta Pt$$

$$\eta=\frac{cm\theta}{860Pt}=\frac{1\times5\times(90-20)}{860\times1\times\left(\frac{40}{60}\right)}\fallingdotseq0.6105$$

$$\therefore\ 0.6105\times100=61.05[\%]\fallingdotseq61[\%]$$

정답 13 ① 14 ③ 15 ④

16 25[℃]의 물 10[L]를 그릇에 넣고 2[kW]의 전열기로 가열하여 물의 온도를 80[℃]로 올리는 데 20분이 소요되었다. 이 전열기의 효율[%]은 약 얼마인가? [2021년 4회 기사]

① 59.5 ② 68.8
③ 84.9 ④ 95.9

해설 $Q = cm\theta = 860\eta Pt$

$\eta = \frac{cm\theta}{860Pt} = \frac{1\times 10\times(80-25)}{860\times 2\times\left(\frac{20}{60}\right)} ≒ 0.9593$

$\therefore\ 0.9593\times 100 = 95.93[\%] ≒ 95.9[\%]$

17 600[W]의 전열기로서 3[L]의 물을 15[℃]로부터 100[℃]까지 가열하는 데 필요한 시간은 약 몇 분인가?(단, 전열기의 발생열은 모두 물의 온도 상승에 사용되고 물의 증발은 없다) [2018년 1회 산업기사]

① 30 ② 35
③ 40 ④ 45

해설 $Q = cm\theta = 860\eta Pt$

$t = \frac{cm\theta}{860\eta P} = \frac{1\times 3\times(100-15)}{860\times 1\times 0.6} ≒ 0.494[\text{h}]$

$\therefore\ 0.494[\text{h}]\times\frac{60[\text{min}]}{1[\text{h}]} = 29.64[\text{min}] ≒ 30[\text{min}]$

18 겨울철에 심야 전력을 사용하여 20[kWh] 전열기로 40[℃]의 물 100[L]를 95[℃]로 데우는 데 사용되는 전기요금은 약 얼마인가?(단, 가열장치의 효율 90[%], 1[kWh]당 단가는 겨울철 56.10원, 기타 계절 37.90원이며, 계산 결과는 원단위 절삭한다) [2017년 2회 기사]

① 260원 ② 290원
③ 360원 ④ 390원

해설 $Q = cm\theta = 860\eta Pt = 860\eta W$

$W = \frac{cm\theta}{860\eta} = \frac{1\times 100\times(95-40)}{860\times 0.9} ≒ 7.105[\text{kWh}]$

1[kWh]당 56.10원이므로

$7.105\times 56.1 ≒ 398.59$원

원단위 절삭이므로 390원

정답 16 ④ 17 ① 18 ④

19 물 7[L]를 14[℃]에서 100[℃]까지 1시간 동안 가열하고자 할 때, 전열기의 용량[kW]은?(단, 전열기의 효율은 70[%]이다)

[2021년 1회 기사]

① 0.5
② 1
③ 1.5
④ 2

해설

$$Q = cm\theta = 860\eta Pt$$

$$P = \frac{cm\theta}{860\eta t} = \frac{1\times 7\times(100-14)}{860\times 0.7\times 1} = 1[\text{kW}]$$

20 반경 3[cm], 두께 1[cm]의 강판을 유도가열에 의하여 3초 동안에 20[℃]에서 700[℃]로 상승시키기 위해 필요한 전력은 약 몇 [kW]인가?(단, 강판의 비중은 7.85[ton/m^3], 비열은 0.16[kcal/kg · ℃]이다)

[2016년 4회 산업기사]

① 3.37
② 33.7
③ 6.67
④ 66.7

해설

$$Q = cm\theta = 860\eta Pt$$

$$P = \frac{cm\theta}{860\eta t} = \frac{0.16\times 0.2218\times(700-20)}{860\times 1\times\left(\frac{3}{3,600}\right)} \fallingdotseq 33.67 \fallingdotseq 33.7[\text{kWh}]$$

여기서, $m = 7.85\times 10^3[\text{kg/m}^3]\times\pi\times 0.03^2\times 0.01[\text{m}^3] \fallingdotseq 0.2218[\text{kg}]$

21 열에 의한 물질의 상태 변화에 대한 설명 중 틀린 것은?

[2016년 2회 산업기사]

① 액체를 냉각시키면 고체로 된다. 이것을 응고라 한다.
② 기체를 냉각시키면 액체로 된다. 이것을 승화라 한다.
③ 액체에 열을 가하면 기체로 된다. 이것을 기화라 한다.
④ 고체를 가열하면 용융되어 액체로 된다. 이것을 융해라 한다.

해설

열에 의한 물질의 상태 변화

- 액화 : 기체를 냉각시키면 액체로 되는 것
- 기화 : 액체에 열을 가하면 기체로 되는 것
- 응고 : 액체를 냉각시키면 고체로 되는 것
- 융해 : 고체를 가열하면 용융되어 액체로 되는 것
- 승화 : 고체가 직접 기체로 되거나 기체가 직접 고체로 되는 것

19 ② 20 ② 21 ② 정답

22 20[Ω]의 전열선 1개를 100[V]에 사용할 때 몇 [W]의 전력이 소비되는가?

[2018년 2회 산업기사]

① 400　　② 500
③ 650　　④ 750

해설 $P = VI = \frac{V^2}{R} = \frac{100^2}{20} = 500$[W]

23 전열기에서 5분 동안에 900,000[J]의 일을 했다고 한다. 이 전열기에서 소비한 전력은 몇 [W]인가?

[2017년 2회 산업기사]

① 500　　② 1,500
③ 2,000　　④ 3,000

해설 $W = Pt$[J]에서

$\therefore P = \frac{W}{t} = \frac{900,000}{5 \times 60} = 3,000[\text{J/s}] = 3,000[\text{W}]$

24 일정 전류를 통하는 도체의 온도 상승 θ와 반지름 r의 관계는?

[2018년 4회 기사 / 2021년 4회 기사]

① $\theta = kr^{-2}$　　② $\theta = kr^{-3}$
③ $\theta = kr^{-\frac{2}{3}}$　　④ $\theta = kr^{-\frac{3}{2}}$

해설 **발열선의 도선의 둘레와 표면적**

- 도선의 둘레 : $p = 2\pi r$[m]
- 도선의 표면적 : $S = pl = 2\pi rl$[m^2]
- 발열선의 온도 상승을 구하면

$$\theta = \frac{I^2 R}{hpl} = \frac{I^2 \times \rho \frac{l}{A}}{h \times 2\pi rl} = \frac{I^2 \times \rho}{h \times 2\pi r A} = \frac{I^2 \times \rho}{h \times 2\pi r \times \pi r^2}$$

$$\theta \propto \frac{1}{r^3} \propto r^{-3}$$

정답 22 ② 23 ④ 24 ②

2. 전열 응용

(1) 전기 가열의 특징

① 매우 높은 온도를 얻을 수 있다.

② 가열 물체의 내부 가열을 할 수 있다.

③ 제어가 용이하다.

④ 조작이 용이하고 작업환경이 좋다.

⑤ 열효율이 높다.

⑥ 국부 가열과 급속 가열이 가능하다.

⑦ 온도 및 가열시간의 제어가 용이하다.

⑧ 작업환경이 좋다.

⑨ 제품의 품질이 균일하다.

(2) 전열 방식

① 전기로의 가열 방식

㉠ 저항 가열

- 도체에 생기는 줄열(옴손)을 이용
  - 직접식 저항 가열 : 도전성의 피열물에 직접 전류를 흘려 가열하는 방식
    예 흑연화로, 카보런덤로, 카바이드로(지로식 전기로) 등
  - 간접식 저항 가열 : 발열체로부터 열을 방사, 대류, 전도에 의해 피열물에 전달하여 가열하는 방식
- 전류의 발열 작용 : t초 사이에 발생하는 열량
  $H = 0.24I^2Rt$[cal]

㉡ 아크 가열(Arc Heating)

- 아크열을 이용하는 방식(방전 가열)
  - 직접식 : 피열물을 전극 또는 아크의 매질로 하여 가열하는 방식
    ※ 전극 : 흑연전극, 탄소전극(고유저항이 가장 작다. 효율 70~80[%])
  - 간접식 : 아크열을 방사, 전도, 대류에 의해 피열물을 가열하는 방식

• 아크로의 종류
 - 저압 : 제철, 제강, 합금의 제조 예 에르식 제강로
 - 고압 : 공중 질소를 고정하여 질산을 제조 예 쉔흐르로, 파우링로, 비르게란드 아이데로

㉢ 유도 가열
• 교번 자계 중에서 도전성 물질 내에 생기는 와류손과 히스테리시스손을 이용
• 용도 : 제철, 제강, 금속의 정련, 합금 제조, 반도체
• 열손실량 : $P_h = fB_m^{1.6}$

$P_e = (fB_m t)^2$

여기서, P_h : 히스테리시스손, P_e : 와류손, B_m : 최대 자속밀도, t : 두께

• 유도로(설비기술기준)
 - 저주파 : 60[Hz]의 상용 주파수를 가한다.
 - 고주파 : 5~20[kHz] 정도의 높은 고주파를 가한다.
 ※ 고주파 유도 가열의 전원 : 고주파 전동발전기, 불꽃 간극식 고주파 발생기, 진공관 발전기

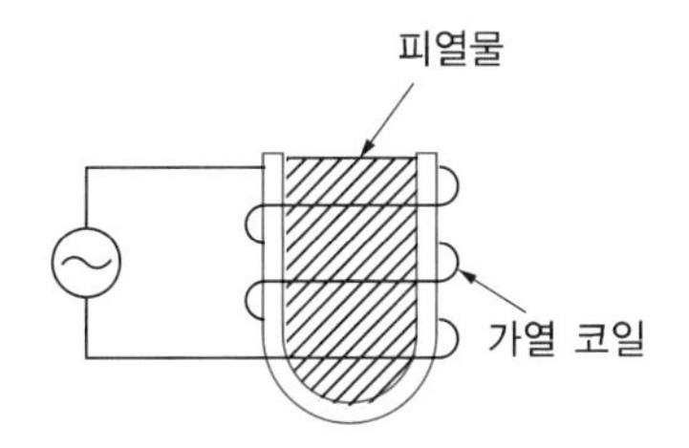

② 유전 가열
㉠ 교번 전계 중에서 절연성의 피열물에 생기는 유전체 손실에 의한 가열 방법(직접식만 있다)

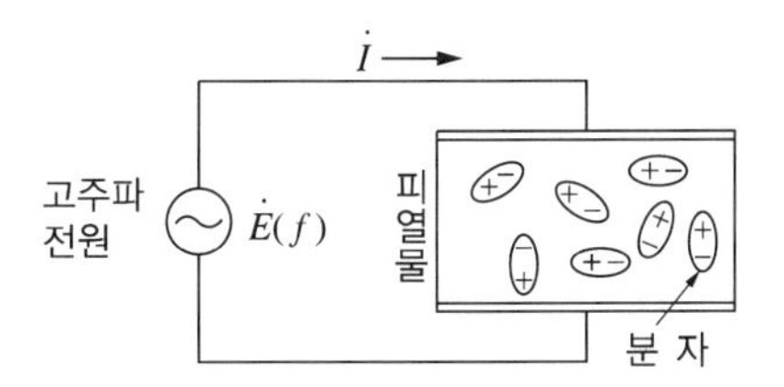

㉡ 유전 가열의 단위 체적당 발생하는 유전체손

$$P = \frac{5}{9} f \varepsilon_s E^2 \tan\delta \times 10^{-12} [\mathrm{W/cm^3}]$$

㉢ 용도 : 목재의 접착, 비닐막 접착, 플라스틱 성형

㉣ 장단점

- 장 점
  - 열이 유전체손에 의하여 피열물 자신에 발생하므로, 가열이 균일하다.
  - 온도 상승 속도가 빠르고, 속도가 임의 제어된다(합성수지의 가열 성형, 베니어 합판의 건조, 고무의 유화, 비닐막의 접착에 주로 적용).
  - 전원이 끊어지면 가열은 즉시 멈추고, 주위 물체에 저축된 열에 의한 과열이 없다.
  - 표면의 소손, 균열이 없다.
  - 선택 가열이 가능하다.
- 단 점
  - 전 효율이 고주파 발전기의 효율(50~60[%])에 의하여 억제되고, 회로 손실도 가해지므로 양호하지 못하다.
  - 설비비가 고가이다.
  - 유도장해 발생 우려가 있다.
  - 장치를 적당히 차폐하지 않으면 전파의 누설에 의하여 통신에 장해를 준다.

  ※ 유도 가열과 유전 가열의 공통점 ⇒ 직류 사용 불가능

③ 적외선 가열

㉠ 고온의 물체에서 나오는 적외선 조사에 의하여 피건조물을 가열하고 건조하는 일(적외선 전구를 배열하는 구조로 매우 간단)

㉡ 특 징

- 도장 등 표면건조에 적당하고 효율이 좋다. 예 방직, 도장, 인쇄
- 구조와 조작이 간단하다.
- 설치 공간을 적게 차지한다.
- 유지비가 싸다.
- 동일한 양의 소량건조에 적당하다.
- 얇은 목재 건조에 좋다.
- 저온 건조에 적당하다.
- 적외선 복사열을 이용한다($\eta = 80 \sim 85$[%]).

핵 / 심 / 예 / 제

01 전기 가열의 특징에 해당되지 않는 것은? [2016년 2회 산업기사]

① 내부 가열이 가능하다.
② 열효율이 매우 나쁘다.
③ 방사열의 이용이 용이하다.
④ 온도 제어 및 조작이 간단하다.

해설 **전기 가열의 특징**
- 내부 가열이 가능하다.
- 열효율이 매우 높다.
- 높은 온도를 얻을 수 있다.
- 온도 제어하기가 매우 쉽다.
- 조작이 매우 용이하다.
- 제품의 품질이 균일하게 된다.

02 전류에 의한 옴[Ω]손을 이용하여 가열하는 것은? [2015년 1회 산업기사]

① 복사 가열 ② 유전 가열
③ 유도 가열 ④ 저항 가열

해설 **저항 가열** : 줄열(옴손)을 이용한 가열 방식

03 저항 가열은 어떤 원리를 이용한 것인가? [2016년 1회 산업기사]

① 줄 열 ② 아크손
③ 유전체손 ④ 히스테리시스손

해설 2번 해설 참조

정답 01 ② 02 ④ 03 ①

04 온도 20[℃]에서 저항 20[Ω]인 구리선이 온도 80[℃]로 변화하였을 때, 구리선의 저항[Ω]은 약 얼마인가?(단, 온도 t[℃]에서 구리 저항의 온도계수는 $\alpha_t = \dfrac{1}{234.5+t}$ 이다)

[2022년 2회 기사]

① 15.36 ② 24.72
③ 35.62 ④ 43.85

해설

$$R(T) = R_t(1+\alpha\Delta t)$$
$$= 20\left\{1+\frac{1}{(234.5+20)}\times(80-20)\right\}$$
$$= 24.715[\Omega]$$

05 간접식 저항 가열에 사용되는 발열체의 필요 조건이 아닌 것은? [2016년 1회 산업기사]

① 내열성이 클 것
② 내식성이 클 것
③ 저항률이 비교적 크고 온도계수가 작을 것
④ 발열체의 최고 온도가 가열 온도보다 낮을 것

해설 **발열체의 구비 조건**

- 가공이 용이할 것
- 내열성이 클 것
- 내식성이 클 것
- 저항률이 적당한 값을 가지며, 온도계수가 양(+)의 값을 갖는 작은 값일 것

06 다음 전기로 중 열효율이 가장 좋은 것은? [2020년 3회 산업기사]

① 저주파 유도로 ② 흑연화로
③ 고압 아크로 ④ 카보런덤로

해설 **직접 저항 가열**

흑연화로, 카보런덤로, 카바이드로 중 효율이 좋은 것은 카보런덤로이다.

04 ② 05 ④ 06 ④ 정답

07 피열물에 직접 통전하여 발열시키는 직접식 저항로가 아닌 것은?

[2018년 2회 산업기사 / 2018년 4회 기사 / 2019년 2회 기사 / 2020년 4회 기사]

① 염욕로
② 흑연화로
③ 카바이드로
④ 카보런덤로

해설 직접 저항로에는 흑연화로, 카바이드로, 카보런덤로가 있다.

08 형태가 복잡하게 생긴 금속 제품을 균일하게 가열하는 데 가장 적합한 전기로는?

[2022년 2회 기사]

① 염욕로
② 흑연화로
③ 카보런덤로
④ 페로알로이로

해설 **염욕로**

- 설비비가 저렴하고 조작이 간단
- 균일한 온도 분포를 유지
- 냉각속도가 빨라 급속한 처리 가능
- 국부적인 가열 가능
- 염욕제가 부착하여 표면에 피막이 형성되기 때문에 표면산화를 방지하며 처리 후 표면이 깨끗하다.

09 제품 제조 과정에서의 화학 반응식이 다음과 같은 전기로의 가열 방식은? [2016년 1회 산업기사]

$$SiO_2 + 3C \rightarrow SiC + 2CO$$

① 유전 가열
② 유도 가열
③ 간접 저항 가열
④ 직접 저항 가열

해설 **직접 저항 가열**

- 직접 저항 가열에는 흑연화로, 카보런덤로, 카바이드로 등이 있다.
- 카보런덤로의 화학 반응식
  $SiO_2 + 3C \rightarrow SiC + 2CO$

정답 07 ① 08 ① 09 ④

10 흑연화로, 카보런덤로, 카바이드로 등의 가열 방식은?

[2015년 1회 기사 / 2017년 4회 기사 / 2021년 2회 기사]

① 아크 가열
② 유도 가열
③ 간접 저항 가열
④ 직접 저항 가열

해설 직접 저항 가열로
- 흑연화로
- 카보런덤로
- 카바이드로

11 전기로에 사용되는 전극재료의 구비 조건이 아닌 것은?

[2019년 2회 산업기사]

① 열전도율이 클 것
② 전기전도율이 클 것
③ 고온에 견디며 기계적 강도가 클 것
④ 피열물과 화학작용을 일으키지 않을 것

해설 전극재료의 구비 조건
- 열전도율이 작을 것
- 전기전도율이 클 것
- 고온에 견디고 고온에서의 기계적 강도가 클 것
- 피열물과 화학작용을 일으키지 않을 것

12 저압 아크로에 해당되지 않는 것은?

[2015년 4회 산업기사]

① 제 철
② 제 강
③ 합금의 제조
④ 공중 질소 고정

해설 아크로의 종류
- 저압 아크로 : 제철, 제강, 합금의 제조
- 고압 아크로 : 공중 질소를 고정하여 질산을 제조

10 ④ 11 ① 12 ④ 정답

13 **다음 중 고압 아크로가 아닌 것은?** [2015년 2회 산업기사 / 2017년 2회 산업기사]

① 에르식 제강로 ② 쉔흐르로
③ 파우링로 ④ 비르게란드 아이데로

해설 에르식 제강로는 저압 아크로이다.

14 **노 바닥의 하부전극은 탄소 덩어리로 되어 있으며 세로형이고, 선철, 페로알로이, 카바이드 등의 제조에 사용되는 전기로는?** [2019년 4회 산업기사]

① 제선로 ② 아크로
③ 유도로 ④ 지로식 전기로

해설 **지로식 전기로(Girod Type Furnace)**
- 직접식 저항 가열
- 노(로)의 바닥에 하나의 흑연 전극이 있는 단상 수직전극 형태
- 선철, 페로알로이(Ferroalloy), 카바이드 등의 제조에 사용

15 **로켓, 터빈, 항공기와 같은 고도의 기계 공업 분야의 재료 제조에 적합한 전기로는?** [2015년 1회 산업기사]

① 크립톨로 ② 지로식 전기로
③ 진공 아크로 ④ 고주파 유도로

해설 **진공 아크로**
- 대형화로 제작한다.
- 설비가 비싸다.
- 생산성이 낮다.
- 제트, 로켓, 터빈 및 항공기와 같은 고도의 기계공업 분야의 재료 제조에 적합한 전기로이다.

정답 13 ① 14 ④ 15 ③

16 **교번 자계 중에서 도전성 물질 내에 생기는 와류손과 히스테리시스손에 의한 가열 방식은?** [2019년 2회 산업기사]

① 저항 가열　② 유도 가열
③ 유전 가열　④ 아크 가열

해설 **유도 가열**
- 교번 자계 중에서 도전성의 물체 중에 생기는 와류에 의한 줄열로 가열하는 방식
- 와전류손 및 히스테리시스손을 이용한 가열 방법
- 주로 표면 가열, 반도체 정련 등에 적용

17 **다음 중 유도 가열은 어떤 것을 이용한 것인가?** [2017년 2회 산업기사 / 2020년 1, 2회 산업기사]

① 복사열　② 아크열
③ 와전류손　④ 유전체손

해설 16번 해설 참조

18 **용해, 용접, 담금질, 가열 등에 가장 적합한 가열 방식은?** [2018년 4회 산업기사 / 2021년 1회 기사]

① 복사 가열　② 유도 가열
③ 저항 가열　④ 유전 가열

해설 **유도 가열** : 제철, 제강, 금속의 정련, 합금 제조, 반도체

19 **고주파 유도 가열에 사용되는 전원이 아닌 것은?** [2017년 4회 산업기사]

① 동기 발전기　② 진공관 발전기
③ 고주파 전동발전기　④ 불꽃 간극식 고주파 발전기

해설 **고주파 유도 가열에 사용되는 전원**
- 진공관 발전기
- 고주파 전동발전기
- 불꽃 간극식 고주파 발전기

16 ② 17 ③ 18 ② 19 ① 정답

20 자심재료의 구비 조건으로 틀린 것은?

[2020년 1, 2회 기사]

① 저항률이 클 것
② 투자율이 작을 것
③ 히스테리시스 면적이 작을 것
④ 잔류자기가 크고 보자력이 작을 것

해설 **자심재료 구비 조건**
- 저항률이 클 것
- 투자율이 클 것
- 히스테리시스 면적이 작을 것
- 잔류자기가 크고 보자력은 작을 것

21 고주파 유도 가열의 용도가 아닌 것은?

[2015년 1회 기사]

① 목재의 고주파 가공
② 고주파 납땜
③ 전용관 용접
④ 단 조

해설 **고주파 유도 가열**
- 5~20[kHz] 정도의 높은 고주파의 전자유도에 의한 전류손의 발열을 이용한 가열 방식이다.
- 주로 고주파 납땜, 단조, 전용관 용접에 쓰인다.

22 상용 주파수를 사용할 수 있는 가열 방식은?

[2015년 4회 기사]

① 초음파 가열
② 유전 가열
③ 저주파 유도 가열
④ 마이크로파 유전 가열

해설 저주파 유도 가열 방식은 전원을 60[Hz]의 상용 주파수를 인가한다.

정답 20 ② 21 ① 22 ③

23 유전 가열의 특징으로 틀린 것은? [2016년 4회 산업기사]

① 표면의 소손, 균열이 없다.
② 온도 상승 속도가 빠르고 속도가 임의 제어된다.
③ 반도체의 정련, 단결정의 제조 등 특수 열처리가 가능하다.
④ 열이 유전체손에 의하여 피열물 자신에게 발생하므로 가열이 균일하다.

해설
- 유전 가열
  - 표면의 소손, 균열이 없음
  - 온도 상승 속도가 빠르고 속도가 임의 제어됨
  - 열이 유전체손에 의하여 피열물 자신에게 발생하므로 가열이 균일
- 유도 가열
  - 교번 자계 중에서 도전성의 물체 중에 생기는 와류에 의한 줄열로 가열하는 방식
  - 와전류손 및 히스테리시스손을 이용한 가열 방법
  - 주로, 표면 가열, 반도체 정련 등에 적용

24 유전체 자신을 발열시키는 유전 가열의 특징으로 틀린 것은? [2021년 2회 기사]

① 열이 유전체 손에 의하여 피열물 자체 내에서 발생한다.
② 온도 상승 속도가 빠르다.
③ 표면의 소손과 균열이 없다.
④ 전 효율이 좋고, 설비비가 저렴하다.

해설 **유전 가열**
- 절연물(유전체) 내에서 교번 전계를 인가하여 가열하는 방식
- 물체 내부의 전기 쌍극자의 회전에 의해 발열하는 가열 방식
- 유전체손을 이용하여 가열하는 원리
- 가격이 비싸고, 효율은 나쁘다.
- 절연체(유전체)에서 어느 정도의 열을 이용한 예
  - 합성수지의 가열 성형
  - 베니어판의 건조, 목재의 접착
  - 고무의 유화
  - 비닐막의 접착에 주로 적용

23 ③ 24 ④ 정답

25 고주파 유전 가열의 용도로 적합하지 않은 것은?

[2016년 1회 기사 / 2019년 1회 산업기사 / 2019년 4회 산업기사 / 2020년 1, 2회 기사 / 2020년 4회 기사]

① 목재의 접착　　② 플라스틱 성형
③ 비닐의 접착　　④ 금속의 열처리

해설 금속의 열처리는 유도 가열로 한다.

26 비닐막 등의 접착에 주로 사용하는 가열 방식은?

[2015년 4회 산업기사 / 2016년 2회 기사 / 2018년 1회 기사]

① 저항 가열　　② 유도 가열
③ 아크 가열　　④ 유전 가열

해설 **유전 가열**

- 유전체손을 이용하여 가열하는 원리
- 절연체(유전체)에서 어느 정도의 열을 이용한 예
  - 합성수지의 가열 성형
  - 베니어판(합판)의 건조, 목재의 접착
  - 고무의 유화
  - 비닐막의 접착

27 목재의 건조, 베니어판 등의 합판에서의 접착 건조, 약품의 건조 등에 적합한 전기 건조 방식은?

[2020년 1, 2회 산업기사]

① 아크 건조　　② 고주파 건조
③ 적외선 건조　　④ 자외선 건조

해설 **고주파 건조** : 고무, 목재, 두꺼운 물건 내부까지 건조가 가능

정답 25 ④ 26 ④ 27 ②

28 다음 중 전기로의 가열 방식이 아닌 것은? [2017년 1회 산업기사]

① 저항 가열 ② 유전 가열
③ 유도 가열 ④ 아크 가열

해설 **전기로 가열 방식**
- 저항 가열
- 유도 가열
- 아크 가열

29 전기 가열 방식 중 전기적 절연물에 교번 전계를 가할 때 물체 내부의 전기 쌍극자 회전에 의해 발열하는 가열 방식은? [2018년 2회 산업기사]

① 저항 가열
② 유도 가열
③ 유전 가열
④ 전자빔 가열

해설 **유전 가열**
- 절연물(유전체) 내에서 교번 전계를 인가하여 가열하는 방식
- 물체 내부의 전기 쌍극자의 회전에 의해 발열하는 가열 방식

30 평행평판 전극 사이에 유전체인 피열물을 삽입하고 고주파 전계를 인가하면 피열물 내 유전체 손이 발생하여 가열되는 방식은? [2020년 3회 산업기사]

① 저항 가열
② 유도 가열
③ 유전 가열
④ 원자수소 가열

해설 29번 해설 참조

28 ② 29 ③ 30 ③ 정답

31 목재 건조에 적합한 가열 방식은?

[2017년 1회 산업기사 / 2020년 3회 산업기사]

① 저항 가열
② 유전 가열
③ 유도 가열
④ 적외선 가열

해설 **유전 가열**

- 유전체손을 이용하여 가열하는 원리
- 절연체(유전체)에서 어느 정도의 열을 이용한 예
  - 합성수지의 가열 성형
  - 베니어판의 건조, 목재의 접착
  - 고무의 유화
  - 비닐막의 접착에 주로 적용

32 전기 가열 방식에 대한 설명으로 틀린 것은?

[2019년 1회 산업기사]

① 저항 가열은 줄열을 이용한 가열 방식이다.
② 유도 가열은 표면 담금질 등의 열처리에 이용되는 방식이다.
③ 유전 가열은 와전류손과 히스테리시스손에 의한 가열 방식이다.
④ 아크 가열은 전극 사이에 발생하는 아크열을 이용한 가열 방식이다.

해설 **유도 가열**

- 교번 자계 중에서 도전성의 물체 중에 생기는 와류에 의한 줄열로 가열하는 방식
- 와전류손 및 히스테리시스손을 이용한 가열 방법
- 주로, 표면 가열, 반도체 정련 등에 적용

33 고주파 유전 가열에서 피열물의 단위 체적당 소비전력[W/cm³]은?

[2016년 2회 산업기사 / 2018년 4회 산업기사]

① $\frac{5}{9}Ef\varepsilon_s\tan\delta\times10^{-9}$
② $\frac{5}{9}Ef\varepsilon_s\tan\delta\times10^{-10}$
③ $\frac{5}{9}E^2f\varepsilon_s\tan\delta\times10^{-8}$
④ $\frac{5}{9}E^2f\varepsilon_s\tan\delta\times10^{-12}$

해설 $W_d=\frac{5}{9}E^2f\varepsilon_s\tan\delta\times10^{-12}$[W/cm³]

정답 31 ② 32 ③ 33 ④

34 전열의 원리와 이를 이용한 전열 기기의 연결이 틀린 것은? [2016년 4회 기사]

① 저항 가열 – 전기다리미
② 아크 가열 – 전기용접기
③ 유전 가열 – 온열치료기구
④ 적외선 가열 – 피부미용기기

해설 **유전 가열**
- 유전체손을 이용하여 가열하는 원리
- 절연체(유전체)에서 어느 정도의 열을 이용하여 합성수지의 가열 성형, 베니어판의 건조, 고무의 유화, 비닐막 접착에 주로 적용
- 사용 전원 : 1~200[MHz] 정도의 교류 인가(직류는 사용 불가)

35 유도 가열과 유전 가열의 공통된 특성은? [2019년 1회 산업기사]

① 도체만을 가열한다.
② 선택 가열이 가능하다.
③ 절연체만을 가열한다.
④ 직류를 사용할 수 없다.

해설 유도 가열과 유전 가열은 직류를 사용할 수 없다.

36 적외선 가열의 특징이 아닌 것은? [2019년 1회 기사]

① 표면 가열이 가능하다.
② 신속하고 효율이 좋다.
③ 조작이 복잡하여 온도 조절이 어렵다.
④ 구조가 간단하다.

해설 **적외선 가열의 특징**
- 구조와 조작이 간단하다.
- 온도 조절이 쉽다.
- 손실이 적고 작업 시간이 단축된다.
- 설치 공간을 적게 차지한다.
- 설비비가 싸고 유지비도 적게 든다.
- 도장 등의 표면 건조에 적당한 가열 방식이다.
- 건조 재료의 감시가 용이하고, 청결하며, 사용이 안전하다.

34 ③ 35 ④ 36 ③ 정답

37 적외선 건조에 대한 설명으로 틀린 것은? [2018년 2회 산업기사]

① 효율이 좋다. ② 온도 조절이 쉽다.
③ 대류열을 이용한다. ④ 소요되는 면적이 작다.

해설 **적외선 건조**
- 효율이 좋다.
- 온도 조절이 쉽다.
- 적외선 전구의 복사열을 이용한 건조 방식이다.
- 소요되는 면적이 작다.

38 적외선 가열과 관계없는 것은? [2018년 1회 산업기사]

① 설비비가 적다. ② 구조가 간단하다.
③ 두꺼운 목재의 건조에 적당하다. ④ 공산품(工産品)의 표면건조에 적당하다.

해설 **고주파 건조** : 고무, 목재, 두꺼운 물건 내부까지 가능

39 자동차 등 차량 공업, 기계 및 전기 기계기구, 기타 금속제품의 도장을 건조하는 데 주로 이용되는 가열 방식은? [2016년 1회 산업기사]

① 저항 가열 ② 유도 가열
③ 고주파 가열 ④ 적외선 가열

해설 **적외선 가열**
- 고온의 물체에서 나오는 적외선의 열을 이용하여 가열한다.
- 두께가 상대적으로 얇은 섬유, 도장 등에 적용한다.

40 레이저 가열의 특징으로 틀린 것은? [2018년 2회 기사 / 2022년 1회 기사]

① 파장이 짧은 레이저는 미세 가공에 적합하다.
② 에너지 변환 효율이 높아 원격 가공이 가능하다.
③ 필요한 부분에 집중하여 고속으로 가열할 수 있다.
④ 레이저의 파워와 조사 면적을 광범위하게 제어할 수 있다.

해설 **레이저 가열**
- 집중적으로 고속 가열할 수 있다.
- 미세 가공에 적합하다.
- 면적을 광범위하게 제어할 수 있다.

정답 37 ③ 38 ③ 39 ④ 40 ②

41 전자빔 가열의 특징으로 틀린 것은? [2017년 1회 산업기사]

① 진공 중에서의 가열이 가능하다.
② 신속하고 효율이 좋으며 표면 가열이 가능하다.
③ 고융점 재료 및 금속박 재료의 용접이 쉽다.
④ 에너지의 밀도나 분포를 자유로이 조절할 수 있다.

해설 **전자빔 가열의 특징**
- 진공 중에서 가열이 가능
- 효율이 좋으며 국부 가열이 가능(열에 의한 재질 변형을 최소화)
- 고융점 재료 및 금속박 재료의 용접이 가능
- 에너지 밀도 및 분포를 자유롭게 조절
- 용접, 용해 및 천공작업 등에 응용

42 전자빔 가열의 특징이 아닌 것은? [2020년 1, 2회 기사]

① 용접, 용해 및 천공작업 등에 응용된다.
② 에너지의 밀도나 분포를 자유로이 조절할 수 있다.
③ 진공 중에서 가열이 불가능하다.
④ 고융점 재료 및 금속박 재료의 용접이 쉽다.

해설 41번 해설 참조

43 전자빔 가열의 특징이 아닌 것은? [2017년 2회 산업기사]

① 에너지 밀도를 높게 할 수 있다.
② 진공 중 가열로 산화 등의 영향이 크다.
③ 필요한 부분에 고속으로 가열시킬 수 있다.
④ 빔의 파워와 조사 위치를 정확히 제어할 수 있다.

해설 41번 해설 참조

41 ② 42 ③ 43 ② 정답

3. 온도 측정

(1) 저항 온도계

① 순수 금속의 저항률이 온도 변화에 비례하여 변화하는 것을 이용

② 측온 재료 : 백금, 구리, 니켈, 서미스터

(2) 열전 온도계

① 제베크(제벡) 효과를 이용하여 열전대 양접점 온도차에 의한 열기전력을 측정하여 온도를 측정

※ 제베크(제벡) 효과 : 서로 다른 두 금속체에 온도차를 주면 기전력을 발생하는 현상

※ 펠티에 효과 : 서로 다른 금속체의 접합부에 전류를 흘리면 온도차가 발생하여 열을 흡수, 발생하는 현상(전자 냉동장치에 사용된다)

※ 톰슨 효과 : 같은(동종) 금속체의 접합부에 전류를 흘리면 온도차가 발생하여 열을 흡수, 발생하는 현상

② 열전대 사용 온도

㉠ 구리 - 콘스탄탄(보통 열전대) : 200~400[℃]

㉡ 철 - 콘스탄탄 : 200~700[℃]

㉢ 크로멜 - 알루멜 : 200~1,000[℃]

㉣ 백금 - 백금 로듐(사용온도가 최대) : 0~1,400[℃]

(3) 방사 고온계(복사 온도계)

피측온 물체의 표면에서 나오는 전복사에너지(슈테판-볼츠만 법칙)를 렌즈 또는 반사경으로 모아서 열전대를 이용하여 온도를 측정하는 방식

$W=\sigma T^4$[W/m^2]

여기서, σ : 슈테판-볼츠만 상수, T : 절대온도[K]

(4) 광 고온계

가시부분의 단색광(적색)을 이용(플랑크 법칙)하여 피측온체의 휘도와 고온계 속에 있는 전구의 휘도가 일치했을 때 필라멘트에 흐르는 전류를 측정하여 온도 측정(정밀도가 높다)

(5) 압력형 온도계

인청동, 놋쇠 또는 강철로 만든 부르동관을 압력계와 같은 원리로 동작시키는 것

핵 / 심 / 예 / 제

01 **고유저항(20[℃]에서)이 가장 큰 것은?** [2021년 2회 기사]

① 텅스텐 ② 백 금
③ 은 ④ 알루미늄

해설 백금 > 텅스텐 > 알루미늄 > 구리 > 은

02 **금속의 전기저항이 온도에 의하여 변화하는 것을 이용한 온도계는?** [2016년 4회 산업기사]

① 광 고온계
② 저항 온도계
③ 방사 고온계
④ 열전 온도계

해설 **온도계의 종류 및 원리**
- 광 고온계 : 플랑크의 법칙을 이용
- 저항 온도계 : 측온체의 저항값의 변화를 이용
- 방사 고온계 : 슈테판-볼츠만의 법칙을 이용
- 열전 온도계 : 제베크 효과를 이용

03 **열전 온도계의 특징에 대한 설명으로 틀린 것은?** [2017년 4회 산업기사]

① 제베크 효과의 동작 원리를 이용한 것이다.
② 열전대를 보호할 수 있는 보호관을 필요로 하지 않는다.
③ 온도가 열기전력으로써 검출되므로 피측온점의 온도를 알 수 있다.
④ 적절한 열전대를 선정하면 0~1,600[℃] 온도 범위의 측정이 가능하다.

해설 **열전 온도계의 특징**
- 제베크 효과의 동작 원리를 이용
- 온도가 열기전력으로써 검출되므로 피측온점의 온도를 알 수 있음
- 적절한 열전대를 선정하면 0~1,600[℃] 온도 범위의 측정이 가능
- 열전대를 보호할 수 있는 보호관을 필요로 함

정답 01 ② 02 ② 03 ②

04 서로 관계 깊은 것들끼리 짝지은 것이다. 틀린 것은?

[2018년 4회 산업기사]

① 유도 가열 : 와전류손
② 표면 가열 : 표피 효과
③ 형광등 : 스토크스 정리
④ 열전 온도계 : 톰슨 효과

해설 열전 온도계는 제베크 효과를 이용한다.

05 두 도체로 이루어진 폐회로에서 두 접점에 온도차를 주었을 때 전류가 흐르는 현상은?

[2019년 1회 산업기사]

① 홀 효과
② 광전 효과
③ 제베크 효과
④ 펠티에 효과

해설
- 제베크 효과 : 열전 효과의 가장 기본적인 현상으로, 서로 다른 금속체를 접합하여 폐회로를 만들고 두 접합점에 온도차를 두면 전류가 흐르는 현상
- 광전 효과 : 반도체에 빛이 가해지면 전기저항이 변화되는 현상
- 홀 효과 : 금속이나 반도체에 전류를 흘리고, 이것과 직각 방향으로 자계를 가하면 전류와 자계가 이루는 면에 직각 방향으로 기전력이 발생하는 현상
- 펠티에 효과 : 제베크 효과의 역효과 현상으로, 서로 다른 금속체를 접합하여 폐회로를 만들고 이 폐회로에 전류를 흘려주면 그 폐회로의 접합점에서 열의 흡수 및 발열이 일어나는 현상

06 열전 온도계의 원리는?

[2018년 1회 산업기사 / 2020년 3회 기사]

① 홀 효과
② 핀치 효과
③ 톰슨 효과
④ 제베크 효과

해설 **열전 온도계의 특징**
- 제베크 효과의 동작 원리를 이용한 것이다.
- 열전대를 보호할 수 있는 보호관을 필요로 한다.
- 온도가 열기전력으로서 검출되므로 피측온점의 온도를 알 수 있다.
- 적절한 열전대를 선정하면 0~1,600[℃] 온도 범위의 측정이 가능하다.

04 ④ 05 ③ 06 ④ 정답

07 **2종의 금속이나 반도체를 접합하여 열전대를 만들고 기전력을 공급하면 각 접점에서 열의 흡수, 발생이 일어나는 현상은?** [2015년 4회 산업기사 / 2016년 1회 산업기사 / 2020년 4회 기사]

① 핀치(Pinch) 효과
② 제베크(Seebeck) 효과
③ 펠티에(Peltier) 효과
④ 톰슨(Thomson) 효과

해설 **열전 효과의 종류**

- 제베크 효과 : 열전 효과의 가장 기본적인 현상으로, 서로 다른 금속체를 접합하여 폐회로를 만들고 두 접합점에 온도차를 두면 그 폐회로에서 열기전력이 발생하는 현상이다.
- 톰슨 효과 : 제베크 효과를 응용한 열전 효과로, 같은 금속체를 접합하여 폐회로를 만들고 그 금속체에 온도차를 발생시키고 회로에 전류를 흘려주면 열의 흡수 및 발열이 일어나는 현상이다.
- 펠티에 효과 : 제베크 효과의 역효과 현상으로, 서로 다른 금속체를 접합하여 폐회로를 만들고 이 폐회로에 전류를 흘려주면 그 폐회로의 접합점에서 열의 흡수 및 발열이 일어나는 현상이다.

08 **금속이나 반도체에 전류를 흘리고, 이것과 직각 방향으로 자계를 가하면 전류와 자계가 이루는 면에 직각 방향으로 기전력이 발생한다. 이러한 현상은?** [2018년 4회 기사]

① 홀(Hall) 효과
② 핀치(Pinch) 효과
③ 제베크(Seebeck) 효과
④ 펠티에(Peltier) 효과

해설 **홀 효과**

금속이나 반도체에 전류를 흘리고 이것과 직각 방향으로 자계를 가하면 전류와 자계가 이루는 면에 직각 방향으로 기전력이 발생하는 현상으로, 자속계 등에 응용하여 사용한다.

09 **도체에 고주파 전류가 흐르면 도체 표면에 전류가 집중하는 현상이며 금속의 표면 열처리에 이용되는 것은?** [2016년 4회 산업기사 / 2017년 2회 기사 / 2022년 1회 기사]

① 핀치 효과
② 제베크 효과
③ 톰슨 효과
④ 표피 효과

해설 **표피 효과**

도체에 고주파 교류를 흘리면 전류가 도체 표면 쪽으로 집중되어 흐르는 현상으로, 금속의 표면 처리에 응용한다.

정답 07 ③ 08 ① 09 ④

10 **공업용 온도계로서 가장 높은 온도를 측정할 수 있는 것은?** [2017년 1회 기사]

① 철 – 콘스탄탄
② 동 – 콘스탄탄
③ 크로멜 – 알루멜
④ 백금 – 백금 로듐

해설 **열전대별 측정 온도 범위**
- 백금 – 백금 로듐 : 0~1,400[℃]
- 크로멜 – 알루멜 : 200~1,000[℃]
- 철 – 콘스탄탄 : 200~700[℃]
- 동 – 콘스탄탄 : 200~400[℃]

11 **열전 온도계에 사용되는 열전대의 조합은?** [2019년 4회 산업기사]

① 백금 – 철
② 아연 – 백금
③ 구리 – 콘스탄탄
④ 아연 – 콘스탄탄

해설 **열전대 조합 예**
- 구리 – 콘스탄탄
- 철 – 콘스탄탄
- 백금 – 백금 로듐
- 크로멜 – 알루멜

12 **다음 중 열전대의 조합이 아닌 것은?** [2020년 1, 2회 산업기사]

① 크롬 – 콘스탄탄
② 구리 – 콘스탄탄
③ 철 – 콘스탄탄
④ 크로멜 – 알루멜

해설 11번 해설 참조

10 ④ 11 ③ 12 ① 정답

13 반도체에 빛이 가해지면 전기저항이 변화되는 현상은? [2016년 2회 기사]

① 홀 효과 ② 광전 효과
③ 제베크 효과 ④ 열진동 효과

해설 **광전 효과**
반도체에 빛이 가해지면 전기저항이 변화되는 현상

14 구리 – 콘스탄탄 열전대 측온 접점에 400[℃] 가해질 때 약 몇 [mV]의 열기전력이 발생하는가? [2015년 4회 기사]

① 5 ② 10
③ 20 ④ 30

해설 구리 – 콘스탄탄의 열전대 조합을 하게 되면 100[℃]의 온도차에서 열기전력이 약 5.1[mV]이므로 400[℃]에서의 열기전력을 계산하면

$$V_E = 5.1[\text{mV}] \times \frac{400[℃]}{100[℃]} = 20.4[\text{mV}]$$

정답 13 ② 14 ③

4. 전기 용접

(1) 저항 용접

① 용접하고자 하는 두 금속 모재의 접촉부에 대전류를 통하게 하여, 용접 모재 간의 접촉 저항에 의해 발생하는 열을 이용한 용접 방법이다.

② 종 류

㉠ 점(스폿) 용접 : 필라멘트 용접, 열전대 용접에 사용

㉡ 돌기(프로젝션) 용접

㉢ 심 용접(이음매 용접)

㉣ 맞대기 저항 용접

(2) 아크 용접

① 용접하려는 금속 모재와 용접용 전극과의 사이에서 발생하는 방전열에 의해 금속을 가열하여 용융 접합시키는 전기용접이다(불활성 가스 사용 : 아르곤 가스, 헬륨 가스).

※ 수하 특성 : 부하전류가 증가하면 전압은 급격히 감소

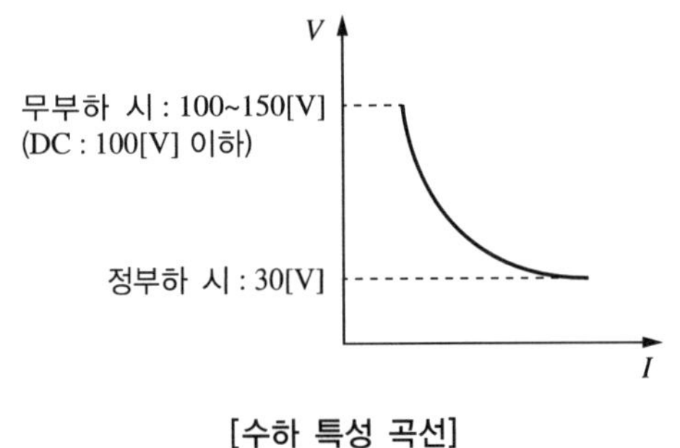

[수하 특성 곡선]

② 종 류

㉠ 탄소방전 용접

- 같은 종류의 철 합금의 용접에 사용
- 전원은 직류, 탄소봉을 음극으로 함
- 용접이 빠르고 경제적

㉡ 원자수소 용접 : 경금속이나 구리 및 구리 합금, 스테인리스강 등의 용접

㉢ 불활성 가스 용접 : 알루미늄, 마그네슘, 스테인리스강, 기타 특수강의 방전 용접 (불활성 가스 : Ar, He, Ne, Kr 등)

핵 / 심 / 예 / 제

01 용접의 종류 중에서 저항 용접이 아닌 것은? [2016년 4회 산업기사]

① 점 용접 ② 심 용접
③ TIG 용접 ④ 프로젝션 용접

해설 **저항 용접**
- 점(Spot) 용접 : 필라멘트 용접, 열전대 용접에 주로 사용
- 이음매 용접 : 심 용접
- 돌기 용접 : 프로젝션 용접
- 맞대기 저항 용접

※ 불활성 가스 용접 : MIG 용접, TIG 용접

02 다음 용접 방법 중 저항 용접이 아닌 것은? [2016년 4회 기사]

① 점 용접 ② 이음매 용접
③ 돌기 용접 ④ 전자빔 용접

해설 1번 해설 참조

03 저항 용접에 속하지 않는 것은? [2018년 2회 산업기사]

① 심 용접 ② 아크 용접
③ 스폿 용접 ④ 프로젝션 용접

해설 1번 해설 참조

04 저항 용접에 속하는 것은? [2020년 3회 기사]

① TIG 용접 ② 탄소 아크 용접
③ 유니언멜트 용접 ④ 프로젝션 용접

해설 1번 해설 참조

정답 01 ③ 02 ④ 03 ② 04 ④

05 전구의 필라멘트나 열전대 용접에 알맞은 방법은? [2015년 4회 산업기사]

① 점 용접 ② 돌기 용접
③ 심 용접 ④ 불활성 용접

해설
- 점 용접 : 필라멘트 용접, 열전대 용접에 주로 사용
- 돌기 용접 : 프로젝션 용접
- 이음매 용접 : 심 용접
- 불활성 용접 : 알루미늄, 마그네슘, 특수강 등에 사용

06 저항 용접의 특징으로 틀린 것은? [2018년 1회 산업기사]

① 잔류응력이 작다.
② 용접부의 온도가 높다.
③ 전원에는 상용주파수를 사용한다.
④ 대전류가 필요하기 때문에 설비비가 높다.

해설 **저항 용접**
용접 부분의 접촉저항에 의한 줄열을 이용한 용접 방법으로, 아크 용접에 비하여 용접 부위의 온도는 낮은 편이다.

07 전압과 전류의 관계에서 수하 특성을 이용한 가열 방식은? [2018년 1회 산업기사]

① 저항 가열 ② 유도 가열
③ 유전 가열 ④ 아크 가열

해설 수하 특성은 정전류 특성이다. 아크 가열은 정전류 특성이 필요하다.

05 ① 06 ② 07 ④ 정답

08 **아크 용접에 주로 사용되는 가스는?** [2016년 1회 산업기사]

① 산 소 ② 헬 륨
③ 질 소 ④ 오 존

해설 **아크 용접**
- 불활성 가스를 사용해야 한다.
- 불활성 가스 : 아르곤 가스, 헬륨 가스

09 **방전 용접 중 불활성 가스 용접에 쓰이는 불활성 가스는?** [2020년 1, 2회 산업기사]

① 아르곤 ② 수 소
③ 산 소 ④ 질 소

해설 8번 해설 참조

10 **아크 용접은 어떤 원리를 이용한 것인가?** [2015년 1회 산업기사]

① 줄 열 ② 수하 특성
③ 유전체손 ④ 히스테리시스손

해설 **아크 용접**
- 아크의 고열에 의하여 금속을 가열시켜 용융, 접합시키는 용접 방법이다.
- 직류에서는 로젠베르크 발전기를 사용한다.
- 교류에서는 누설 변압기를 사용한다.
- 아크 용접용 전원은 수하 특성이어야 한다.

11 **아크 용접기의 2차 전류가 100[A] 이하일 때 정격 사용률이 50[%]인 경우 용접용 케이블 또는 기타의 케이블 굵기는 몇 [mm^2]를 시설하여야 하는가?** [2018년 2회 기사]

① 16 ② 25
③ 35 ④ 70

해설 100[A] × 0.5 = 50[A]이므로 케이블 굵기는 16[mm^2]이면 충분하다.
※ 16[mm^2] 단상 케이블의 허용전류 94[A]

정답 08 ② 09 ① 10 ② 11 ①

12 아크의 전압, 전류 특성은?

[2016년 2회 기사]

①
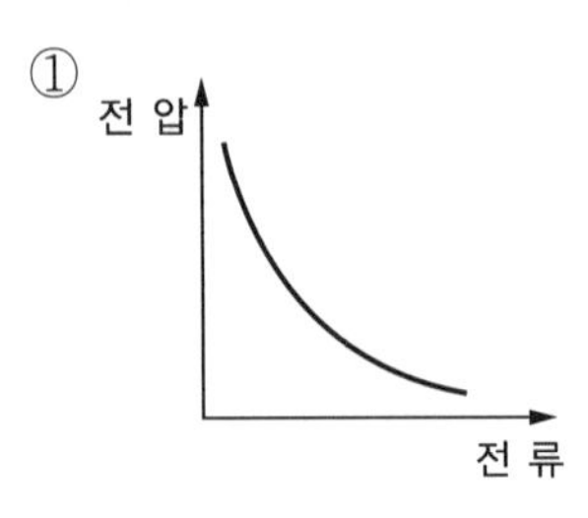

②
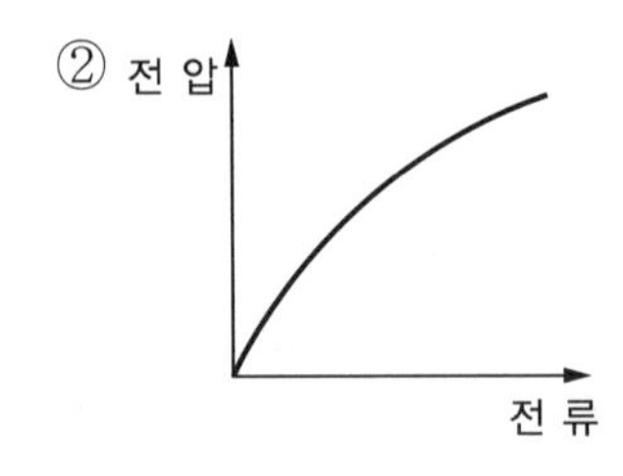

③
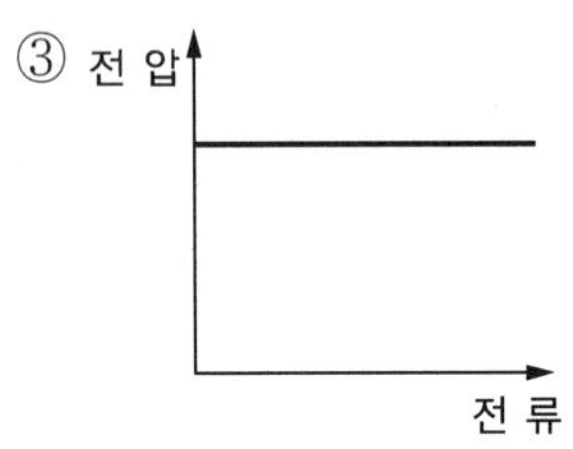

④
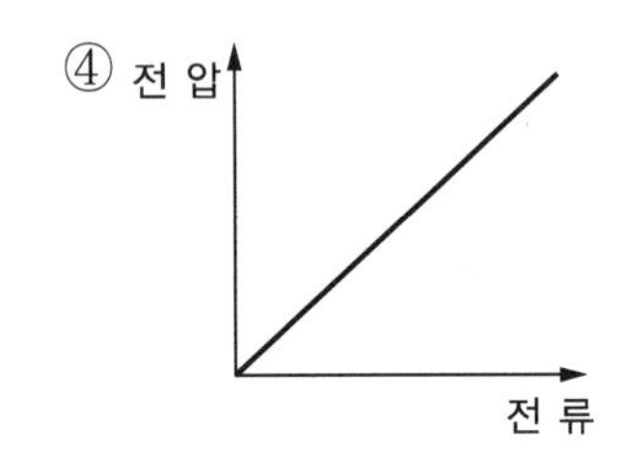

해설 아크 방전은 저전압-대전류로서, 대표적인 부(-) 저항의 특성을 나타낸다. 아크 방전의 부(-)저항 특성은 전류가 커지면 저항이 작아져서 전압도 같이 낮아지는 현상으로, 전류값이 100[A] 이하에서 나타난다.

13 용접용 전원의 특성을 고려하면 부하가 급히 증가할 때 전압은?

[2015년 2회 산업기사]

① 일정하다.
② 급히 상승한다.
③ 급히 강하한다.
④ 서서히 상승한다.

해설 **용접 전원의 특성**
- 두드러진 수하 특성을 가져야 한다.
- 수하 특성 : 전류(부하)가 증가하면 전압이 급격히 감소하는 부(-)특성

12 ① 13 ③ 정답

14 알루미늄 및 마그네슘의 용접에 가장 적합한 용접 방법은? [2019년 4회 기사]

① 탄소 아크 용접
② 원자수소 용접
③ 유니언멜트 용접
④ 불활성 가스 아크 용접

해설 **불활성 가스 아크 용접**
- 텅스텐 전극과 모재와의 사이에 방전을 발생시켜 그 방전의 주위에 아르곤, 헬륨 등과 같은 불활성 가스를 주입하여 용접부의 산화를 방지하도록 한 용접 방법이다.
- 알루미늄, 마그네슘, 스테인리스강, 특수강의 용접에 주로 사용한다.
- 별도의 용재가 불필요하다.

15 공구, 기계 부품, 전기기구 부품 등의 납땜 작업에 널리 사용되는 용접은? [2015년 2회 산업기사]

① 유도 용접
② 심 용접
③ 프로젝션 용접
④ 점 용접

해설 **유도 용접**
공구, 기계 부품, 전기기구 부품 등의 납땜 작업에 널리 사용되는 용접

16 전기 용접부의 비파괴 검사와 관계없는 것은? [2015년 2회 기사 / 2018년 1회 기사]

① X선 검사
② 자기 검사
③ 고주파 검사
④ 초음파 탐상시험

해설 **전기 용접의 비파괴 검사**
- 용접 부위를 아무런 손상을 가하지 않고 검사하는 것을 말한다.
- 비파괴 검사의 종류
  - 육안 검사
  - X선 검사
  - 자기 검사
  - 초음파 검사

정답 14 ④ 15 ① 16 ③

17 플라스마 용접의 특징이 아닌 것은? [2018년 4회 산업기사]

① 비드(Bead) 폭이 좁고 용입이 깊다.
② 용접 속도가 빠르고 균일한 용접이 된다.
③ 가스의 보호가 충분하며 토치의 구조가 간단하다.
④ 플라스마 아크의 에너지 밀도가 커서 안정도가 높다.

해설 **플라스마 용접**
토치 내에 전극을 설치해야 하므로 토치 구조는 복잡하다.

18 초음파 용접의 특징으로 틀린 것은? [2020년 3회 산업기사]

① 전기저항 용접에 비해 표면의 전처리가 간단하다.
② 가열을 필요로 하지 않는다.
③ 냉간압접 등에 비하여 접합부 표면의 변형이 작다.
④ 고체상태에서의 용접이므로 열적 영향이 크다.

해설 **초음파 용접**
- 표면의 전처리가 간단하다.
- 가열할 필요가 없다.
- 접합부 표면의 변형이 작다.

17 ③ 18 ④ 정답

5. 전열재료

① 발열체의 조건

㉠ 내열성이 클 것

㉡ 내식성이 클 것

㉢ 선팽창계수가 작을 것

㉣ 적당한 고유저항값을 가질 것

㉤ 압연성이 풍부하고 가공이 용이할 것

㉥ 저항의 온도계수가 양(+)의 성질로서 작을 것

㉦ 용융, 연화, 산화 온도가 높을 것

② 발열체의 종류

㉠ 금속 발열체

• 합금 발열체

품 종	최고 사용온도[℃]
니크롬 제1종	1,100
니크롬 제2종	900
철-크롬 제1종	1,200
철-크롬 제2종	1,100

• 순금속 발열체

품 종	용융온도[℃]
백금	1,750
이리듐	2,350
몰리브덴	2,600
탄탈	2,886
텅스텐	3,380

㉡ 비금속 발열체 : 탄화규소(SiC : 카보런덤)를 주성분으로 하는 탄화규소 발열체가 주로 사용되며, 고온용(1,350~1,500[℃])이다.

핵 / 심 / 예 / 제

01 **발열체의 구비 조건 중 틀린 것은?** [2015년 2회 기사 / 2019년 1회 기사]

① 내열성이 클 것
② 내식성이 클 것
③ 가공이 용이할 것
④ 저항률이 비교적 작고 온도계수가 높을 것

해설 **발열체의 구비 조건**
- 내열성이 클 것
- 내식성이 클 것
- 가공이 용이할 것
- 저항률이 적당한 값을 가지며 온도계수가 양(+)의 값을 갖는 작은 값일 것
- 용융, 연화, 산화 온도가 높을 것

02 **다음 중 발열체의 구비 조건이 아닌 것은?** [2018년 2회 기사]

① 내열성이 클 것
② 용융, 연화, 산화 온도가 낮을 것
③ 저항률이 크고 온도계수가 작을 것
④ 연성 및 전성이 풍부하여 가공이 용이할 것

해설 1번 해설 참조

03 **비금속 발열체에 대한 설명으로 틀린 것은?** [2022년 2회 기사]

① 탄화규소 발열체는 카보런덤을 주성분으로 한 발열체이다.
② 탄소질 발열체에는 인조 흑연을 가공하여 사용하는 것이 있다.
③ 규화 몰리브덴 발열체는 고온용의 발열체로서 칸탈선이라고도 한다.
④ 염욕 발열체는 높은 도전성을 가지는 고체 발열체이다.

해설 **비금속 발열체**
탄화규소(SiC : 카보런덤)를 주성분으로 하는 탄화규소 발열체가 주로 사용되며, 고온용(1,350~1,500℃)이다. 세라믹스, 금속열처리, 분말야금 용해로 유리공업 실험로 등에 사용

01 ④ 02 ② 03 ④ 정답

04 **최고 사용온도가 1,100[℃]이고 고온강도가 크며 냉간가공이 용이한 고온용 발열체는?**

[2019년 2회 산업기사]

① 니크롬 제1종　② 니크롬 제2종
③ 철–크롬 제1종　④ 철–크롬 제2종

해설 **발열체별 최고 사용온도**
- 니크롬 제1종 : 1,100[℃]
- 니크롬 제2종 : 900[℃]
- 철–크롬 제1종 : 1,200[℃]
- 철–크롬 제2종 : 1,100[℃]
- 탄화규소 발열체 : 1,500[℃]

※ 고온강도가 크며 냉간가공이 용이한 발열체는 니크롬이다.

05 **니크롬 전열선에서 제1종의 최고 사용온도[℃]는?** [2016년 2회 산업기사]

① 700　② 900
③ 1,100　④ 1,300

해설 4번 해설 참조

06 **순금속 발열체의 종류가 아닌 것은?** [2019년 2회 기사]

① 백금(Pt)　② 텅스텐(W)
③ 몰리브덴(Mo)　④ 탄화규소(SiC)

해설
- 금속 발열체
  - 순금속 발열체 : 몰리브덴(Mo), 텅스텐(W), 백금(Pt), 탄탈(Ta)
  - 합금 발열체 : Fe–Cr, Ni–Cr, Fe–Cr–Al
- 비금속 발열체
  - 탄화규소(SiC), 지르코니아

정답 04 ① 05 ③ 06 ④

07 다음 합금 발열체 중 최고 온도가 가장 낮은 것은?

[2015년 4회 산업기사]

① 니크롬 제1종　　② 니크롬 제2종
③ 철-크롬 제1종　　④ 철-크롬 제2종

해설
- 금속 발열체
  - 순금속 발열체 : 몰리브덴(Mo), 텅스텐(W), 백금(Pt), 탄탈(Ta)
  - 합금 발열체 : Fe-Cr, Ni-Cr, Fe-Cr-Al
- 비금속 발열체
  - 탄화규소(SiC), 지르코니아

08 다음 발열체 중 최고 사용온도가 가장 높은 것은?

[2015년 1회 기사]

① 니크롬 제1종　　② 니크롬 제2종
③ 철-크롬 제1종　　④ 탄화규소 발열체

해설 **발열체별 최고 사용온도**
- 탄화규소 발열체 : 1,500[℃]
- 철-크롬 제1종 : 1,200[℃]
- 철-크롬 제2종 : 1,100[℃]
- 니크롬 제1종 : 1,100[℃]
- 니크롬 제2종 : 900[℃]

09 금속 재료 중 용융점이 제일 높은 것은?

[2015년 4회 기사]

① 백금(Pt)　　② 이리듐(Ir)
③ 몰리브덴(Mo)　　④ 텅스텐(W)

해설 **금속 재료별 용융점**
- 텅스텐 : 3,380[℃]
- 몰리브덴 : 2,600[℃]
- 이리듐 : 2,350[℃]
- 백금 : 1,750[℃]

07 ② 08 ④ 09 ④ 정답

10 전자빔으로 용해하는 고융점 활성 금속 재료는? [2015년 2회 기사 / 2019년 1회 기사]

① 니크롬 제2종
② 철-크롬 제1종
③ 탄화규소
④ 탄탈, 지르코늄

해설 **고융점 활성 금속**

- 금속의 녹는 점의 온도가 철(1,539[℃])보다 높은 금속을 말한다.
- 고융점 활성 금속의 종류
  - 타이타늄(1,600[℃])
  - 지르코늄(1,900[℃])
  - 니오브(2,500[℃])
  - 몰리브덴(2,600[℃])
  - 탄탈(2,886[℃])
  - 레늄(3,200[℃])
  - 텅스텐(3,380[℃])

11 접촉자의 합금 재료에 속하지 않는 것은? [2017년 1회 기사]

① 은
② 니 켈
③ 구 리
④ 텅스텐

해설 **접촉자의 합금 재료**

- 텅스텐-구리 합금
- 텅스텐-은 합금

12 (   )의 도금의 종류로 옳은 것은? [2016년 2회 산업기사]

> (   ) 도금은 철, 구리, 아연 등의 장식용과 내식용으로 사용되며 대부분 그 위에 얇은 크롬도금을 입혀서 사용한다.

① 동
② 은
③ 니 켈
④ 카드뮴

해설 **니켈 도금**

철, 구리, 아연 등의 장식용과 내식용으로 사용되며 대부분 그 위에 얇은 크롬 도금을 입혀서 사용한다.

정답 10 ④ 11 ② 12 ③

05 전기화학

1. 전기화학 기초

(1) 전해질 : 용액 속에서 양(+)이온과 음(-)이온으로 전리되는 물질로서 전류가 흐를 수 있는 액체

※ 도전율은 전해액 농도에 비례한다.

(2) 비전해질 : 용액 속에서 양(+)이온과 음(-)이온으로 전리되지 않는 물질

(3) 전기분해

전류에 의하여 전해질 용액이 화학반응을 일으키는 현상을 말하며, 이에 의하여 전극에 석출된 물질은 용액과 화학반응을 일으켜 새로운 물질을 만들기도 한다.

(4) 분 극

H_2SO_4가 전기분해되면 음극에 수소, 양극에 산소 가스가 발생되는데, 수소와 산소가 다시 이온화하려는 과정에서 두 전극 사이에는 외부와 반대 방향의 기전력이 생긴다.

(5) 패러데이 법칙

① 전기분해에 의해 전극에 석출되는 물질의 양은 통과한 전기량에 비례한다.

② 전기량에 의해 전극에 석출되는 물질의 양은 그 물질의 화학당량에 비례한다.

③ 석출량

$W = KQ = KIt$

여기서, W : 물질의 질량[g], K : 화학당량[g/C], Q : 전기량[C], I : 전류[A], t : 시간[s]

※ 화학당량 $= \dfrac{\text{원자량}}{\text{원자가}}$

※ 전기화학당량 $= \frac{\text{화학당량[g]}}{96,500\text{[C]}}$ [g/C]

2. 전기화학공업

(1) 전기화학공업에 필요한 직류전원 조건

① 저전압 대전류

② 전력의 공급이 안정될 것

③ 일정한 전류로서 연속 운전에 견딜 것

④ 전압조절이 가능하며 효율이 좋을 것

⑤ 시설비가 낮고, 신뢰성이 높고, 보수 운전 취급이 간단할 것

(2) 금속의 화학적 성질

① 전자를 잃기 쉽고 양이온이 되기 쉽다.

② 이온화 경향이 클수록 환원성이 떨어진다.

③ 산화되기 쉽다.

④ 산과 반응하고 금속의 산화물은 염기성이다.

※ 금속 이온화 경향이 큰 순서

K > Ba > Ca > Na > Mg > Al > Mn > Fe > Sn > Pb > Cu > Hg > Ag > Pt > Au

(3) 금속의 전착 : 전기분해에 의하여 음극에 금속이 석출하는 현상

① 전기도금

㉠ 금속 표면에 다른 종류의 금속을 전착시켜 장식, 방식, 내마멸성을 주는 것

㉡ 수용액 중에서 전기분해하여 음극으로 금속을 석출시키는 도금 방법

㉢ 양극에 있는 구리가 음극에 있는 은막대로 이동하여 은막대가 구리색을 띠게 됨

② **전주(전기주조)** : 전기도금을 계속하여 두꺼운 층을 만들고, 원형을 떼어 복제하는 방법(활자, 인쇄 원판, 레코드 원판)

③ **전해 정련** : 전기분해를 이용하여 순수한 금속만을 음극에서 석출하여 정제하는 것(구리, 주석, 금, 은, 니켈, 안티몬(안티모니) 등을 정제하는데, 구리가 가장 많다)

(4) 금속의 양극 처리

① **전해 연마** : 금속을 양극으로 한 후 적당한 전해액 중에서 단시간 전류를 흘리면 돌기 부분이 먼저 분해된다(식기, 펜촉, 바늘, 터빈날개, 주사바늘 내면 등).

② **전식** : 표면 일부에 에나멜을 도포하여 부분 방식시킨 금속판을 양극으로 하여 전기분해하면 노출부가 선명해진다(아연판, 구리판).

③ **계면 전해** : 액체 중에 놓인 고체 표면에는 음양의 전하가 대전된다. 이 현상을 이용한 것을 계면 전해라 한다.

㉠ 전기영동 : 액체 속에 고체의 입자가 분산되어 있을 경우, 여기에 전압을 가하면 입자가 이동한다.

㉡ 전기침투(Electro Osmosis) : 용액 속에 다공질의 격막을 설치하고 그 양쪽에 전극을 넣고 직류전압을 가하면 입자는 통과하지 못하고 용액만 격막을 통하여 한쪽으로 이동하여 수위가 높아지는 현상이다.

㉢ 전기투석 : 격막에 의해 셋으로 나뉜 중앙에 전해질 용액을, 양쪽에 순수한 물을 넣고 전압을 가하면 양이온과 음이온이 이동하여 중앙의 전해물질이 제거된다.

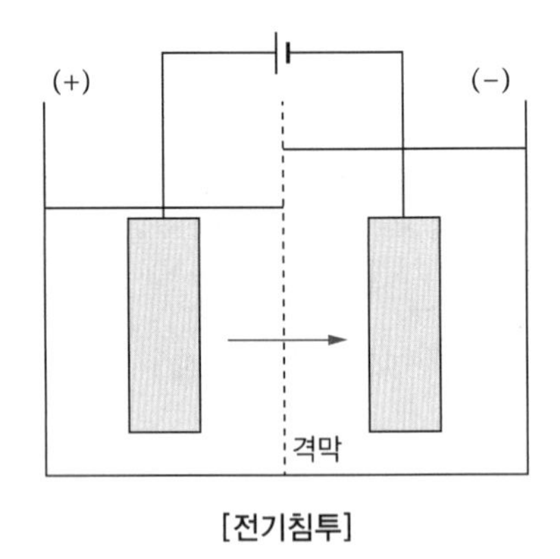

[전기침투]

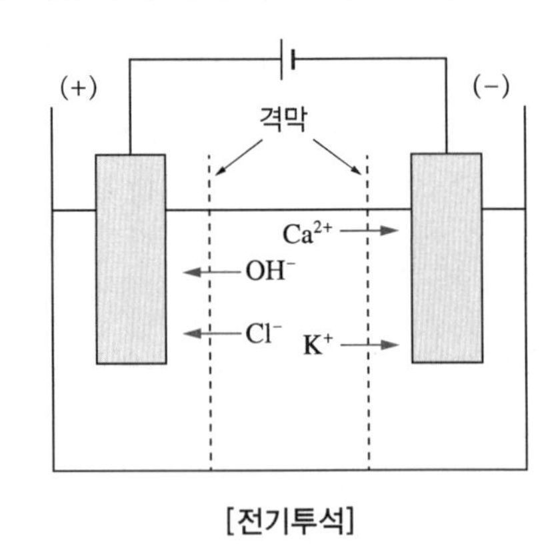

[전기투석]

핵 / 심 / 예 / 제

01 **전기분해에 의해 일정한 전하량을 통과했을 때 얻어지는 물질의 양은 어느 것에 비례하는가?**

[2015년 1회 기사]

① 화학당량　　② 원자가
③ 전 류　　④ 전 압

해설 **패러데이의 법칙**
전기분해에 의해 일정한 전하량을 통과했을 때 얻어지는 물질의 양은 화학당량에 비례한다.
$W = KIt$[g], K : 화학당량

02 **전기분해에 의하여 전극에 석출되는 물질의 양은 전해액을 통과하는 총전기량에 비례하며 그 물질의 화학당량에 비례하는 법칙은?** [2017년 2회 산업기사]

① 줄(Joule)의 법칙
② 앙페르(Ampere)의 법칙
③ 톰슨(Thomson)의 법칙
④ 패러데이(Faraday)의 법칙

해설 1번 해설 참조

03 **전기분해에서 패러데이의 법칙은?(단, Q[C]=통과한 전기량, K=물질의 전기화학당량, W[g]=석출된 물질의 양, t=통과시간, I=전류, E[V]=전압이다)** [2016년 1회 산업기사]

① $W = K\dfrac{Q}{E}$　　② $W = KEt$
③ $W = KQ = KIt$　　④ $W = \dfrac{1}{R}Q = \dfrac{1}{R}It$

해설 1번 해설 참조

정답 01 ① 02 ④ 03 ③

04 다음 중 전기화학당량의 단위는?

[2020년 1, 2회 산업기사]

① [C/g] ② [g/C]
③ [g/k] ④ [Ω/m]

해설

$$\text{전기화학당량} = \frac{\text{화학당량[g]}}{96{,}500[C]}\,[g/C]$$

05 동의 원자량은 63.54이고 원자가가 2라면 전기화학당량은 약 몇 [mg/C]인가?

[2019년 2회 산업기사 / 2021년 1회 기사]

① 0.229 ② 0.329
③ 0.429 ④ 0.529

해설 **전기화학당량**

전해반응 시 1[C]의 전기량에서 전극으로 석출하는 원자 또는 원자단의 질량

$$\text{화학당량} = \frac{\text{원자량}}{\text{원자가}} = \frac{63.54}{2} = 31.77$$

$$\text{전기화학당량} = \frac{\text{화학당량[g]}}{96{,}500[C]} = \frac{31.77}{96{,}500} \fallingdotseq 0.0003292[g/C] = 0.3292[mg/C]$$

06 전기화학공업에서 직류전원으로 요구되는 사항이 아닌 것은?

[2015년 2회 기사 / 2019년 4회 산업기사]

① 일정한 전류로서 연속운전에 견딜 것
② 효율이 높을 것
③ 고전압 저전류일 것
④ 전압 조정이 가능할 것

해설 **전기화학공업에 필요한 직류전원 조건**

- 저전압 대전류
- 일정한 전류로서 연속운전에 견딜 것
- 전압 조정이 가능하며 효율이 좋을 것
- 전력의 공급이 안정될 것

04 ② 05 ② 06 ③ 정답

07 전기화학용 직류전원의 요구 조건이 아닌 것은?

[2021년 4회 기사]

① 저전압 대전류일 것
② 전압 조정이 가능할 것
③ 일정한 전류로서 연속운전에 견딜 것
④ 저전류에 의한 저항손의 감소에 대응할 것

해설 **전기화학공업에 필요한 직류전원 조건**

- 저전압 대전류
- 일정한 전류로서 연속운전에 견딜 것
- 전압 조정이 가능하며 효율이 좋을 것
- 전력의 공급이 안정될 것
- 저항손이 적을 것

08 금속의 화학적 성질로 틀린 것은?

[2016년 2회 기사 / 2020년 4회 기사]

① 산화되기 쉽다.
② 전자를 잃기 쉽고, 양이온이 되기 쉽다.
③ 이온화 경향이 클수록 환원성이 강하다.
④ 산과 반응하고, 금속의 산화물은 염기성이다.

해설 **금속의 화학적 성질**

- 이온화 경향이 클수록 환원성이 떨어진다.
- 산화되기 쉽다.
- 전자를 잃기 쉽고 양이온이 되기 쉽다.
- 산과 반응하고 금속의 산화물은 염기성이다.

09 다음 중 금속의 이온화 경향이 가장 큰 것은?

[2015년 4회 산업기사 / 2018년 4회 산업기사]

① Ag ② Pb
③ Na ④ Sn

해설 **이온화 경향이 큰 순서**

K > Ba > Ca > Na > Mg > Al > Mn > Fe > Sn > Pb > Cu > Hg > Ag > Pt > Au

정답 07 ④ 08 ③ 09 ③

10 금속 중 이온화 경향이 가장 큰 물질은? [2017년 4회 산업기사]

① K ② Fe
③ Zn ④ Na

해설 **이온화 경향이 큰 순서**
K > Ba > Ca > Na > Mg > Al > Mn > Fe > Sn > Pb > Cu > Hg > Ag > Pt > Au

11 물을 전기분해하면 음극에서 발생하는 기체는? [2015년 2회 기사 / 2018년 2회 산업기사]

① 산 소 ② 질 소
③ 수 소 ④ 이산화탄소

해설 물($2H_2O$)을 직류로 전기분해하면 양극은 산소(O_2)가 발생되고, 음극은 수소($2H_2$)가 발생한다.

12 황산 용액에 양극으로 구리 막대, 음극으로 은 막대를 두고 전기를 통하면 은 막대는 구리색이 난다. 이를 무엇이라고 하는가? [2015년 2회 산업기사]

① 전기도금 ② 이온화 현상
③ 전기분해 ④ 분극 작용

해설 **전기도금**
- 도금할 금속을 양(+)극으로 하고 도금되는 금속을 음(−)극으로 하여 도금하고자 하는 금속 이온을 함유한 수용액 중에서 전기분해하여 음극으로 금속을 석출시키는 도금 방법이다.
- 양(+)극에 있는 구리가 음(−)극에 있는 은 막대로 이동하여 은 막대가 구리색이 나게 된다.

10 ① 11 ③ 12 ① 정답

13 다음 설명 중 틀린 것은? [2015년 2회 기사]

① 방전 가공을 이용하여 원형을 복제하는 것을 전주라 하며, 원형의 요철을 정밀하게 복제하는 곳에 사용된다.
② 전기도금은 도금하고자 하는 금속을 양극, 도금되는 금속을 음극으로 하고 음극으로 금속을 석출시키는 것이다.
③ 전해 연마는 연마하고자 하는 금속을 양극으로 하여 전기분해하는 것으로 금속 표면의 요철을 평활화한다.
④ 전열 화학의 장점은 높은 온도 제어가 가능하고, 열효율이 높으며 광범위한 온도를 얻을 수 있다.

해설
- 전주(전기주조) : 전기도금을 계속하여 두꺼운 금속층을 만든 후 원형을 떼어 내서 그대로 복제하는 것
- 전기도금 : 도금하고자 하는 금속을 양극, 도금되는 금속을 음극으로 하고 음극으로 금속을 석출시키는 것
- 전해 연마 : 연마하고자 하는 금속을 양극으로 하여 전기분해하는 것
- 전열 화학 : 높은 온도 제어가 가능하고 열효율이 높으며 광범위한 온도를 얻을 수 있음

14 전해 정제법이 이용되고 있는 금속 중 최대 규모로 행하여지는 대표 금속은?

[2015년 4회 산업기사 / 2018년 2회 산업기사]

① 철 ② 납
③ 구 리 ④ 망 간

해설 **전해 정제법**
- 전기분해를 이용하여 순수한 금속만을 음극에서 얻는 방법이다.
- 금속의 순도를 높인다.
- 주석, 금, 은, 구리 등을 정제하는데 구리가 가장 많다.

15 전해질용액의 도전율에 가장 큰 영향을 미치는 것은? [2021년 4회 기사]

① 전해질용액의 양 ② 전해질용액의 농도
③ 전해질용액의 빛깔 ④ 전해질용액의 유효단면적

해설 도전율은 전해액 농도에 비례한다.

정답 13 ① 14 ③ 15 ②

16 전기도금에 의해 원형과 같은 모양의 복제품을 만드는 것은? [2020년 3회 산업기사]

① 용융염 전해
② 전 주
③ 전해 정련
④ 전해 연마

해설 **전주(전기주조)**
전기도금을 계속하여 두꺼운 층을 만들고, 원형을 떼어 복제하는 방법(활자, 인쇄 원판, 레코드 원판)

17 금속의 전해 정제로 틀린 것은? [2016년 1회 기사]

① 전력소비가 적다.
② 순도가 높은 금속이 석출된다.
③ 금속을 음극으로 하고 순금속을 양극으로 한다.
④ 동(Cu)의 전해 정제는 H_2SO_4와 $CuSO_4$의 혼합 용액을 전해액으로 사용한다.

해설 **전해 정제**
- 전력소비가 적다.
- 순도가 높은 금속이 석출된다.
- 전기분해를 이용하여 순수한 금속만을 음극에서 석출하여 정제한다.
- 동(Cu)의 전해 정제는 H_2SO_4와 $CuSO_4$의 혼합 용액을 전해액으로 사용한다.

18 광석에 함유되어 있는 금속을 산 등으로 용해시킨 전해액으로 사용하여 캐소드에 순수한 금속을 전착시키는 방법은? [2017년 4회 산업기사]

① 전해 정제 ② 전해 채취
③ 식염 전해 ④ 용융점 전해

해설 **전해 채취**
광석에 함유되어 있는 금속을 산 등으로 용해시킨 전해액으로 사용하여 캐소드(음극)에 순수한 금속을 전착시키는 방법

16 ② 17 ③ 18 ② 정답

19 **식염전해에 대한 설명으로 틀린 것은?** [2022년 2회 기사]

① 제조법에는 격막법과 수은법이 있다.
② 염소, 수소와 수산화나트륨의 제조방법에 사용된다.
③ 수은법에서 전해조의 애노드는 흑연, 캐소드는 수은을 사용한다.
④ 격막법은 수은법보다 전류밀도가 크고 생산성이 높다.

해설 ④ 전류밀도는 수은법이 격막법보다 약 5~6배 크다.
① 식염전해법 : 격막법, 수은법, 이온교환막법
② 염화나트륨을 물에 녹인 수용액을 전기분해해서 수소, 염소, 수산화나트륨을 얻는다.
③ 수은법에서 전해조의 애노드는 흑연, 캐소드는 수은 사용

20 **전기분해로 제조되는 것은 어느 것인가?** [2015년 2회 산업기사]

① 암모니아 ② 카바이드
③ 알루미늄 ④ 철

해설 **알루미늄 제조**
보크사이트를 용해하여 순수한 산화 알루미늄을 만든 후 빙정석을 넣고 1,000[℃]로 전기분해하여 제조한다.

21 **금속을 양극으로 하고 음극은 불용성의 탄소 전극을 사용한 다음, 전기분해하면 금속 표면의 돌기 부분이 다른 표면 부분에 비해 선택적으로 용해되어 평활하게 되는 것은?**

[2020년 1, 2회 산업기사]

① 전 주 ② 전기 도금
③ 전해 정련 ④ 전해 연마

해설 **전해 연마**
금속을 양극으로 한 후 적당한 전해액 중에서 단시간 전류를 흘리면 돌기 부분이 먼저 분해된다(식기, 펜촉, 바늘, 터빈날개, 주사바늘 등).

정답 19 ④ 20 ③ 21 ④

22 공해 방지의 측면에서 대기 중에 부유하는 분진 입자를 포집하는 정화장치로 화력발전소, 시멘트 공장, 용광로, 쓰레기 소각장 등에 널리 이용되는 것은? [2017년 1회 기사]

① 정전기
② 정전 도장
③ 전해 연마
④ 전기 집진기

해설 **집진기**

화력발전소에서 먼지 제거로 사용된다.

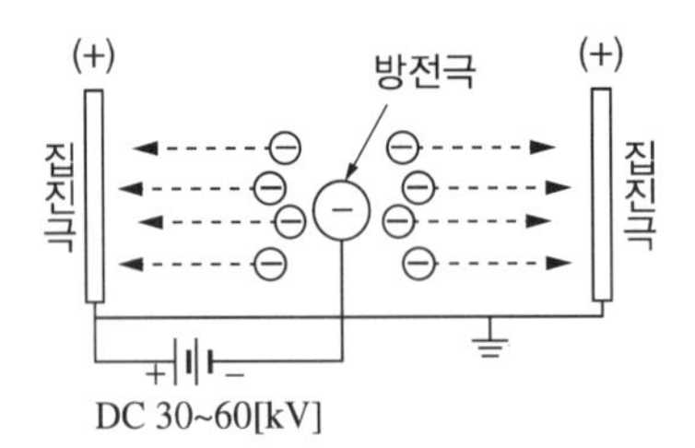

[전기식 집진기]

23 전기 집진기는 무엇을 이용한 것인가? [2016년 1회 산업기사]

① 자기력
② 전자기력
③ 유도기전력
④ 대전체 간의 정전기력

해설 22번 해설 참조

22 ④ 23 ④ 정답

3. 전 지

(1) 1차 전지 : 충전으로 구성 물질의 재생이 불가능한 전지

① 망간(망가니즈) 건전지(르클랑셰 전지) : 보통 건전지

㉠ 구 조

- 전해액 : 염화암모늄(NH_4Cl)
- 양극 : 탄소봉
- 음극 : 아연판
- 감극제 : 이산화망간(MnO_2)

㉡ 특 징

- 가격이 싸다.
- 연속적 사용에 적합하다.
- 급방전에 적합하지 않다.

㉢ 용도 : 전등용, 전화용, 라디오용

② 공기 전지

㉠ 구 조

- 전해액 : 수산화나트륨($NaOH$), 염화암모늄(NH_4Cl)
- 양극 : 탄소
- 음극 : 흑연
- 감극제 : 공기 중 산소(O_2)

㉡ 특 징

- 전압 변동률과 자체 방전이 작고 오래 저장할 수 있으며 가볍다.
- 방전 용량이 크고 처음 전압은 망간 건전지에 비해 약간 낮다.

㉢ 결 점

- 중부하 방전이 안 된다.
- 습식은 이동 휴대하기가 불편하다.

③ 수은 전지

㉠ 구 조

- 전해액 : 수산화칼륨(KOH) + 산화아연(ZnO)의 수용액
- 양극 : 산화수은(HgO)
- 음극 : 아연(Zn)
- 감극제 : 산화수은(HgO)

㉡ 특 징
- 소형, 고성능 용량
- 중량당 전기용량이 크다.
- 수명이 길다.
- 광범위 온도에서 동작, 고온 특성이 좋다.

㉢ 용도 : 보청기, 휴대용 라디오, 측정용 기기, 노출계

④ 표준 전지

㉠ 구 조
- 양극 : 수은(Hg)
- 음극 : 카드뮴(Cd)
- 감극제 : Hg_2SO_4

㉡ 종류 : 웨스턴 카드뮴 전지, 클라크 전지

⑤ 물리 전지 : 태양 전지, 원자력 전지, 열 전지

⑥ 리튬 전지

㉠ 특 징
- 자기 방전이 작다.
- 에너지 밀도가 높다.
- 전기의 기전력이 3[V]이다.
- 동작 온도 범위가 넓다.
- 장시간 사용이 가능하다.

㉡ 재 료
- 정극 물질 : 이산화망간(MnO_2)
- 부극 물질 : 리튬(Li)

(2) 2차 전지(축전지) : 전지를 충전하여 다시 사용할 수 있는 전지

① 납 축전지(용량 : 10[Ah])

㉠ 화학반응식

(양극)		(전해액)		(음극)	방전	(양극)		(전해액)		(음극)
PbO_2	+	$2H_2SO_4$	+	Pb	$\rightleftarrows$	$PbSO_4$	+	$2H_2O$	+	$PbSO_4$
적갈색					충전	회백색				회백색

㉡ 충전 시 비중 : 1.2~1.3
- 공칭전압 : 2[V/cell]

㉢ 특 징

- 효율이 좋다.
- 단시간에 대전류 공급이 가능하다.
- 알칼리 축전지에 비해 충전 용량이 크고 Cell(셀)당 공칭전압이 높다.
- 전해액의 비중에 의해 충・방전 상태를 추정할 수 있다.

※ 분극 작용 : 전압 강하 현상

- 원인 : 전지의 황산화(극판이 휘고 내부 저항 증가)
- 방지법 : 증류수 보충

② 알칼리 축전지(니켈-카드뮴 전지)(용량 : 5[Ah])

㉠ 화학반응식

- 융그너 축전지

$$\underset{(음극)}{Cd} + \underset{(양극)}{2Ni(OH)_3} \underset{충전}{\overset{방전}{\rightleftarrows}} Cd(OH)_2 + 2Ni(OH)_2$$

㉡ 구 조

- 양극 : NiOOH, $Ni(OH)_2$(수산화니켈)
- 음극 : 에디슨 전지 : Fe(철)
  융그너 전지 : Cd(카드뮴)
- 전해액 : KOH(수산화칼륨)

㉢ 공칭전압 : 1.2[V/cell]

㉣ 장 점

- 수명이 길다(충・방전 횟수).
- 진동에 강하다.
- 낮은 온도에 방전 특성이 양호하다.
- 높은 방전에 견딘다.

㉤ 단 점

- 내부 저항이 크다.
- 효율이 나쁘다.
- 전압 변동이 심하다.
- 값이 비싸다.

핵 / 심 / 예 / 제

01 **망간 건전지에 대한 설명으로 틀린 것은?** [2018년 4회 산업기사]

① 1차 전지이다.
② 공칭전압이 1.5[V]이다.
③ 음극으로 아연이 사용된다.
④ 양극으로 이산화망간이 사용된다.

해설 **망간 전지**
- 감극제 : 이산화망간(MnO_2)
- 양극 : 탄소봉
- 음극 : 아연(Zn)판
- 전해액 : 염화암모늄(NH_4Cl)

02 **음극에 아연, 양극에 탄소봉, 전해액은 염화암모늄을 사용하는 1차 전지는?** [2019년 4회 산업기사]

① 수은 전지
② 리튬 전지
③ 망간 건전지
④ 알칼리 건전지

해설 1번 해설 참조

03 **다음 중 1차 전지가 아닌 것은?** [2015년 4회 기사]

① 망간 건전지
② 공기 전지
③ 알칼리 축전지
④ 수은 전지

해설
- 1차 전지 : 사용 후 충전이 불가능한 건전지
- 2차 전지 : 사용 후 재충전이 가능한 축전지(알칼리 축전지, 납(연) 축전지)

01 전항정답 02 ③ 03 ③ 정답

04 망간 건전지에서 분극 작용에 의한 전압 강하를 방지하기 위하여 사용되는 감극제는?

[2016년 4회 산업기사 / 2020년 3회 산업기사]

① O_2
② HgO
③ MnO_2
④ $H_2Cr_2O_7$

해설 **망간 건전지의 감극제** : MnO_2

05 1차 전지 중 휴대용 라디오, 손전등, 완구, 시계 등에 매우 광범위하게 이용되고 있는 건전지는?

[2017년 2회 기사]

① 망간 건전지
② 공기 건전지
③ 수은 건전지
④ 리튬 건전지

해설 **망간 건전지(일반 건전지)**
- 제조가 쉽고 안정성이 뛰어나다.
- 휴대용 라디오, 손전등, 완구, 시계 등에 매우 광범위하게 이용된다.

06 공기 전지의 특징이 아닌 것은?

[2018년 1회 기사]

① 방전 시에 전압 변동이 적다.
② 온도차에 의한 전압 변동이 적다.
③ 내열, 내한, 내습성을 가지고 있다.
④ 사용 중의 자기 방전이 크고 오랫동안 보존할 수 없다.

해설 **공기 전지의 특징**
- 방전 시에 전압 변동이 적다.
- 온도차에 의한 전압 변동이 적다.
- 내열, 내한, 내습성을 가지고 있다.
- 사용 중의 자기 방전이 적어서 오랫동안 보전할 수 있다.

정답 04 ③ 05 ① 06 ④

07 자체 방전이 적고 오래 저장할 수 있으며 사용 중에 전압 변동률이 비교적 작은 것은?

[2016년 2회 기사]

① 공기 건전지
② 보통 건전지
③ 내한 건전지
④ 적층 건전지

해설 **공기 전지**
- 양극 : 탄소
- 음극 : 흑연
- 전해액 : 수산화나트륨, 염화암모늄
- 감극제 : 공기 중 산소
- 자체 방전이 적고 오래 저장할 수 있으며 사용 중의 전압 변동률이 비교적 작다.
- 방전 용량은 크고 처음 전압은 망간 건전지에 비해 약간 낮다.

08 공기 중의 산소를 전지의 감극제로 사용하는 건전지는?

[2016년 1회 산업기사]

① 표준 전지
② 일반 건전지
③ 내한 건전지
④ 공기 전지

해설 7번 해설 참조

07 ① 08 ④ 정답

09 **수은 전지의 특징이 아닌 것은?** [2019년 1회 기사]

① 소형이고 수명이 길다.
② 방전 전압의 변화가 적다.
③ 전해액은 염화암모늄(NH_4Cl) 용액을 사용한다.
④ 양극에 산화수은(HgO), 음극에 아연(Zn)을 사용한다.

해설 **수은 전지의 특징**
- 전해액 : 수산화칼륨(KOH) + 산화아연(ZnO)
- 양극 : 산화수은(HgO)
- 음극 : 아연(Zn)
- 보존 수명이 길다.
- 소형이고, 고성능으로 용량, 중량당 전기용량이 크다.
- 광범위한 온도에서 동작하고 특히 고온에서 특성이 좋다.
- 동작 전압은 매우 안정되어 변화가 적다.

10 **니켈-카드뮴(Ni-Cd) 축전지에 대한 설명으로 틀린 것은?** [2015년 1회 산업기사]

① 1차 전지이다.
② 전해액으로 수산화칼륨이 사용된다.
③ 양극에 수산화니켈, 음극에 카드뮴이 사용된다.
④ 탄광의 안전등 및 조명등으로 사용된다.

해설 니켈-카드뮴(Ni-Cd) 축전지(알칼리 축전지)는 충전이 가능한 2차 전지이다.

11 **다음 전지 중 물리 전지에 속하는 것은?** [2016년 4회 기사]

① 열 전지 ② 연료 전지
③ 수은 전지 ④ 산화은 전지

해설 **물리 전지**
- 열 전지
- 태양 전지
- 원자력 전지

정답 09 ③ 10 ① 11 ①

12 태양광선이나 방사선을 조사해서 기전력을 얻는 전지를 태양 전지, 원자력 전지라고 하는데 이것은 다음 어느 부류의 전지에 속하는가? [2016년 2회 산업기사]

① 1차 전지 ② 2차 전지
③ 연료 전지 ④ 물리 전지

해설 **물리 전지**
- 열 전지
- 태양 전지
- 원자력 전지

13 리튬 1차 전지의 부극 재료로 사용되는 것은? [2017년 4회 기사]

① 리튬염 ② 금속리튬
③ 불화카본 ④ 이산화망간

해설 **리튬 1차 전지**
- 정극 물질 : 이산화망간(MnO_2)
- 부극 물질 : 리튬(Li)

14 다음 1차 전지 중 음극(부극)물질이 다른 것은? [2022년 1회 기사]

① 공기 전지 ② 망간 건전지
③ 수은 전지 ④ 리튬 전지

해설
- 공기 전지, 망간 건전지, 수은 전지 : 음극 = 아연(Zn)
- 리튬 전지 : 음극 = 리튬(Li)

12 ④ 13 ② 14 ④ 정답

15 리튬 전지의 특징이 아닌 것은? [2018년 4회 기사]

① 자기 방전이 크다.
② 에너지 밀도가 높다.
③ 기전력이 약 3[V] 정도로 높다.
④ 동작 온도 범위가 넓고 장기간 사용이 가능하다.

해설 **리튬 전지의 특징**
- 자기 방전이 작다.
- 에너지 밀도가 높다.
- 전지의 기전력이 3[V] 정도이다.
- 동작 온도 범위가 넓다.
- 전지의 장기간 사용이 가능하다.

16 기전 반응을 하는 화학에너지를 전지 밖에서 연속적으로 공급하면 연속 방전을 계속할 수 있는 전지는? [2019년 2회 산업기사]

① 2차 전지
② 물리 전지
③ 연료 전지
④ 생물 전지

해설 **전지의 종류**
- 2차 전지 : 전지를 충전하여 재사용할 수 있는 전지 예 납(연) 축전지, 알칼리 축전지(니켈-카드뮴 전지)
- 물리 전지 : 반도체의 pn 접합면에 태양 광선이나 방사선을 조사해서 기전력을 얻는 방식의 전지 예 태양 전지, 원자력 전지, 열 전지
- 연료 전지 : 기전 반응을 하는 화학에너지를 전지 밖에서 연속적으로 공급하면 연속 방전을 계속할 수 있는 전지 예 용융탄산염 연료 전지, 고분자 전해질 연료 전지, 고체 산화물 연료 전지
- 생물 전지 : 효소나 미생물 등의 화학반응과 전기화학반응을 조합한 전지

17 2차 전지에 속하는 것은? [2018년 1회 산업기사]

① 공기 전지
② 망간 전지
③ 수은 전지
④ 연 축전지

해설
- 1차 전지 : 한 번 사용 후 재충전이 되지 않는 전지
- 2차 전지 : 사용 후에도 여러 번 충전하여 재사용이 가능한 전지 예 알칼리 축전지, 납(연) 축전지

정답 15 ① 16 ③ 17 ④

18 납 축전지에 대한 설명 중 틀린 것은?

[2016년 1회 기사]

① 충전 시 음극 : $PbSO_4 \rightarrow Pb$
② 방전 시 음극 : $Pb \rightarrow PbSO_4$
③ 충전 시 양극 : $PbSO_4 \rightarrow PbO$
④ 방전 시 양극 : $PbO_2 \rightarrow PbSO_4$

해설 **납(연) 축전지의 화학반응**

- 충전 시 : $PbSO_4 + 2H_2O + PbSO_4 \rightarrow PbO_2 + 2H_2SO_4 + Pb$
- 방전 시 : $PbO_2 + 2H_2SO_4 + Pb \rightarrow PbSO_4 + 2H_2O + PbSO_4$

19 연 축전지의 음극에 쓰이는 재료는?

[2022년 2회 기사]

① 납　　② 카드뮴
③ 철　　④ 산화니켈

해설
- 양극 : PbO_2(이산화납)
- 음극 : Pb(납)
- 전해액 : H_2SO_4(황산수소)

20 납 축전지의 특징으로 옳은 것은?

[2017년 1회 산업기사]

① 저온 특성이 좋다.
② 극판의 기계적 강도가 강하다.
③ 과방전, 과전류에 대해 강하다.
④ 전해액의 비중에 의해 충·방전 상태를 추정할 수 있다.

해설 **납(연) 축전지**

납 축전지의 기전력은 황산의 농도(비중) 증가에 따라 비례해서 증가한다. 따라서, 전해액의 비중에 의해 충·방전 상태를 추정할 수 있다.

18 ③ 19 ① 20 ④ 정답

21 납 축전지에 대한 설명 중 틀린 것은? [2016년 4회 산업기사]

① 공칭전압은 1.2[V]이다.
② 전해액으로 묽은 황산을 사용한다.
③ 주요 구성 부분은 극판, 격리판, 전해액, 케이스로 이루어져 있다.
④ 양극은 이산화납을 극판에 입힌 것이고 음극은 해면 모양의 납이다.

해설 납(연) 축전지의 공칭전압은 2[V]이다.

22 연 축전지(납 축전지)의 방전이 끝나면 그 양극(+극)은 어느 물질로 되는가? [2018년 1회 산업기사]

① Pb ② PbO
③ PbO_2 ④ $PbSO_4$

해설 납(연) 축전지의 화학반응
방전 시 : $PbO_2 + 2H_2SO_4 + Pb \rightarrow PbSO_4 + 2H_2O + PbSO_4$
즉, 방전이 끝난 후 양극은 $PbSO_4$로 바뀐다.

23 납 축전지가 충분히 방전했을 때 양극판의 빛깔은 무슨 색인가? [2016년 4회 산업기사]

① 청 색 ② 황 색
③ 적갈색 ④ 회백색

해설 납 축전지가 충분히 방전했을 때 양극판의 색깔은 회백색으로 변한다.

정답 21 ① 22 ④ 23 ④

24 납 축전지가 충분히 충전되었을 때 양극판은 무슨 색인가?

[2016년 2회 기사]

① 황 색 ② 청 색
③ 적갈색 ④ 회백색

해설 납 축전지가 충분히 충전되었을 때 양극판은 적갈색으로 변한다.

25 알칼리 축전지의 특성 및 성능을 바르게 나타낸 것은?

[2015년 2회 기사]

① 고율 방전 특성이 우수하며 연 축전지에 비하여 소형이다.
② 고율 방전 특성은 보통이나 연 축전지에 비하여 소형이다.
③ 고율 방전 특성이 우수하며 연 축전지보다 대형인 것이 장점이다.
④ 고율 방전 특성은 보통이나 연 축전지보다 대형인 것이 장점이다.

해설 **알칼리 축전지의 특징**

- 급격한 충전 및 방전 특성이 좋다.
- 납(연) 축전지에 비해서 크기가 작다.
- 진동에 강하다.
- 전해액의 농도 변화는 거의 없는 편이다.
- 축전지 수명이 긴 편이다.

26 알칼리 축전지의 특징에 대한 설명으로 틀린 것은?

[2015년 1회 기사]

① 전지의 수명이 납 축전지보다 길다.
② 진동, 충격에 강하다.
③ 급격한 충·방전 및 높은 방전율을 견디기 어렵다.
④ 소형 경량이며, 유지 관리가 편리하다.

해설 **알칼리 축전지의 특징**

- 수명이 길다.
- 진동에 강하다.
- 낮은 온도에 방전 특성이 양호하다.
- 높은 방전에 견딘다.

24 ③ 25 ① 26 ③ 정답

27 알칼리 축전지의 양극으로 사용되는 것은?

[2015년 4회 기사 / 2017년 2회 산업기사]

① 이산화납
② 아 연
③ 구 리
④ 수산화니켈

해설
- 양극 : 수산화니켈($Ni(OH)_2$)
- 음극
  - 에디슨 전지 : 철(Fe)
  - 융그너 전지 : 카드뮴(Cd)

28 알칼리 축전지의 전해액은?

[2017년 1회 산업기사]

① KOH
② PbO_2
③ H_2SO_4
④ NiOOH

해설 **전해액** : 수산화칼륨(KOH) 사용

29 알칼리 축전지에 대한 설명으로 옳은 것은?

[2017년 1회 기사]

① 전해액의 농도 변화는 거의 없다.
② 전해액은 묽은 황산용액을 사용한다.
③ 진동에 약하고 급속 충·방전이 어렵다.
④ 음극에 Ni 산화물, Ag 산화물을 사용한다.

해설 **알칼리 축전지의 특징**
- 급격한 충전 및 방전 특성이 좋다.
- 납(연) 축전지에 비해서 크기가 작다.
- 진동에 강하다.
- 전해액의 농도 변화는 거의 없는 편이다.
- 축전지 수명이 긴 편이다.

정답 27 ④ 28 ① 29 ①

30 알칼리 축전지에서 소결식에 해당하는 초급방전형은? [2015년 4회 기사 / 2021년 1회 기사]

① AM형
② AMH형
③ AL형
④ AH-S형

해설 **알칼리 축전지**
- AM형 : 포켓식 표준형
- AL형 : 포켓식 완방전형
- AMH형 : 포켓식 급방전형
- AH-S형 : 소결식 초급방전형

31 연료는 수소 H_2와 메탄올 CH_3OH가 사용되며 전해액은 KOH가 사용되는 연료 전지는? [2019년 4회 기사]

① 산성 전해액 연료 전지
② 고체 전해액 연료 전지
③ 알칼리 전해액 연료 전지
④ ~~용융~~염 전해액 연료 전지

해설 **알칼리 연료 전지(AFC ; Alkaline Fuel Cell)**
- 저온 100[℃] 이하에서 작동
- 전해질로 수산화칼륨(KOH) 수용액을 사용
- 연료는 수소(H_2), 산화제는 산소(O_2)를 사용

32 부식의 문제가 없고 전류밀도가 높아 자동차나 군사용의 특수 목적으로 사용되는 연료 전지는? [2018년 2회 기사]

① 인산형(PAFC) 연료 전지
② 고체전해질형(SOFC) 연료 전지
③ ~~용융~~탄산염형(MCFC) 연료 전지
④ 고체고분자형(SPEFC) 연료 전지

해설 **고체고분자형(SPEFC) 연료 전지**
부식의 문제가 없고 전류밀도가 높아 자동차나 군사용의 특수 목적으로 사용되는 연료 전지

30 ④ 31 ③ 32 ④ 정답

4. 충전 방식

① **보통충전** : 필요한 경우마다 표준 시간율로 소정의 충전을 하는 것

② **급속충전** : 비교적 단시간에 보통충전 전류의 2~3배로 충전하는 것

③ **부동충전** : 전지의 자기 방전을 보충하는 동시에 상용부하에 대한 전력 공급은 충전기가 부담하는 방식으로 충전기가 부담하기 어려운 일시적 대부하 전류는 축전지가 부담하는 것

④ **세류충전(트리클)** : 자기 방전양만 항상 충전하는 부동충전 방식의 일종

⑤ **균등충전** : 부동충전 방식을 사용할 때 각 전해조에 일어나는 전위차를 보정하기 위해 1~3개월마다 1회 정전압으로 10~12시간 충전

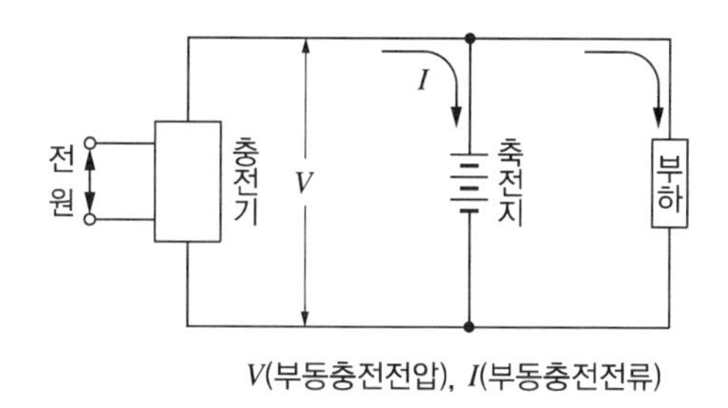

V(부동충전전압), I(부동충전전류)

5. 축전지 용량

$$C = \frac{1}{L} KI[\text{Ah}]$$

여기서, C : 축전지 용량[Ah]

L : 보수율(0.8)

K : 용량환산시간계수

I : 방전전류

※ 축전지의 설페이션(Sulfation) 현상

- 설페이션은 축전지 극판이 황산납 결정체가 되는 것으로, 축전지를 방전 상태로 장기간 방치하면 극판이 불활성 물질로 덮이는 현상을 말한다.
- 설페이션 현상의 원인
  - 축전지를 과방전하였을 경우
  - 축전지를 장기간 방전 상태로 방치하였을 경우
  - 전해액의 비중이 너무 낮을 경우
  - 전해액이 부족하여 극판이 노출되었을 경우
  - 전해액에 불순물이 혼입되었을 경우
  - 불충분한 충전을 반복하였을 경우 등
- 설페이션으로 인해 나타나는 현상
  - 극판이 회색으로 변하고 극판이 휘어진다.
  - 충전 시 전해액의 온도 상승이 크고 비중 상승이 낮으며 가스의 발생이 심하다.

※ 분극 작용

- 볼타의 전지 양극에 부하를 접속하여 전류를 꺼내면 음극(동판)에서 발생한 수소 가스가 거품으로 되어 표면에 붙기 때문에 동판과 용액의 접촉 면적이 감소하여 전지의 내부 저항이 증가하게 된다. 그리고 수소 가스가 수소 이온 H^+로 되돌아가려고 하여 역기전력을 발생하므로 전지의 기전력은 감소한다. 이러한 현상을 분극 작용 또는 성극 작용이라 한다.
- 분극 작용을 방지하려면 전극상의 수소를 제거하기 위해 감극제를 사용하면 된다.

※ 국부 작용

- 그림과 같은 축전지에서 외부에 전류를 공급하고 있지 않은 경우, 전극에 사용하고 있는 아연판의 불순물과 아연이 국부 전지를 만들어 단락전류를 흘리기 때문에 자기 방전을 한다. 이것을 국부 작용이라고 한다.
- 국부 작용을 방지하려면 순수한 아연판을 사용하거나 아연판에 수은 도금을 하면 된다.

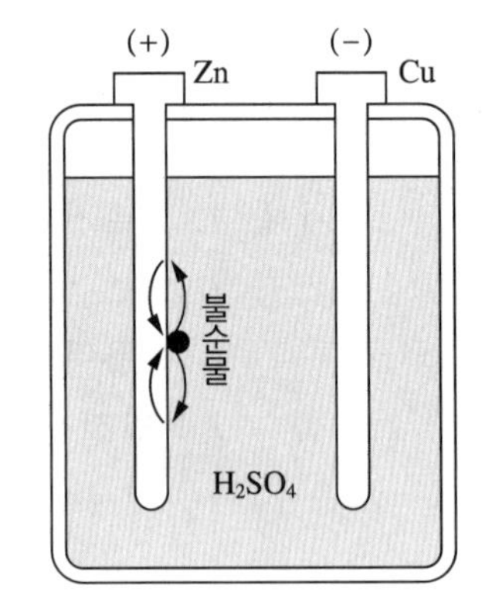

핵 / 심 / 예 / 제

01 자기 방전량만을 항시 충전하는 부동충전 방식의 일종인 충전 방식은?

[2017년 4회 기사 / 2021년 2회 기사]

① 세류충전　　② 보통충전
③ 급속충전　　④ 균등충전

해설 **축전지의 충전 방식**

- 세류충전
  - 자기 방전량만을 항시 충전시키는 방식
  - 부동충전 방식의 일종
- 보통충전
  - 일반적인 충전 방식
  - 필요할 때마다 표준 시간율로 소정의 전류로 충전하는 방식
- 급속충전 : 규격의 전류값보다 큰 전류를 흐르게 하여 짧은 시간에 충전하는 방식
- 균등충전 : 단전지의 단자전압이나 전해액 비중의 불균등을 보정하기 위해 보통 충전이 완료된 뒤에도 계속해서 2~5시간 동안 과충전하는 것

02 축전지의 용량을 표시하는 단위는?

[2019년 1회 산업기사]

① [J]　　② [Wh]
③ [Ah]　　④ [VA]

해설 충전한 축전지를 방전했을 때 규정 전압으로 내려갈 때까지 낼 수 있는 전기량으로 보통 암페어시 [Ah]로 나타낸다.

03 일정한 전압을 가진 전지에 부하를 걸면 단자전압이 저하되는 원인은?

[2017년 2회 기사]

① 주위 온도　　② 분극 작용
③ 이온화 경향　　④ 전해액의 변색

해설 **분극 작용**

- 전지를 사용하면서 수소 가스가 발생되는데, 이 수소 가스가 전극에 부착되면서 저항이 증가되어 역기전력이 발생하여 전지의 기전력이 저하되는 현상이다.
- 일정한 전압을 가진 전지에 부하를 걸면 단자전압이 저하되는 원인으로 작용한다.

정답 01 ①　02 ③　03 ②

04 **전지의 자기 방전이 일어나는 국부 작용의 방지 대책으로 틀린 것은?** [2018년 1회 기사]

① 순환 전류를 발생시킨다.
② 고순도의 전극재료를 사용한다.
③ 전극에 수은도금(아말감)을 한다.
④ 전해액에 불순물 혼입을 억제시킨다.

해설 **국부 작용의 방지 대책**
- 고순도의 전극재료를 사용
- 전극에 수은도금(아말감) 처리
- 전해액에 불순물 혼입을 억제

05 **축전지의 충전 방식 중 전지의 자기 방전을 보충함과 동시에, 상용부하에 대한 전력 공급은 충전기가 부담하되 비상 시 일시적인 대부하 전류는 축전지가 부담하도록 하는 충전 방식은?** [2020년 3회 기사 / 2021년 4회 기사]

① 보통충전
② 급속충전
③ 균등충전
④ 부동충전

해설 **부동충전 방식**
충전기와 축전지를 병렬로 조합하여 부하에 공급하는 방식으로 상시 일정 부하를 충전기가 공급하고 일시적인 대전류를 축전지가 부담하는 방식

06 **전기화학반응을 실제로 일으키기 위해 필요한 전극 전위에서 그 반응의 평형 전위를 뺀 값을 과전압이라고 한다. 과전압의 원인으로 틀린 것은?** [2020년 1, 2회 기사]

① 농도 분극
② 화학 분극
③ 전류 분극
④ 활성화 분극

해설 **과전압의 발생 원인** : 농도 분극, 화학 분극, 활성화 분극

04 ① 05 ④ 06 ③ 정답

07 축전지를 사용할 때 극판이 휘고 내부 저항이 매우 커져서 용량이 감퇴되는 원인은?

[2015년 4회 산업기사]

① 전지의 황산화
② 과도 방전
③ 전해액의 농도
④ 감극 작용

해설 **축전지의 황산화 현상**

- 납(연) 축전지를 방전 상태로 오랫동안 방치해 두면 극판에 백색의 황산납이 생기는 현상
- 극판이 휘어지고 내부 저항이 증가한다.

08 전지에서 자체 방전 현상이 일어나는 것은 다음 중 어느 것과 가장 관련이 있는가?

[2015년 1회 산업기사]

① 전해액 고유저항
② 이온화 경향
③ 불순물 혼합
④ 전해액 농도

해설 **전지의 자기 방전**

- 아연 음극이나 전해액에 불순물이 섞이면 국부전류가 발생한다.
- 국부전류로 인해 전극이 부분적으로 용해되면서 자체 방전이 일어나고 결국 전지의 수명이 짧아진다.

정답 07 ① 08 ③

06 자동제어

1. 자동제어계

(1) 폐회로 제어계의 구성

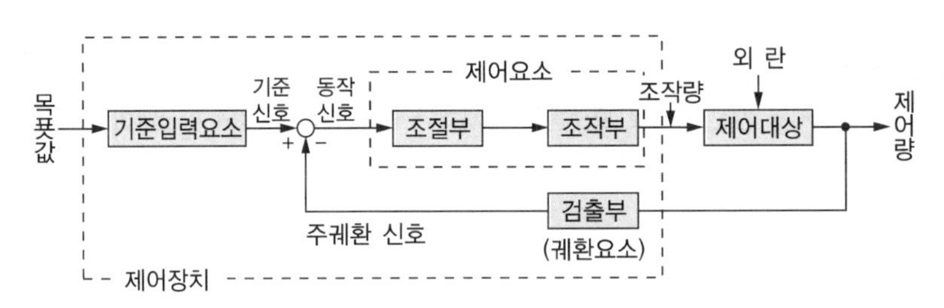

(2) 자동제어계의 분류

① 제어량의 종류에 따른 분류

㉠ 서보기구 : 물체의 위치, 방위, 자세 등의 기계적인 변위를 제어량으로 하는 제어계
예 비행기, 선박 방향제어계, 추적용 레이더, 자동평형기록계

㉡ 프로세서제어 : 온도, 유량, 압력, 밀도, 액위, 농도 등의 공업용 프로세서의 상태량을 제어량으로 하는 제어계

㉢ 자동조정 : 전압, 전류, 속도, 주파수 등을 제어량으로 하는 것 예 발전기의 조속기제어, 정전압장치

② 제어량의 시간적 성질에 따른 분류

㉠ 정치제어 : 목푯값이 시간에 대하여 변화하지 않는 제어로서 프로세스제어 또는 자동조정이 이에 속함

㉡ 추치제어

- 프로그램제어 : 미리 정해진 프로그램에 따라 제어량을 변화시키는 것을 목적으로 함 예 열차의 무인운전, 엘리베이터
- 추종제어 : 미지의 임의의 시간적 변화를 하는 목푯값에 제어량을 추종시키는 것을 목적으로 함 예 대공포의 포신제어, 자동아날로그 선반 등
- 비율제어 : 목푯값이 다른 양과 일정한 비율 관계를 가지고 변화하는 경우의 제어 예 보일러 자동연소제어, 암모니아 합성프로세스제어

③ 조절부 동작에 따른 분류

㉠ On-off동작 : 사이클링(Cycling), 오프셋(잔류편차)을 일으킨다(불연속 제어).

㉡ 비례동작(P동작) : 사이클링은 없으나 오프셋(잔류편차)을 일으킨다.

㉢ 적분동작(I동작) : 오프셋(잔류편차)을 소멸시킨다.

㉣ 미분동작(D동작) : 오차가 커지는 것을 미연에 방지한다.

㉤ 비례적분동작(PI동작) : 제어결과가 진동하기 쉽다.

전달함수 $G(s) = K_p\left(1 + \frac{1}{T_i S}\right)$

㉥ 비례미분동작(PD동작) : 속응성을 개선한다.

전달함수 $G(s) = K_p(1 + T_d S)$

㉦ 비례적분미분동작(PID동작) : 정상 특성과 응답 속응성을 동시에 개선한다.

전달함수 $G(s) = K_p\left(1 + T_d S + \frac{1}{T_i S}\right)$

여기서, K_p : 비례감도, T_d : 미분시간 = 레이트시간, T_i : 적분시간

핵 / 심 / 예 / 제

01 **제어요소는 무엇으로 구성되는가?** [2016년 1회 산업기사]

① 검출부 ② 검출부와 조절부
③ 검출부와 조작부 ④ 조작부와 조절부

해설 **폐회로 제어계의 구성**

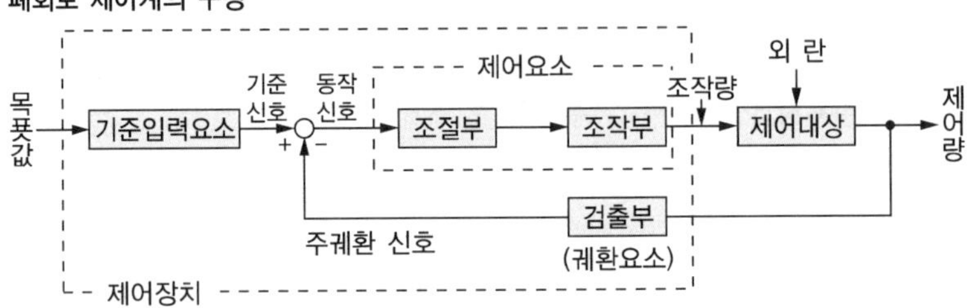

02 **제어대상을 제어하기 위하여 입력에 가하는 양을 무엇이라 하는가?**
[2015년 1회 산업기사 / 2018년 2회 산업기사 / 2020년 3회 산업기사]

① 변환부 ② 목푯값
③ 외 란 ④ 조작량

해설 1번 해설 참조

03 **전열기를 사용하여 방 안의 온도를 23[℃]로 일정하게 유지하려고 할 경우 제어대상과 제어량을 바르게 연결한 것은?** [2015년 1회 산업기사]

① 제어대상 : 방, 제어량 : 23[℃]
② 제어대상 : 방, 제어량 : 방 안의 온도
③ 제어대상 : 전열기, 제어량 : 23[℃]
④ 제어대상 : 전열기, 제어량 : 방 안의 온도

해설 전열기(제어요소)를 사용하여 방(제어대상)의 온도(제어량)를 23[℃]로 일정하게 유지한다.

01 ④ 02 ④ 03 ② 정답

04 **물체의 위치, 방위, 자세 등의 기계적 변위를 제어량으로 하는 것은?** [2018년 2회 산업기사]

① 자동조정 ② 서보기구
③ 시퀀스제어 ④ 프로세스제어

해설 **서보기구**
기계적 변위를 제어량으로 해서 목푯값의 변화에 추종하는 제어(물체의 위치, 방위(각도), 자세 등을 제어)

05 **물체의 위치, 방위, 자세 등의 기계적 변위를 제어량으로 하는 것은?**
[2018년 4회 산업기사 / 2019년 2회 산업기사 / 2020년 1, 2회 산업기사]

① 서보기구 ② 자동조정
③ 프로그램제어 ④ 프로세스제어

해설 4번 해설 참조

06 **프로세스제어에 속하지 않는 것은?** [2016년 2회 산업기사 / 2018년 1회 산업기사]

① 위 치 ② 온 도
③ 압 력 ④ 유 량

해설 **제어량의 종류에 의한 분류**
- 서보기구 : 기계적 변위를 제어량으로 해서 목푯값의 변화에 추종하는 제어(물체의 위치, 방위(각도), 자세 등을 제어)
- 프로세스제어 : 생산 공장에서 주로 사용하는 제어(온도, 압력, 유량, 밀도 등을 제어)

07 **자동제어에서 제어량에 의한 분류인 것은?** [2017년 2회 산업기사]

① 정치제어 ② 연속제어
③ 불연속제어 ④ 프로세스제어

해설 **제어량의 종류에 의한 분류** : 프로세스제어, 서보기구, 자동조정

정답 04 ② 05 ① 06 ① 07 ④

08 목푯값이 시간에 따라 변화하지 않는 제어는? [2019년 2회 산업기사]

① 정치제어 ② 비율제어
③ 추종제어 ④ 프로그램제어

해설 **목푯값의 시간적 성질에 의한 분류**
- 정치제어 : 목푯값이 시간이 지나도 변화하지 않고 일정한 대상을 제어(프로세스제어, 자동조정이 이에 해당)
- 추치제어 : 목푯값이 시간이 경과할 때마다 변화는 대상을 제어(추종제어, 프로그램제어, 비율제어가 이에 해당)

09 자동제어의 추치제어에 속하지 않는 것은? [2016년 4회 산업기사]

① 추종제어 ② 비율제어
③ 프로그램제어 ④ 프로세스제어

해설 8번 해설 참조

10 열차의 무인운전과 같이 미리 정해진 시간적 변화에 따라 정해진 순서대로 제어하는 방식은?

[2017년 4회 산업기사 / 2019년 1회 산업기사]

① 추종제어 ② 비율제어
③ 정치제어 ④ 프로그램제어

해설 **프로그램제어**
미리 정해진 절차에 따라 제어하는 것 예 엘리베이터 운전, 열차의 무인운전

08 ① 09 ④ 10 ④ 정답

11 잔류편차가 발생하는 제어 방식은?

[2018년 1회 산업기사]

① 비례제어　　② 적분제어

③ 비례적분제어　　④ 비례적분미분제어

해설 **조절부의 동작에 의한 분류**

- 비례제어(P제어)
  - 검출값 편차에 비례하여 조작부를 제어하는 것
  - 오차가 크고 동작 속도가 느림
  - 잔류편차 발생
  - 전달함수 : $G(s)=K$ (단, K : 비례감도)
- 미분제어(D제어)
  - 오차가 검출될 때 오차가 변화하는 속도에 대응하여 미분제어
  - 오차가 커지는 것을 미연에 방지함
  - 전달함수 : $G(s)=T_dS$ (단, T_d : 미분시간)
- 적분제어(I제어)
  - 오차가 검출될 때 오차에 해당되는 면적을 계산하기 위해 적분제어
  - 잔류편차(오차)를 제거하여 정확도를 높임
  - 전달함수 $G(s)=\frac{1}{T_iS}$ (단, T_i : 적분시간)
- 비례미분제어(PD제어)
  - 비례제어의 속도가 느린 점을 보완하기 위해 미분동작을 부가한 것
  - 제어장치의 응답 속응성을 높임
  - 전달함수 : $G(s)=K(1+T_dS)$
- 비례적분제어(PI제어)
  - 비례제어의 오차가 큰 점을 보완하기 위해 적분동작을 부가한 것
  - 제어장치의 정확도를 높임
  - 전달함수 : $G(s)=K\left(1+\frac{1}{T_iS}\right)$
- 비례적분미분제어(PID제어)
  - PI 동작에 미분동작(D제어)을 추가한 제어
  - 제어장치의 정확도 및 응답 속응성까지 개선시킴
  - 전달함수 : $G(s)=K\left(1+\frac{1}{T_iS}+T_dS\right)$

12 조절계의 조절요소에서 비례미분에 관한 기호는?

[2015년 2회 산업기사]

① P　　② PD

③ PI　　④ PID

해설 11번 해설 참조

정답 11 ① 12 ②

13 **조절부의 전달특성이 비례적인 특성을 가진 제어시스템으로서 조절부의 입력이 주어지고 그 결과로 조절부의 출력을 만들어 내는 동작은?** [2019년 4회 산업기사]

① 비례동작 ② 적분동작
③ 미분동작 ④ 불연속동작

해설
- 연속동작
  - 비례동작(P동작) : 입력인 편차에 대하여 조작량의 출력 변화가 일정한 비례관계가 있는 동작
  - 적분동작(I동작) : 조작량이 동작 신호의 적분값에 비례하는 동작
  - 미분동작(D동작) : 입력시간 미분값에 비례하는 크기의 출력을 내는 제어동작
- 불연속동작
  - 2위치 동작(On/Off 동작) : 조작량이 2개의 정해진 값 중 어느 하나를 택하는 동작

14 **자동제어에서 검출장치로 소형 직류발전기를 사용하여 무엇을 검출하는가?** [2017년 1회 산업기사]

① 속 도 ② 온 도
③ 위 치 ④ 방 향

해설 자동제어에서 속도 검출 방법
- 소형 직류발전기
- 주파수 검출기
- 스피더

13 ① 14 ① 정답

15 **제어기의 요소 중 기계적 요소에 포함되지 않는 것은?** [2019년 1회 산업기사]

① 스프링
② 벨로스
③ 래더 다이어그램부
④ 노즐 플래퍼

해설 **제어기의 요소**

- 기계적 요소 : 스프링, 다이어프램, 벨로스, 노즐, 스로틀, 대시포트, 파이트, 피스톤 등. 그 밖에 조립된 것으로는 노즐 플래퍼, 다이어프램 밸브, 유압분사관, 서보 전동기 등
- 전기적 요소 : 전자석, 코일, 계전기, 열전대, 진공관, 전동기

※ 래더 다이어그램은 전기적 요소이다.

16 **생산 공정이나 기계장치 등에 이용하는 자동제어의 필요성이 아닌 것은?** [2018년 4회 산업기사]

① 노동 조건의 향상
② 제품의 생산 속도를 증가
③ 제품의 품질 향상, 균일화, 불량품 감소
④ 생산 설비에 일정한 힘을 가하므로 수명 감소

해설 생산 공정 등의 제품을 제조하는 공장의 제어는 수시로 변동하는 힘을 가하는 제어의 방식을 적용하여야 한다.

정답 15 ③ 16 ④

2. 전달함수

(1) **정의** : 모든 초깃값을 0으로 한 상태에서 입력라플라스에 대한 출력라플라스 비를 전달함수라 한다.

$$R(s) \longrightarrow \boxed{G(s)} \longrightarrow C(s)$$

$$\therefore \ G(s) = \frac{\mathcal{L}[C(t)]}{\mathcal{L}[r(t)]} = \frac{C(s)}{R(s)}$$

(2) **직렬회로의 전달함수** : 입력임피던스에 대한 출력임피던스와의 비를 말한다.

- 소자에 따른 임피던스

$R \Rightarrow R[\Omega]$, $L \Rightarrow LS[\Omega]$, $C \Rightarrow \dfrac{1}{CS}[\Omega]$

(3) **병렬회로의 전달함수** : 합성어드미턴스의 역수값, 즉 합성임피던스를 구한다.

- 소자에 따른 어드미턴스

$R \Rightarrow \dfrac{1}{R}[\mho]$, $L \Rightarrow \dfrac{1}{LS}[\mho]$, $C \Rightarrow CS[\mho]$

(4) **제어요소의 전달함수**

① 비례요소 $G(s) = \dfrac{C(s)}{R(s)} = K$ (K : 이득정수)

② 미분요소 $G(s) = \dfrac{C(s)}{R(s)} = KS$

③ 적분요소 $G(s) = \dfrac{C(s)}{R(s)} = \dfrac{K}{S}$

④ 1차 지연요소 $G(s) = \dfrac{C(s)}{R(s)} = \dfrac{K}{TS+1}$

⑤ 2차 지연요소 $G(s) = \dfrac{C(s)}{R(s)} = \dfrac{K\omega_n^2}{S^2 + 2\delta\omega_n S + \omega_n^2}$

(δ : 감쇠계수 또는 제동비, ω_n : 고유주파수)

⑥ 부동작시간요소 $G(s)=\dfrac{C(s)}{R(s)}=Ke^{-LS}$ (L : 부동작시간)

※ 전달함수의 성질

- 제어시스템의 초기 조건은 0으로 한다.
- 제어시스템의 전달함수는 S만의 함수로 표시된다.
- 전달함수는 선형시스템에만 적용되고 비선형시스템에는 적용되지 않는다.
- 전달함수는 시스템의 입력과는 무관하다.

3. 블록선도와 신호흐름선도에 의한 전달함수

① **직렬결합** : 전달요소의 곱으로 표현한다.

$R(s)$ → $G_1(s)$ → $G_2(s)$ → $C(s)$

$$G(s)=\frac{C(s)}{R(s)}=G_1(s)\cdot G_2(s)$$

② **병렬결합** : 가합점의 부호에 따라 전달요소를 더하거나 뺀다.

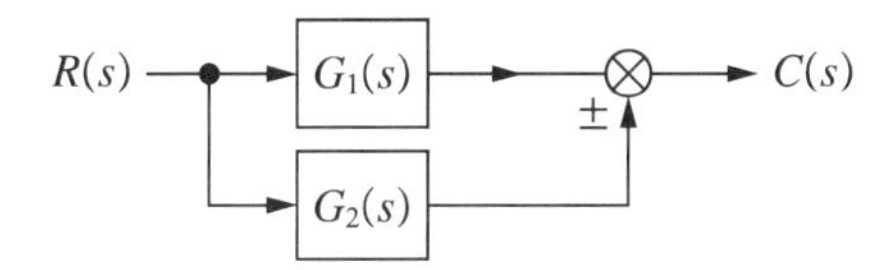

$$G(s)=\frac{C(s)}{R(s)}=G_1(s)\pm G_2(s)$$

③ **피드백 결합** : 출력신호 $C(s)$의 일부가 요소 $H(s)$를 거쳐 입력 측에 피드백(Feedback) 되는 결합 방식이며, 그 합성전달함수는 다음과 같다.

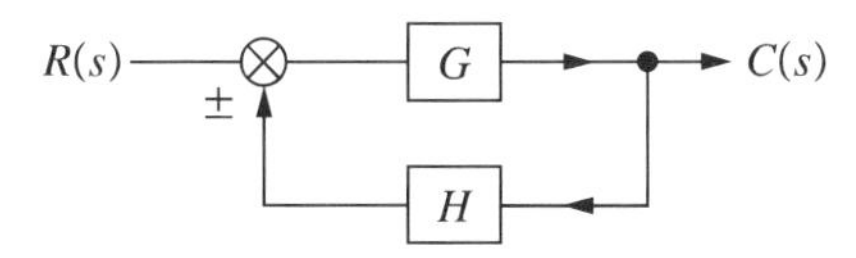

$$G(s)=\frac{C(s)}{R(s)}=\frac{G}{1\mp GH}=\frac{\sum \text{전향경로이득}}{1-\sum \text{루프이득}}$$

④ 신호흐름선도

㉠ 피드백 전달함수

- Pass : 입력에서 출력으로 가는 방법
- Loop : Feedback

$$G(s) = \frac{P_1 + P_2 + P_3}{1 - L_1 - L_2 - \cdots}$$

예

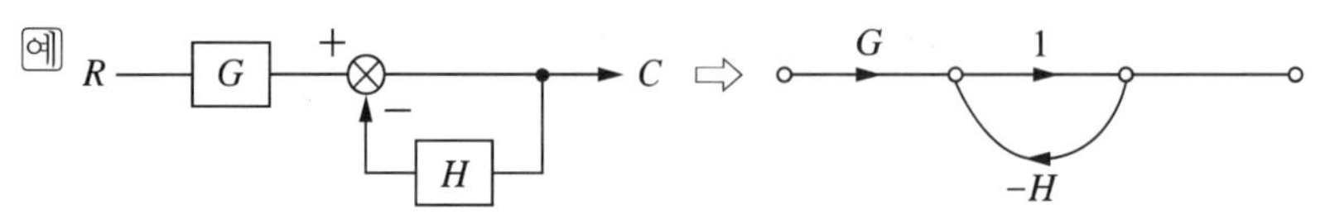

- Pass : G
- Loop : $-H$

$$\therefore \ G(s) = \frac{G}{1+H}$$

핵심예제

01 적분요소의 전달함수는? [2017년 4회 산업기사 / 2020년 3회 산업기사]

① K ② TS

③ $\frac{1}{TS}$ ④ $\frac{K}{1+TS}$

해설 **전달함수의 종류**

- 비례요소 : 입력신호 $R(s)$에 대하여 출력신호 $C(s)$가 어떤 이득상수 K에 비례해서 나타나는 제어장치의 전달함수요소이다.

  $C(s)=R(s)\cdot G(s)\ \rightarrow\ G(s)=\frac{C(s)}{R(s)}=K$
- 미분요소 : 입력신호 $R(s)$에 대하여 출력신호 $C(s)$가 어떤 미분동작 KS에 의해서 나타나는 제어장치의 전달함수요소이다.

  $G(s)=\frac{C(s)}{R(s)}=KS$
- 적분요소 : 입력신호 $R(s)$에 대하여 출력신호 $C(s)$가 어떤 적분동작 $\frac{K}{S}$에 의해서 나타나는 제어장치의 전달함수요소이다.

  $G(s)=\frac{C(s)}{R(s)}=\frac{K}{S}$
- 1차 지연요소 : 입력신호 $R(s)$에 대하여 출력신호 $C(s)$가 $\frac{K}{TS+1}$ 만큼 함수적으로 지연되어 나타나는 제어장치의 전달함수요소이다.

  $G(s)=\frac{C(s)}{R(s)}=\frac{K}{TS+1}$
- 부동작시간요소 : 입력신호 $R(s)$에 대하여 출력신호 $C(s)$가 어떤 영향도 받지 않는 제어장치의 전달함수요소이다.

  $G(s)=\frac{C(s)}{R(s)}=Ke^{-LS}$

정답 01 ③

02 다음 회로에서 입력전압 e_i[V]와 출력전압 e_0[V] 사이의 전달함수 $G(s)$는?

[2019년 4회 산업기사]

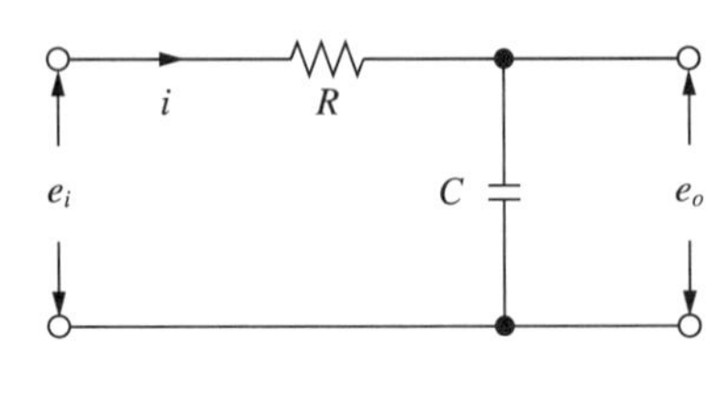

① $1+\dfrac{R}{CS}$　　② $1+\dfrac{1}{RS}$

③ $\dfrac{1}{RCS+1}$　　④ $\dfrac{1}{RCS^2+1}$

해설 전압비 전달함수는 임피던스의 비이므로

전달함수 $G(s)=\dfrac{\dfrac{1}{CS}I(s)}{\left(R+\dfrac{1}{CS}\right)I(s)}=\dfrac{1}{RCS+1}$

03 피드백 제어(Feedback Control)에 꼭 있어야 할 장치는?

[2017년 2회 산업기사 / 2020년 1, 2회 산업기사]

① 출력을 검출하는 장치
② 안정도를 좋게 하는 장치
③ 응답속도를 빠르게 하는 장치
④ 입력과 출력을 비교하는 장치

해설 **제어계의 종류**

- 개회전 제어계
  - 입력이 적당한 제어량으로 변환되어 곧바로 출력으로 나타나는 제어계이다.
  - 구조는 간단하지만, 오차가 크다.

  입 력 → 제어장치 → 제어대상 → 출 력
- 폐회전 제어계
  - 출력신호를 다시 검출하여 부궤환시켜 입력과 비교한 후 제어요소에서 오차를 보정한 후 출력으로 내보내는 제어계이다.
  - 구조는 다소 복잡하지만, 오차가 작다.

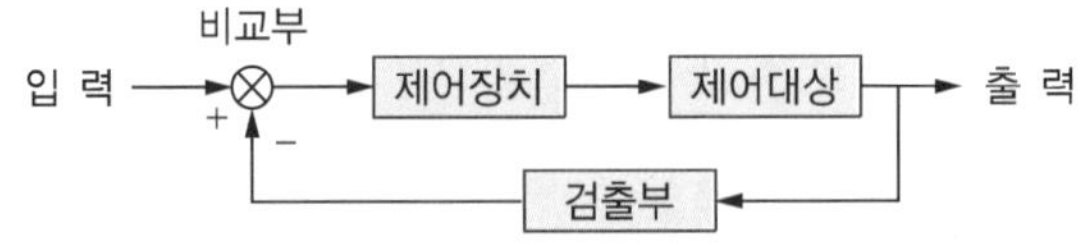

  - 폐회전 제어계(부궤환 제어계)에서는 오차를 보정하기 위해 입력과 출력을 비교하는 비교부가 필수적인 구성요소이다.

02 ③ 03 ④ 정답

04 블록선도에서 $\frac{C}{R}$는 얼마인가? [2016년 4회 산업기사]

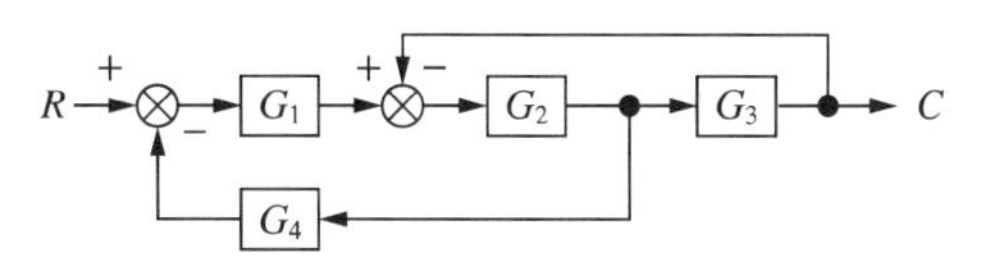

① $\frac{G_4}{1+G_1+G_2G_3G_4}$

② $\frac{G_2G_3}{1+G_1G_2+G_3G_4}$

③ $\frac{G_1G_2G_3}{1+G_2G_3+G_1G_2G_4}$

④ $\frac{G_2G_3G_4}{1+G_1G_2+G_1G_2G_3G_4}$

해설

$P=G_1G_2G_3$

$L_1=-G_2G_3$

$L_2=-G_1G_2G_4$

$G(s)=\frac{C}{R}=\frac{G_1G_2G_3}{1+G_2G_3+G_1G_2G_4}$

05 $t\sin\omega t$의 라플라스 변환은? [2017년 1회 산업기사]

① $\frac{\omega}{s^2+\omega^2}$

② $\frac{\omega^2}{s^2+\omega^2}$

③ $\frac{\omega s}{(s^2+\omega^2)^2}$

④ $\frac{2\omega s}{(s^2+\omega^2)^2}$

해설

$\mathcal{L}[t\sin\omega t]=(-1)\frac{d}{ds}[\mathcal{L}(\sin\omega t)]=-\frac{d}{ds}\left(\frac{\omega}{s^2+\omega^2}\right)=-\frac{-2\omega s}{(s^2+\omega^2)^2}=\frac{2\omega s}{(s^2+\omega^2)^2}$

정답 04 ③ 05 ④

07 전력용 반도체

1. 전기재료

전기의 재료에는 도체, 반도체 및 절연체가 있다. 도체의 저항, 그 재료와 형상에 따라 차이가 있다. 어떤 재료에 있어서 1[m^3]의 입방체의 대향 면 사이의 전기저항을 저항률이라 한다. 도체의 저항은 온도가 상승하면 증가하는 성질이 있고, 그 증가하는 비율을 저항 온도계수라 한다. 전기가 잘 통하는 것을 도체라 하고, 전기가 거의 통하지 않게 하는 것을 절연체 또는 부도체라 한다. 실리콘이나 게르마늄(저마늄) 등은 저온에서는 저항이 크지만, 온도가 높아지면 저항이 감소하는 성질이 있다. 이와 같은 것을 반도체라 말한다.

① 도체 : 금, 은, 동, 알루미늄, 철 등의 금속

② 반도체 : 실리콘, 게르마늄(저마늄), 셀렌(셀레늄) 등

③ 절연체 : 고무, 수지, 면포, 견포, 대리석, 글라스, 운모, 공기 등

2. 반도체의 성질

(1) 성 질

① 반도체의 저항률은 도체보다는 높고 절연물보다는 훨씬 낮다.

② 저항률이 10^6[Ω·m]에서 10^{-6}[Ω·m] 정도의 물질 중 다음과 같은 성질을 갖는 것을 반도체(Semi-conductor)라 한다.

㉠ 전기저항이 저온에서 크고 온도 상승에 따라서 감소되는 것 같은 부의 온도계수를 나타낸다.

㉡ 전압-전류 특성이 직선 관계를 나타내지 않고 정, 부의 특성이 비대칭이다.

㉢ 미량의 불순물이 존재하므로 저항률이 현저하게 변화하고, 불순물이 증가되면 전기저항은 급격히 감소된다.

㉣ 홀 효과나 광전 효과가 현저하고 다른 금속과 접촉시키면 정류 작용을 나타낸다.

(2) 반도체의 특유한 성질

① **열전 효과** : 반도체는 온도가 상승함에 따라 전기저항이 크게 감소하는 성질이 있다.

② **광전 효과** : 반도체는 광을 조사하면 저항률이 감소하는 성질이 있다. 예 태양전지

③ **접촉 효과** : 반도체는 금속과의 접촉면에서 정류 작용을 갖는 성질이 있다. n형 반도체에 가는 금속의 침을 세우고 그림의 방향으로 교류전압을 가하면 금속침으로부터 결정을 향하여 전류가 흐르기 쉽지만, 역방향으로 전류가 흐르기는 어렵다. 이것을 정류 작용이라 한다.

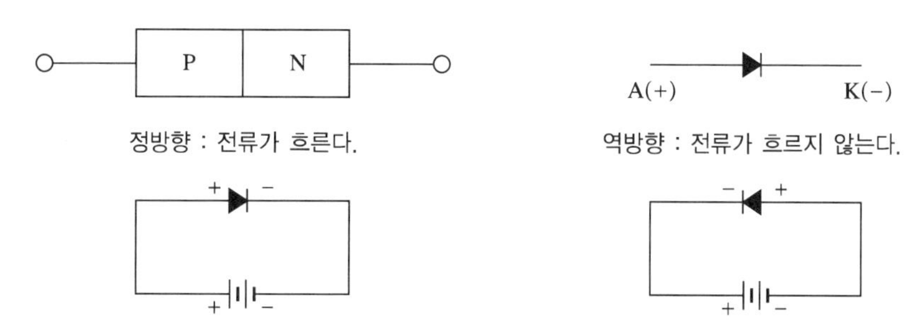

④ **자기 효과** : n형 반도체 결정에 전류를 흘려 이것과 직각 방향에 자계를 걸면 전류와 자계에 직각 방향, 즉 상하의 방향으로 기전력이 발생한다는 성질이다.

⑤ **제베크 효과** : 종류가 다른 두 금속 또는 합금으로 하나의 폐회로를 만들고, 두 접점에 다른 온도를 유지시키면 이 회로에 일정한 방향의 전류가 흐르는 현상을 말한다.

⑥ **펠티에 효과** : 종류가 다른 두 금속 또는 반도체를 접속하여 폐회로를 만들고 여기에 전류를 흘리면 이외의 열이 그 접점에서 발생 또는 흡수되는 현상을 말한다. 예 전자냉동

⑦ **톰슨 효과** : 동일 종류의 금속 속에서 각 부분의 온도에 차가 있을 때 이것에 전류를 흘리면 온도차가 있는 부분에서 열이 발생하거나 열을 흡수하는 현상을 말한다.

3. 단상 정류회로

(1) 무유도 부하인 경우

① 반파 정류회로

$$E_d = \frac{1}{2\pi}\int_a^{\pi} \sqrt{2}\,E\sin\theta \cdot d\theta = \frac{1+\cos\alpha}{\sqrt{2}\,\pi}E[\mathrm{V}]$$

$$I_a = \frac{E_d}{R_L} = \frac{1+\cos\alpha}{\sqrt{2}\,\pi} \cdot \frac{E}{R}[\mathrm{A}]$$

여기서, E_d : 직류전압의 평균값[V], I_d : 직류전류의 평균값[A], $\cos\alpha$: 격자율,

$1+\cos\alpha$: 제어율

점호제어를 일으키지 않을 경우($\alpha=0$)에

$$E_d = \frac{\sqrt{2}}{\pi} \cdot E \fallingdotseq 0.45E[\mathrm{V}]$$

$$I_d = \frac{E_d}{R_L} = \frac{2}{\pi} \cdot \frac{E}{R_L} \qquad E = \frac{E_m}{\pi R_L} = \frac{I_m}{\pi}[\mathrm{A}]$$

rms(root mean square) 전류 I_s는

$$I_s = \sqrt{\frac{1}{2\,\pi}\int_o^{\pi} i_d{}^2 d\theta} = \sqrt{\frac{1}{2\pi}\int_o^{\pi} I_m{}^2 \sin^2\theta\, d\theta} = \frac{I_m}{2}[\mathrm{A}]$$

정류 효율 $\eta_R = \frac{P_{dc}}{P_{ac}} \times 100 = \frac{\left(\frac{I_m}{\pi}\right)^2 R_L}{\left(\frac{I_m}{2}\right)^2 R_L} \times 100 = \frac{4}{\pi^2} \times 100 \fallingdotseq 40.6[\%]$

맥동률 $\nu = \sqrt{\left(\frac{I_s}{I_d}\right)^2 - 1} = \sqrt{\frac{\left(\frac{I_m}{2}\right)^2}{\left(\frac{I_m}{\pi}\right)^2} - 1} = \sqrt{\frac{\pi^2}{4} - 1} \fallingdotseq 1.21$

다이오드에 걸리는 첨두역전압(PIV)은 $\sqrt{2}\,E$이다.

② 전파 정류회로

$$E_d = \frac{\sqrt{2}\,(1+\cos\alpha)}{\pi} \cdot E[\mathrm{V}],\ I_d = \frac{\sqrt{2}\,(1+\cos\alpha)}{\pi} \cdot \frac{E}{R_L}[\mathrm{A}]$$

점호제어를 일으키지 않을 경우($\alpha=0$)에

$$E_d = \frac{2\sqrt{2}}{\pi}E \fallingdotseq 0.90E[\mathrm{V}]$$

$$I_d = \frac{E_d}{R_L} = \frac{2\sqrt{2}}{\pi} \cdot \frac{E}{R_L}[\mathrm{A}]$$

$$I_s = \sqrt{\frac{1}{\pi}\int_0^{\pi} i^2\, d\theta} = \sqrt{\frac{1}{\pi}\int_0^{\pi} \sqrt{2}\, I\sin\theta\, d\theta} = \frac{I_m}{\sqrt{2}}[\mathrm{A}]$$

$$\eta_R = \frac{P_{dc}}{P_{ac}}\times 100 = \frac{{I_d}^2 R_L}{{I_s}^2 R_L}\times 100 = \frac{\left(\frac{2}{\pi}I_m\right)^2}{\left(\frac{I_m}{\sqrt{2}}\right)^2}\times 100 = \frac{8}{\pi^2}\times 100 \fallingdotseq 81.2[\%]$$

$$\nu = \sqrt{\left(\frac{I_s}{I_d}\right)^2 - 1} = \sqrt{\frac{\left(\frac{I_m}{\sqrt{2}}\right)^2}{\left(\frac{2I_m}{\pi}\right)^2} - 1} = \sqrt{\frac{\pi^2}{8} - 1} \fallingdotseq 0.48$$

다이오드에 걸리는 첨두역전압(PIV)은 $2\sqrt{2}\,E = 2E_m$ 이다.

4. 정류회로(AC → DC)

(1) 개 요

① 정류회로 : 다이오드 사용, 전류를 한 방향으로 만드는 회로이다.

② 평활회로 : 교류성분(Ripple Current)을 제거한다.

③ 맥동률 : 직류 출력에 교류성분이 얼마나 포함되어 있는가를 나타내는 양이다.

$$\nu = \frac{\text{파형 속의 맥동분 실횻값}}{\text{정류된 파형의 평균값(DC)}} = \sqrt{\left(\frac{I_{rms}}{I_{de}}\right)^2 - 1}$$

④ 전압변동률

$$\varepsilon = \frac{\text{무부하직류전압} - \text{전부하직류전압}}{\text{전부하직류전압}} = \frac{V_0 - V_{dc}}{V_{dc}}$$

(2) 정류회로

① 1ϕ 반파 : $E_d = \frac{\sqrt{2}}{\pi}E_a = 0.45E_a$, $\eta = 40.6[\%]$, $v = 1.21$, $PIV = \sqrt{2}\,E_a$

② 1ϕ 전파 : $E_d = \frac{2\sqrt{2}}{\pi}E_a = 0.9E_a$, $\eta = 81.2[\%]$, $v = 0.48$, $PIV = 2\sqrt{2}\,E_a$

③ 3ϕ 반파 : $E_d = 1.17E_a$, $v = 0.17$

④ 3ϕ 전파 : $E_d = 1.35E_a$, $v = 0.04$

(3) SCR 위상제어

① 1ϕ 반파 : $E_d = 0.45E_a\left(\frac{1+\cos\alpha}{2}\right)$

② 1ϕ 전파 : $E_d = 0.45E_a(1+\cos\alpha)$, 유도성 $E_d = 0.9E_a\cos\alpha$

③ 3ϕ 반파 : $E_d = 1.17E\cos\alpha$

④ 3ϕ 전파 : $E_d = 1.35E\cos\alpha$

(4) 유도부하인 경우

① 반파인 경우

$$E_d = \frac{\sqrt{2}}{2\pi}E\{\cos\alpha - \cos(\alpha+\theta_1)\}[\mathrm{V}]$$

② 전파인 경우

㉠ 부하전류가 연속이 아닌 경우

$$E_d = \frac{\sqrt{2}}{\pi}E\{\cos\alpha - \cos(\alpha+\theta_1)\}[\mathrm{V}]$$

㉡ 부하전류가 연속인 경우

$$E_d = \frac{2\sqrt{2}}{\pi}E\cos\alpha[\mathrm{V}]$$

5. 전력용 반도체 소자

(1) 다이오드(Diode) : pn접합 반도체

① 정 의

㉠ 가전자 : 원자핵에서 제일 바깥쪽 궤도를 돌고 있는 전자

㉡ 자유전자 : 가전자에서 결속력이 약하여 외부에너지에 의해 쉽게 이탈

㉢ 공유결합 : 두 원자핵이 같은 전자에 대해 동시에 인력을 가짐(불순물 반도체 결정구조)

㉣ 정공(Hole) : 전자가 이동하여 비어 있는 구멍

㉤ 반송자(Carrier) : 전류가 흐를 때 이동되는 전자와 정공

② 반도체

㉠ 진성 반도체 : Si, Ge 등에 불순물이 섞이지 않는 순수한 반도체

㉡ n형 반도체 : Si, Ge + 5가 원소(As, Sb)=Donor

㉢ p형 반도체 : Si, Ge + 3가 원소(B, In)=Acceptor

※ 최고 허용온도 : Si(140~200[℃]), Ge(65~75[℃])

③ 제너(Zener) 다이오드

㉠ 정전압 다이오드

㉡ 안정된 전원

④ 버랙터 다이오드 : 바이어스 전압에 의해 광범위하게 변화하는 특성

⑤ 발광 다이오드 : 전류가 흐를 때 빛을 방출

⑥ 다이오드 직·병렬접속

㉠ 직렬접속 시 : 고압으로부터 보호

㉡ 병렬접속 시 : 대전류로부터 보호

(2) 트랜지스터(Transistor)

① 바이폴러 트랜지스터(Bipolar Transistor)

㉠ 구 조

- p, n접합 3층 구조 pnp형과 npn형이 있음
- 이미터(E : Emitter), 가운데 베이스(B : Base), 컬렉터(C : Collector)

㉡ 용도 : 증폭(정상적인 활동(활성 영역)), 발진, 변조, 검파

② 전계 효과 트랜지스터(FET)

㉠ 분류(드레인(D), 가운데 게이트(G, 게이트 전압으로 제어), 소스(S))

- 접합형 FET : p채널, n채널
- MOSFET(동작 주파수가 가장 빠른 반도체, 스위칭 속도가 매우 빠르다) : 증가형, 공핍형 → 지속적인 Gate 신호가 필요

③ IGBT(Insulated Gate Bipolar Transistor)

㉠ 구조 : MOSFET, BJT, GTO의 사이리스터의 장점을 결합(Bipolar Transistor + MOS FET)

㉡ 응용 : DC, AC모터, 지하철, UPS, 전자접촉기 등 중용량급 전력전자에 사용(소음이 적고, 동작 특성이 우수)

㉢ 스위칭 속도는 FET와 트랜지스터의 중간 정도로 빠른 편에 속한다.

㉣ 용량은 일반 트랜지스터와 동등한 수준이다.

㉤ 게이트 구동 전력이 매우 낮다.

④ MOSFET(Metal Oxide Silicon Field Effect Transistor)

㉠ 트랜지스터는 베이스에 주입되는 전류로 제어되는 반면, MOSFET은 게이트와 소스 사이에 걸리는 전압으로 제어된다.

㉡ MOSFET은 트랜지스터에 비해 스위칭 속도가 매우 빠르나 용량이 적어서 비교적 작은 전력 범위 내에서 적용된다는 한계가 있다.

⑤ 파워 트랜지스터(Power Transistor)

㉠ 자기소호형 반도체 소자

㉡ 스위칭 전원 용도(용접기 전원, UPS, 고주파)

㉢ 병렬접속(대전류 → 대용량), 직렬접속 불가
→ 유사 트랜지스터 → 달링턴 트랜지스터(큰 전류 증폭률을 갖는 트랜지스터) → 3단자 소자

(3) 사이리스터(Thyristor)

① SCR(Silicon Controlled Rectifier)

㉠ 구 조

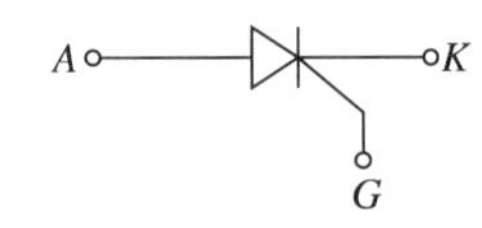

㉡ SCR Turn-on 시간 : Gate 전류를 가해 도통완료까지의 시간(축적시간 + 하강시간)
※ 빛(Light) : 빛으로 Turn-on시키는 SCR이 LASCR이다.

㉢ SCR Turn-off

- 온(On) 상태의 사이리스터 순방향 전류를 유지전류(20[mA]) 이하 감소
- 역전압 인가

※ 래칭전류(Latching Current) : SCR을 Turn-on시키기 위하여 Gate에 흘러야 할 최소 전류(80[mA])

※ 유지전류(Holding Current) : SCR이 On 상태를 유지하기 위한 최소 전류(온도 상승, 지전류 감소)

※ 사이리스터 비교

단방향		양방향	
3단자	4단자	2단자	3단자
SCR	SCS	DIAC	TRIAC
LASCR		SSS → 과전압(전파제어)	
GTO			

② SSS(Silicon Symmetrical Switch)

㉠ SSS는 순방향과 역방향으로 대칭적인 부성 특성을 가진 2단자 쌍방향 사이리스터이다. 2단자이기 때문에 Off 상태에서 On 상태로 하려면 게이트로 제어할 수 없고 브레이크 오버 전압 이상의 펄스를 가하지 않으면 안 된다.

㉡ 조광장치, 온도제어, 전동기의 회전제어 등 간단한 교류의 제어회로에 사용된다.

③ SCS(Silicon Controlled Switch)

㉠ 역저지형 4단자 사이리스터로서 P게이트 SCR, N게이트 SCR 등으로 겸해서 쓸 수 있도록 한 편리한 사이리스터이다.

㉡ 빛에 의해서 동작하도록 한 LASCS도 있다.

④ TRIAC(Triode Switch for AC)

㉠ 3극 교류 제어용 소자이다. 3단자 쌍방향 사이리스터이며 +, - 어느 게이트 펄스에 의해서도 순방향과 역방향의 두 종류의 전류를 On으로 할 수 있기 때문에 SCR의 역병렬 접속보다도 게이트 제어회로가 간단해진다.

㉡ 역병렬의 2개의 SCR과 유사하다.

㉢ 전동기제어, 전력 스위치, 열아크 용접 등에 사용된다.

⑤ DIAC(Diode AC Switch)

㉠ NPN의 3층으로 되어 있으며 쌍방향에 대칭적으로 부성저항을 나타낸다.

㉡ 가정용 조광기, 소형 전동기의 속도제어, AC 전력제어에 사용된다.

⑥ SUS(Silicon Unilateral Switch)

㉠ SUS는 SCR과 제너 다이오드를 조합한 것을 1개의 소자로 만든 3단자 IC 소자로서 빠른 Turn-on 시간을 갖는다.

㉡ SUS를 2개의 역병렬로 접속하여 쌍방향성을 갖게 한 것이 SBS(Silicon Bilateral Switch)이다.

⑦ GTO(Gate Turn-off Thyristor), GCS(Gate Controlled Switch)

㉠ SCR은 게이트 신호로 Turn-on은 가능하나, Turn-off가 되지 않으므로 게이트에 역바이어스를 가해 Turn-off가 가능하도록 한 것이다.

㉡ DC초퍼회로, 고압발생회로, 전동기의 속도 조정에 사용된다.

⑧ LASCR(Light Activated SCR)

㉠ SCR과 같은 3단자 구조로 되어 있으며 광 신호로써 브레이크 오버시킬 수 있도록 한 것이다.

㉡ 고압회로에 사용된다.

※ 참 고

명 칭	특 징	구 조		용 도
		내부의 원리적 구조	심 벌	
SSS (실리콘 시메트리컬 스위치)	• npnpn의 5층으로 되어 있고, 2단자를 가짐 • 쌍방향으로 Off 상태 On 상태로 스위칭이 가능함 • 3S 또는 사이닥이라고도 함	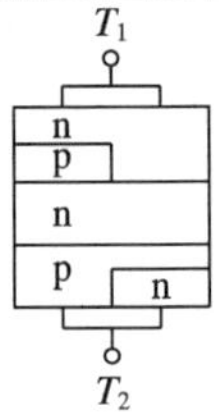 T_1, n, p, n, p, n, T_2	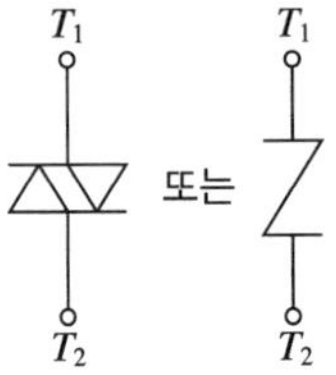 T_1, T_2 또는 T_1, T_2	• 전동기의 회전제어 • 스트로보 플래시 회로 • 네온사인의 조광
SCS (실리콘 컨트롤드 스위치)	n층에서도 게이트를 인출한 4개의 전극이 있음(보통의 SCR은 p층에서 게이트 전극을 인출함)	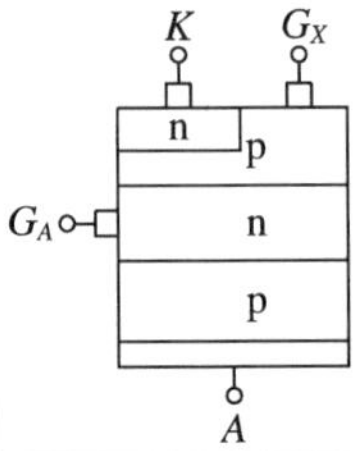 K, G_X, G_A, n, p, n, p, A	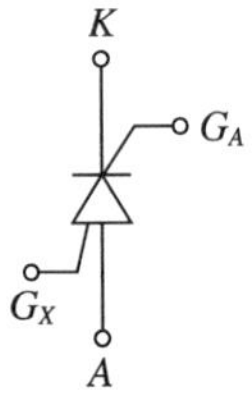 K, G_A, G_X, A	
TRIAC (트라이액)	• 3단자의 교류제어 소자 • 게이트 전극을 가지고 있으므로, 약간의 전압으로 쌍방향으로 Turn On 할 수 있음	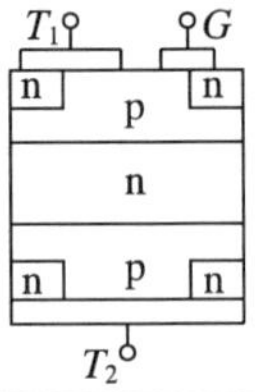 T_1, G, n, p, n, n, n, p, n, T_2	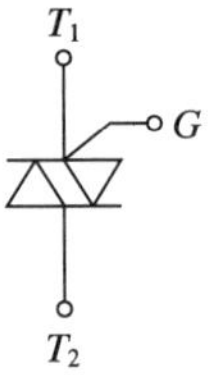 T_1, G, T_2	• 가정용 조광기 등의 간단한 교류제어 • 무접점 스위치
DIAC (다이액)	• npn의 3층 구조로 되어 있음 • 쌍방향에 대칭적으로 부성저항을 나타냄	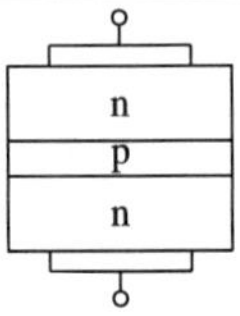 n, p, n		• 소형 전동기의 속도제어 • 가정용 조광기
GTO (게이트 턴 오프 사이리스터)	게이트에 −전압을 가하면 도통 상태에서 Off 상태로 됨	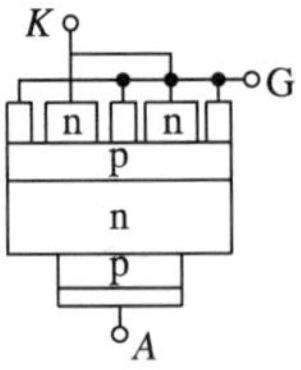 K, G, n, n, p, n, p, A	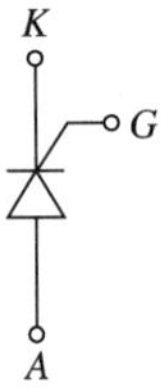 K, G, A	• 전동기의 속도제어 • DC초퍼회로 • 고압발생회로
LASCR (라이트 액티베이티드 SCR)	• 게이트 전극이 있으므로 게이트 전류를 흘림으로써 점호되는데 빛을 조사하여 점등됨 • 포토SCR이라고도 함	SCR과 같음		고압회로

명 칭	특 징	구 조		용 도
		내부의 원리적 구조	심 벌	
PUT (프로그래머블 유니정크션 트랜지스터)	• 출력 펄스의 상승이 빠르고 가격이 저렴함 • 게이트 전류가 극히 높고 낮은 게이트 전압에서 동작됨	K, n, p, p, n, A, G	K, G, A	• 위상제어 • 범용타이머 • 변조기 • 발전기 • 천연가스용 라이터

6. 기타 반도체 소자

(1) 다이오드 정류기 종류

① 이산화동 정류기 : 수명이 길고, 효율이 좋음

② 셀렌 정류기 : 고전압 대전력용

③ 게르마늄 정류기 : 소형 대전력 정류기

(2) 특수 반도체

① 서미스터 : 온도 보상용

② 광전지 : 빛에 의해 기전력이 발생하는 것

③ UJT, DIAC, PUT : 트리거회로(펄스 발생 회로)에 사용

④ 배리스터 : 과도전압, 이상전압에 대한 회로 보호용으로 사용되는 소자

⑤ 버랙터 다이오드 : 정전용량이 전압에 따라 변화하는 소자

핵 / 심 / 예 / 제

01 200[V]의 단상 교류전압을 반파 정류하였을 경우 직류 출력전압의 평균값[V]은?

[2019년 4회 산업기사]

① 90
② 110
③ 180
④ 200

해설

단상 반파 직류 평균전압을 구하는 공식은 $E_d = \dfrac{\sqrt{2}}{\pi}E \fallingdotseq 0.45E$[V]이므로

$E_d = 0.45E = 0.45 \times 200 = 90$[V]

02 교류 200[V], 정류기 전압강하 10[V]인 단상 반파 정류회로의 직류전압[V]은?

[2019년 2회 기사]

① 70
② 80
③ 90
④ 100

해설

단상 반파 직류 평균전압을 구하는 공식은 $E_d = \dfrac{\sqrt{2}}{\pi}E \fallingdotseq 0.45E$[V]이므로

$E_d = 0.45E - e = 0.45 \times 200 - 10 \fallingdotseq 80$[V]

03 단상 반파 정류회로에서 직류전압의 평균값 150[V]를 얻으려면 정류 소자의 피크 역전압(PIV)은 약 몇 [V]인가?(단, 부하는 순저항 부하이고 정류 소자의 전압강하(평균값)는 7[V]이다)

[2021년 1회 기사]

① 247
② 349
③ 493
④ 698

해설

$\mathrm{PIV} = \sqrt{2}\,E_a = \sqrt{2} \times \dfrac{E_d + e_d}{0.45} = \dfrac{\sqrt{2} \times (150+7)}{0.45} \fallingdotseq 493$[V]

01 ① 02 ② 03 ③ 정답

04 다이오드를 사용한 단상 전파 정류회로에서 전원 220[V], 주파수 60[Hz]일 때 출력전압의 평균값은 약 몇 [V]인가? [2017년 2회 산업기사]

① 100
② 168
③ 198
④ 215

해설

단상 전파 정류 $E_d = \frac{2\sqrt{2}E}{\pi} = \frac{2\sqrt{2}\times 220}{\pi} \fallingdotseq 198$[V]

05 권수비가 1 : 3인 변압기를 사용하여 교류 100[V]의 입력을 가한 후 출력전압을 전파정류하면 출력직류전압[V]의 크기는? [2022년 1회 기사]

① $300\sqrt{2}$
② 300
③ $\frac{300\sqrt{2}}{\pi}$
④ $\frac{600\sqrt{2}}{\pi}$

해설

$E_d = \frac{2\sqrt{2}}{\pi}E_a = \frac{2\sqrt{2}}{\pi}\times 300$

06 220[V]의 교류전압을 전파 정류하여 순저항 부하에 직류전압을 공급하고 있다. 정류기의 전압 강하가 10[V]로 일정할 때 부하에 걸리는 직류전압의 평균값은 약 몇 [V]인가?(단, 브리지 다이오드를 사용한 전파 정류회로이다) [2016년 2회 산업기사]

① 99
② 188
③ 198
④ 220

해설

단상 전파 정류 $E_d = \frac{2\sqrt{2}E}{\pi} - e = \frac{2\sqrt{2}\times 220}{\pi} - 10 \fallingdotseq 188$[V]

정답 04 ③ 05 ④ 06 ②

07 전원전압 100[V]인 단상 전파 제어정류에서 점호각이 30°일 때 직류전압은 약 몇 [V]인가?

[2020년 3회 기사]

① 84 ② 87
③ 92 ④ 98

해설 $E_d = 0.45E_a(1+\cos\alpha) = 0.45\times100\times(1+\cos30°) \fallingdotseq 84$[V]

08 3상 반파 정류회로에서 변압기의 2차 상전압 220[V]를 SCR로서 제어각 $\alpha = 60°$로 위상제어할 때, 약 몇 [V]의 직류전압을 얻을 수 있는가? [2018년 4회 산업기사]

① 108.7 ② 118.7
③ 128.7 ④ 138.7

해설 $E_d = 1.17E\cos\alpha = 1.17\times220\times\cos60° = 128.7$[V]

09 동일한 교류전압(E)을 다이오드 3상 정류회로로 3상 전파 정류할 경우 직류전압(E_d)은?(단, 필터는 없는 것으로 하고 순저항 부하이다) [2019년 4회 기사]

① $E_d = 0.45E$[V] ② $E_d = 0.9E$[V]
③ $E_d = 1.17E$[V] ④ $E_d = 2.34E$[V]

해설 3상 전파 정류회로 직류 평균값

$E_d = \frac{3\sqrt{6}}{\pi}E = 2.34E$[V](단, E : 상전압)

10 어떤 정류회로에서 부하양단의 평균전압이 2,000[V]이고 맥동률은 2[%]라 한다. 출력에 포함된 교류분 전압의 크기[V]는? [2018년 2회 산업기사]

① 60 ② 50
③ 40 ④ 30

해설 $\text{맥동률} = \frac{\text{교류분}}{\text{직류분}}\times100$[%]이므로

교류분 = 맥동률 × 직류분 $= 0.02\times2{,}000 = 40$[V]

07 ① 08 ③ 09 ④ 10 ③ 정답

11 정류 방식 중 맥동률이 가장 작은 것은?(단, 저항 부하인 경우이다) [2018년 1회 산업기사]

① 3상 반파 방식
② 3상 전파 방식
③ 단상 반파 방식
④ 단상 전파 방식

해설 각 정류회로의 특성 비교

종 류	E_d	η	v
1ϕ 반파	$E_d = \frac{\sqrt{2}}{\pi}E = 0.45E$	40.6[%]	121[%]
1ϕ 전파(중간탭)	$E_d = \frac{2\sqrt{2}}{\pi}E = 0.9E$	57.5[%]	48[%]
1ϕ 전파(브리지)	$E_d = \frac{2\sqrt{2}}{\pi}E = 0.9E$	81.2[%]	48[%]
3ϕ 반파	$E_d = \frac{3\sqrt{6}}{2\pi}E = 1.17E$	96.7[%]	17[%]
3ϕ 전파(브리지)	$E_d = \frac{3\sqrt{6}}{\pi}E = 2.34E$ 또는 $E_d = 1.35E_l$	99.8[%]	4[%]

12 정류 방식 중 정류 효율이 가장 높은 것은?(단, 저항 부하를 사용한 경우이다)

[2018년 1회 기사 / 2021년 4회 기사]

① 단상 반파 방식
② 단상 전파 방식
③ 3상 반파 방식
④ 3상 전파 방식

해설 11번 해설 참조

13 n형 반도체에 대한 설명으로 옳은 것은? [2018년 2회 기사]

① 순수 실리콘 내에 정공의 수를 늘리기 위해 As, P, Sb과 같은 불순물 원자를 첨가한 것
② 순수 실리콘 내에 정공의 수를 늘리기 위해 Al, B, Ga과 같은 불순물 원자를 첨가한 것
③ 순수 실리콘 내에 전자의 수를 늘리기 위해 As, P, Sb과 같은 불순물 원자를 첨가한 것
④ 순수 실리콘 내에 전자의 수를 늘리기 위해 Al, B, Ga과 같은 불순물 원자를 첨가한 것

해설 **n형 반도체**

순수 실리콘 내에 4가보다 많은 전자의 수를 늘리기 위해 As, P, Sb과 같은 불순물 원자를 첨가한 것

정답 11 ② 12 ④ 13 ③

14 pn접합 다이오드에서 Cut-in Voltage란?

[2015년 1회 산업기사 / 2019년 4회 산업기사]

① 순방향에서 전류가 현저히 증가하기 시작하는 전압이다.
② 순방향에서 전류가 현저히 감소하기 시작하는 전압이다.
③ 역방향에서 전류가 현저히 감소하기 시작하는 전압이다.
④ 역방향에서 전류가 현저히 증가하기 시작하는 전압이다.

해설 다이오드의 Cut-in Voltage
순방향에서 전류가 현저히 증가하기 시작하는 전압

15 동일 정격의 다이오드를 병렬로 사용하면?

[2016년 2회 기사]

① 역전압을 크게 할 수 있다.
② 필터회로가 필요 없게 된다.
③ 전원 변압기를 사용할 수 있다.
④ 순방향 전류를 증가시킬 수 있다.

해설
- 다이오드를 추가로 직렬 연결 시 : 다이오드 1개에 걸리는 전압이 작아져 전체 입력을 증가시킬 수 있다(전압 분배의 법칙).
- 다이오드를 추가로 병렬 연결 시 : 다이오드 1개에 흐르는 전류를 작게 할 수 있어 전체 입력 전류를 크게 할 수 있다(전류 분배의 법칙).

16 터널 다이오드의 용도로 가장 널리 사용되는 것은?

[2015년 4회 산업기사]

① 검파회로 ② 스위칭회로
③ 정류기 ④ 정전압 소자

해설 **터널 다이오드의 용도** : 터널 효과에 의한 부성 특성으로 증폭이나 발진에 응용
- 마이크로파의 발진
- 증 폭
- 고속 스위칭 개폐

14 ① 15 ④ 16 ② 정답

17 **전압을 일정하게 유지하기 위한 전압제어 소자로 널리 이용되는 다이오드는?** [2016년 1회 기사]

① 터널 다이오드(Tunnel Diode)
② 제너 다이오드(Zener Diode)
③ 버랙터 다이오드(Varactor Diode)
④ 쇼트키 다이오드(Schottky Diode)

해설 **제너 다이오드(Zener Diode)**
- 정전압 소자로 만든 pn접합 정전압 다이오드이다.
- 전압을 일정하게 유지하기 위한 전압제어 소자로 널리 이용되는 다이오드이다.

18 **제너 다이오드에 관한 설명 중 틀린 것은?** [2020년 1, 2회 산업기사]

① 정전압 소자이다.
② 전압 조정기에 사용된다.
③ 인가되는 전압의 크기에 따라 전류 방향이 달라진다.
④ 제너 항복이 발생되면 전압은 거의 일정하게 유지되나 전류는 급격하게 증가한다.

해설 17번 해설 참조

19 **정전압 소자로 사용되는 다이오드는?** [2016년 4회 산업기사]

① 제너 다이오드 ② 터널 다이오드
③ 포토 다이오드 ④ 발광 다이오드

해설 **제너 다이오드**
제너 항복 특성을 응용한 대표적인 정전압 다이오드이다.

20 **제너 다이오드(Zener Diode)의 용도로 가장 옳은 것은?** [2017년 1회 산업기사]

① 검파용 ② 정전압용
③ 고압 정류용 ④ 전파 정류용

해설 19번 해설 참조

정답 17 ② 18 ③ 19 ① 20 ②

21 다이오드 클램퍼(Clamper)의 용도는? [2018년 1회 기사 / 2021년 2회 기사]

① 전압 증폭 ② 전류 증폭
③ 전압 제한 ④ 전압 레벨 이동

해설 **다이오드 클램퍼**
전압의 파곳값을 크게 증가시킨다(전압 레벨 이동).

22 사이리스터의 응용에 대한 설명으로 잘못된 것은? [2015년 4회 기사]

① 위상제어에 의해 교류 전력제어가 가능하다.
② 교류 전원에서 가변 주파수의 교류 변환이 가능하다.
③ 직류 전력의 증폭인 컨버터가 가능하다.
④ 위상제어에 의해 제어정류, 즉 교류를 가변 직류로 변환할 수 있다.

해설 **사이리스터**
- 위상제어에 의해 교류 전력제어가 가능하다.
- 교류 전원에서 가변 주파수의 교류 변환이 가능하다.
- 위상제어에 의해 제어정류, 즉 교류를 가변 직류로 변환할 수 있다.

23 반도체에 광이 조사되면 전기저항이 감소되는 현상은? [2017년 2회 산업기사 / 2021년 2회 기사]

① 열전능 ② 홀 효과
③ 광전 효과 ④ 제베크 효과

해설 **광전 효과**
반도체에 광이 조사되면 전기저항이 감소되는 현상

21 ④ 22 ③ 23 ③ 정답

24 대전력 정류용으로 사용되는 SCR의 특징이 아닌 것은? [2016년 1회 기사]

① 열용량이 커서 고온에 강하다.
② 역률각 이하에서는 제어가 되지 않는다.
③ 아크가 생기지 않으므로 열의 발생이 적다.
④ 전류가 흐르고 있을 때 양극의 전압 강하가 작다.

해설 SCR(Silicon Controlled Rectifier)

- 다이오드 정류기에 제어 단자인 게이트(Gate) 단자를 부착한 3단자 실리콘 반도체 정류기로서 가장 널리 사용되는 정류기이다.
- SCR의 특징
  - 아크가 생기지 않으므로 열 발생이 적다.
  - 대전류용이며 동작 시간이 짧다.
  - 작은 게이트 신호로 대전력을 제어한다.
  - 교류 및 직류 모두를 제어할 수 있다.
  - 역방향 내전압이 가장 크다.
  - 과전압에 약하다.
  - 위상제어의 조절 범위는 0~180°이다.

25 SCR에 대한 설명 중 틀린 것은? [2015년 1회 기사 / 2018년 2회 기사]

① 3개 접합면을 가진 4층 다이오드 형태로 되어 있다.
② 게이트 단자에 펄스 신호가 입력되는 순간부터 도통된다.
③ 제어각이 작을수록 부하에 흐르는 전류 도통각이 커진다.
④ 위상제어의 최대 조절 범위는 0~90°이다.

해설 24번 해설 참조

26 SCR 사이리스터에 대한 설명으로 틀린 것은? [2021년 1회 기사]

① 게이트 전류에 의하여 턴온 시킬 수 있다.
② 게이트 전류에 의하여 턴오프 시킬 수 없다.
③ 오프 상태에서는 순방향전압과 역방향전압 중 역방향전압에 대해서만 차단 능력을 가진다.
④ 턴오프 된 후 다시 게이트 전류에 의하여 턴온시킬 수 있는 상태로 회복할 때까지 일정한 시간이 필요하다.

해설 24번 해설 참조

정답 24 ① 25 ④ 26 ③

27 다음 그림 기호가 나타내는 반도체 소자의 명칭은? [2015년 2회 기사]

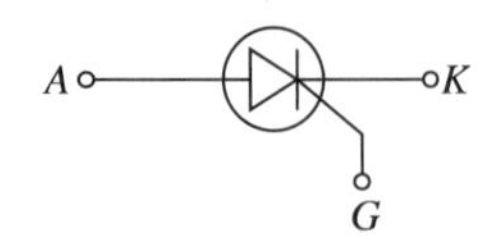

① SSS ② PUT

③ SCR ④ DIAC

해설 SCR

구 조	심 벌	기능 : 스위칭 On, Off	
		Off 상태	On 상태
A, p, n, p, n, K, G	A, G, K	G=0, A, K / A, K	G=1, A, K / A, K

28 SCR 각 단자에 접속되는 전압 극성이 옳게 표기된 것은? [2018년 4회 산업기사]

① A ⊕ K ⊖ G ⊕ ② A ⊖ K ⊕ G ⊕

③ A ⊕ K ⊖ G ⊖ ④ A ⊖ K ⊕ G ⊖

해설 SCR의 극성

- A(애노드) : (+) 극성
- K(캐소드) : (−) 극성
- G(게이트) : (+) 극성

27 ③ 28 ① 정답

29 SCR에 대한 설명으로 옳은 것은?

[2019년 1회 기사]

① 제어 기능을 갖는 쌍방향성의 3단자 소자이다.
② 정류 기능을 갖는 단일방향성의 3단자 소자이다.
③ 증폭 기능을 갖는 단일방향성의 3단자 소자이다.
④ 스위칭 기능을 갖는 쌍방향성의 3단자 소자이다.

해설 SCR(Silicon Controlled Rectifier)

- 다이오드 정류기에 제어 단자인 게이트(Gate) 단자를 부착한 3단자 실리콘 반도체 정류기로서 가장 널리 사용되는 정류기이다.
- SCR의 특징
  - 아크가 생기지 않으므로 열 발생이 적다.
  - 대전류용이며 동작 시간이 짧다.
  - 작은 게이트 신호로 대전력을 제어한다.
  - 교류 및 직류 모두를 제어할 수 있다.
  - 역방향 내전압이 가장 크다.
  - 과전압에 약하다.
  - 위상제어의 조절 범위는 0~180°이다.

30 반도체 사이리스터에 의한 속도 제어 중 주파수 제어는?

[2016년 2회 기사]

① 계자 제어 ② 인버터 제어
③ 컨버터 제어 ④ 초퍼 제어

해설 **인버터 제어**

반도체 사이리스터에 의한 속도 제어 중 주파수 제어이다.

31 효율이 높고 고속 동작이 용이하며 소형이고 고전압 대전류에 적합한 정류기로 사용되는 것은?

[2016년 1회 산업기사]

① 수은 정류기 ② 회전 변류기
③ 전동 발전기 ④ 실리콘 제어 정류기

해설 29번 해설 참조

정답 29 ② 30 ② 31 ④

32 소형이면서 대전력용 정류기로 사용하는 것은? [2015년 4회 산업기사]

① 게르마늄 정류기　　② SCR
③ CdS　　④ 셀렌 정류기

해설 SCR(Silicon Controlled Rectifier)
- 다이오드 정류기에 제어 단자인 게이트(Gate) 단자를 부착한 3단자 실리콘 반도체 정류기로서 가장 널리 사용되는 정류기이다.
- SCR의 특징
  - 아크가 생기지 않으므로 열 발생이 적다.
  - 대전류용이며 동작 시간이 짧다.
  - 작은 게이트 신호로 대전력을 제어한다.
  - 교류 및 직류 모두를 제어할 수 있다.
  - 역방향 내전압이 가장 크다.
  - 과전압에 약하다.
  - 위상제어의 조절 범위는 0~180°이다.

33 다음 중 쌍방향 2단자 사이리스터는? [2020년 3회 기사]

① SCR　　② TRIAC
③ SSS　　④ SCS

해설

단방향		양방향	
3단자	4단자	2단자	3단자
SCR	SCS	DIAC	TRIAC
LASCR		SSS → 과전압(전파제어)	
GTO			

34 어느 쪽 게이트에서든 게이트 신호를 인가할 수 있고 역저지 4극 사이리스터로 구성된 것은? [2015년 1회 산업기사]

① SCS　　② GTO
③ PUT　　④ DIAC

해설 33번 해설 참조

32 ② 33 ③ 34 ① 정답

35 SCR의 턴온(Turn On) 시 20[A]의 전류가 흐른다. 게이트 전류를 반으로 줄이면 SCR의 전류[A]는?

[2017년 1회 산업기사 / 2017년 4회 기사]

① 5　　② 10
③ 20　　④ 40

해설 SCR은 턴온(Turn On) 시 전류가 감소하더라도 계속 턴온(Turn On) 상태를 유지하므로 20[A]가 계속해서 흐른다.

36 자기소호 기능이 가장 좋은 소자는?

[2017년 2회 기사 / 2020년 1, 2회 기사]

① GTO　　② SCR
③ DIAC　　④ TRIAC

해설 GTO(Gate Turn-off Thyristor)
- 게이트 단자에 점호 때와 반대의 전류를 가하면 소호(Turn-off)가 쉽게 되는 소자이다.
- 자기소호 기능을 다른 소자보다도 쉽게 할 수 있다.

37 다이액(DIAC)에 대한 설명 중 틀린 것은?

[2016년 4회 산업기사]

① 과전압 보호회로에 사용되기도 한다.
② 역저지 4극 사이리스터로 되어 있다.
③ 쌍방향으로 대칭적인 부성저항을 나타낸다.
④ 콘덴서 방전전류에 의하여 트라이액을 On시킬 수 있다.

해설

단방향		양방향	
3단자	4단자	2단자	3단자
SCR	SCS	DIAC	TRIAC
LASCR		SSS → 과전압(전파제어)	
GTO			

정답 35 ③ 36 ① 37 ②

38 반도체 소자의 종류 중에서 게이트에 의한 턴온을 이용하지 않는 소자는?

[2020년 1, 2회 산업기사]

① SSS ② SCR
③ GTO ④ SCS

해설

단방향		양방향	
3단자	4단자	2단자	3단자
SCR	SCS	DIAC	TRIAC
LASCR		SSS → 과전압(전파제어)	
GTO			

39 다음 설명 중 옳은 것은?

[2016년 4회 기사]

① SSS는 3극 쌍방향 사이리스터로 되어 있다.
② SCR은 PNPN이라는 2층의 구조로 되어 있다.
③ 트라이액은 2극 쌍방향 사이리스터로 되어 있다.
④ DIAC은 쌍방향으로 대칭적인 부성저항을 나타낸다.

해설 38번 해설 참조

40 역병렬로 된 2개의 SCR과 유사한 양방향성 3단자 사이리스터로서 AC 전력의 제어에 사용하는 것은?

[2019년 2회 기사]

① SCS ② GTO
③ TRIAC ④ LASCR

해설 TRIAC
- 직류, 교류에 모두 사용할 수 있는 3단자 스위칭 소자
- 2개의 SCR을 역병렬로 접속한 구조
- 무접점 스위치, 위상제어회로, 전기로의 온도 조절, 전동기의 속도 제어 등에 응용

38 ① 39 ④ 40 ③ 정답

41 두 개의 사이리스터를 역병렬로 접속한 것과 같은 특성을 나타내는 소자는?

[2019년 1회 산업기사]

① TRIAC
② GTO
③ SCS
④ SSS

해설 TRIAC
- 직류, 교류에 모두 사용할 수 있는 3단자 스위칭 소자
- 2개의 SCR을 역병렬로 접속한 구조
- 무접점 스위치, 위상제어회로, 전기로의 온도 조절, 전동기의 속도 제어 등에 응용

42 2개의 SCR을 역병렬로 접속한 것과 같은 특성의 소자는?

[2017년 1회 기사]

① GTO
② TRIAC
③ 광 사이리스터
④ 역전용 사이리스터

해설 41번 해설 참조

정답 41 ① 42 ②

43 SCR을 두 개의 트랜지스터가 등가회로로 나타낼 때의 올바른 접속은? [2016년 1회 산업기사]

①

②

③

④

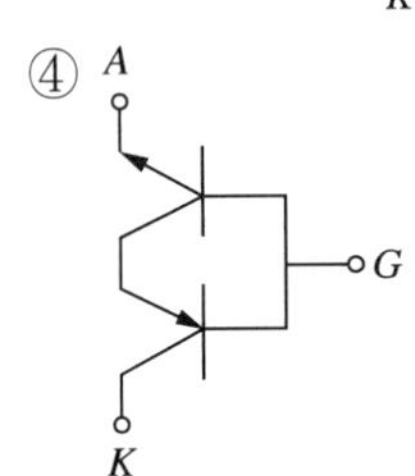

해설

SCR의 심벌	트랜지스터 2개를 이용한 SCR 등가
A G K	A G K

44 양방향 전압저지 소자가 아닌 것은? [2019년 1회 산업기사]

① MOSFET
② SCR 사이리스터
③ GTO 사이리스터
④ IGBT

해설 스위치를 Off 시 스위치가 저지할 수 있는 전압의 극성에 따라 단방향과 양방향 전압저지 소자로 구분된다.

- 단방향 전압저지 소자 : 다이오드, BJT, MOSFET
- 양방향 전압저지 소자 : SCR, GTO, IGBT, MCT

43 ① 44 ① 정답

45 **반도체 소자 중 게이트-소스 간 전압으로 드레인 전류를 제어하는 전압제어 스위치로 스위칭 속도가 빠른 소자는?** [2019년 2회 산업기사]

① GTO ② SCR
③ IGBT ④ MOSFET

해설 MOSFET
게이트와 소스의 전압으로 드레인 전류를 제어하는 전압제어 소자로서 고속 스위칭 동작이 가능하다.

46 **트랜지스터의 안정도가 제일 좋은 바이어스법은?** [2018년 4회 기사]

① 고정 바이어스
② 조합 바이어스
③ 전압궤환 바이어스
④ 전류궤환 바이어스

해설 조합 바이어스
트랜지스터의 안정도가 제일 좋은 바이어스 방법이다.

47 **반도체 소자 중 게이트-소스 간 전압으로 드레인 전류를 제어하는 전압제어 스위치로 스위칭 속도가 빠른 소자는?** [2017년 4회 산업기사]

① SCR ② GTO
③ IGBT ④ MOSFET

해설 스위치를 Off 시 스위치가 저지할 수 있는 전압의 극성에 따라 단방향과 양방향 전압저지 소자로 구분된다.
- 단방향 전압저지 소자 : 다이오드, BJT, MOSFET
- 양방향 전압저지 소자 : SCR, GTO, IGBT, MCT

정답 45 ④ 46 ② 47 ④

48 **MOSFET, BJT, GTO의 이점을 조합한 전력용 반도체 소자로서 대전력의 고속 스위칭이 가능한 소자는?** [2015년 4회 기사]

① 게이트 절연 양극성 트랜지스터
② MOS 제어 사이리스터
③ 금속 산화물 반도체 전계 효과 트랜지스터
④ 모놀리식 달링턴

해설 **IGBT(게이트 절연 양극성 트랜지스터)**
- MOSFET, BJT, GTO의 이점을 조합한 전력용 반도체 소자이다.
- 대전력의 고속 스위칭이 가능한 소자이다.
- 게이트 구동 전력이 매우 낮다.

49 **FET에 관한 설명 중 틀린 것은?** [2018년 2회 산업기사]

① 제조기술에 따라 MOS형과 접합형이 있다.
② 극성이 2개 존재하는 쌍극성 접합 트랜지스터이다.
③ 다수 캐리어인 자유전자나 정공 중 어느 하나에 의해서 전류의 흐름이 제어된다.
④ 게이트에 역전압을 인가하여 드레인 전류를 제어하는 전압제어 소자이다.

해설 **FET(Field Effect Transistor : 전계 효과 트랜지스터)**
- 3단자 단방향성 소자이다(소스, 게이트, 드레인).
- 스위칭 속도가 빠르다.

48 ① 49 ② 정답

50 **FET에서 핀치 오프(Pinch Off) 전압이란?** [2019년 4회 기사 / 2022년 2회 기사]

① 채널 폭이 막힌 때의 게이트의 역방향 전압
② FET에서 애벌런치 전압
③ 드레인과 소스 사이의 최대 전압
④ 채널 폭이 최대로 되는 게이트의 역방향 전압

해설 **핀치 오프(Pinch Off) 전압**
전계 효과 트랜지스터에서 역바이어스 전압을 증가시켜 나가면 두 전극으로부터 채널에 공핍층이 생겨 결국 채널이 폐쇄되고 드레인 전류가 차단(Cut-off)되는 현상을 말하며, 이 현상에 의해서 전류가 흐르지 않게 되는 게이트의 역방향 전압을 핀치 오프 전압이라 한다.

51 **다음 그림은 UJT를 사용한 기본 이상 발진회로이다. R_E의 역할을 설명한 내용 중 옳은 것은?**

[2017년 1회 기사]

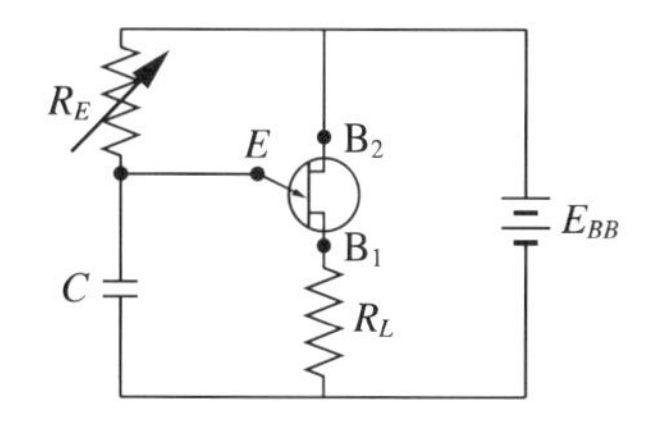

① 콘덴서(C)의 방전시간을 결정한다.
② B_1과 B_2에 걸리는 전압을 결정한다.
③ 콘덴서(C)에 흐르는 과전류를 보호한다.
④ 콘덴서(C)의 충전 전류를 제어하여 펄스 주기를 조정한다.

해설 UJT를 사용한 이상 발진회로는 콘덴서(C)의 충전 전류를 제어하여 펄스 주기를 조정한다.

정답 50 ① 51 ④

52 IGBT의 설명으로 틀린 것은?

[2019년 1회 기사]

① GTO 사이리스터처럼 역방향 전압저지 특성을 갖는다.
② 오프 상태에서 SCR 사이리스터처럼 양방향 전압저지 능력을 갖는다.
③ 게이트와 이미터 간 입력임피던스가 매우 높아 BJT보다 구동하기 쉽다.
④ BJT처럼 온드롭(On-drop)이 전류에 관계없이 낮고 거의 일정하여 MOSFET보다 큰 전류를 흘릴 수 있다.

해설 IGBT는 GTO 사이리스터처럼 역방향 전압저지 특성을 갖는다(양방향 전압저지, 단방향 전류 특성). 그러나, SCR 사이리스터는 On 상태에서는 제어 가능하지만, Off 상태에서는 제어가 불가능하다.

53 전력용 반도체 소자 중 IGBT의 특성이 아닌 것은?

[2022년 1회 기사]

① 게이트 구동전력이 매우 높다.
② 게이트와 이미터 간 입력 임피던스가 매우 높아 BJT보다 구동하기 쉽다.
③ 소스에 대한 게이트의 전압으로 도통과 차단을 제어한다.
④ 스위칭 속도는 FET와 트랜지스터의 중간 정도로 빠른 편에 속한다.

해설 **IGBT(게이트 절연 양극성 트랜지스터)**

- MOSFET, BJT, GTO의 이점을 조합한 전력용 반도체 소자이다.
- 대전력의 고속 스위칭이 가능한 소자이다.
- 게이트 구동 전력이 매우 낮다.
- 용량은 일반 트랜지스터 정도의 수준이다.

52 ② 53 ① 정답

54 반도체 소자의 동작 방향성에 따른 분류 중 단방향 전압저지 소자가 아닌 것은?

[2018년 1회 산업기사]

① BJT ② IGBT
③ 다이오드 ④ MOSFET

해설 IGBT는 GTO 사이리스터처럼 역방향 전압저지 특성을 갖는다(양방향 전압저지, 단방향 전류 특성). 그러나, SCR 사이리스터는 On 상태에서는 제어 가능하지만, Off 상태에서는 제어가 불가능하다.

55 최근 많이 사용되는 전력용 반도체 소자 중 IGBT의 특성이 아닌 것은? [2017년 4회 기사]

① 게이트 구동 전력이 매우 높다.
② 용량은 일반 트랜지스터와 동등한 수준이다.
③ 소스에 대한 게이트의 전압으로 도통과 차단을 제어한다.
④ 스위칭 속도는 FET와 트랜지스터의 중간 정도로 빠른 편에 속한다.

해설 **IGBT(게이트 절연 양극성 트랜지스터)**
- MOSFET, BJT, GTO의 이점을 조합한 전력용 반도체 소자이다.
- 대전력의 고속 스위칭이 가능한 소자이다.
- 게이트 구동 전력이 매우 낮다.
- 용량은 일반 트랜지스터 정도의 수준이다.

56 역방향 바이어스 전압에 따라 접합 정전용량이 가변되는 성질을 이용하는 다이오드는?

[2015년 2회 산업기사]

① 제너 다이오드 ② 버랙터 다이오드
③ 터널 다이오드 ④ 브리지 다이오드

해설 **버랙터 다이오드**
역방향 바이어스 전압에 따라 접합 정전용량이 가변되는 성질을 이용하는 다이오드

정답 54 ② 55 ① 56 ②

57 배리스터의 주용도는?

[2015년 4회 기사]

① 전압 증폭
② 진동 방지
③ 과도전압에 대한 회로 보호
④ 전류 특성을 갖는 4단자 반도체 장치에 사용

해설 **배리스터**

- 비직선 전압, 전류 특성을 갖는 2단자 반도체 소자
- 과도전압 및 이상전압에 대한 회로 보호용

58 배리스터(Varistor)의 주된 용도는?

[2017년 4회 산업기사]

① 전압 증폭
② 온도 보상
③ 출력 전류 조절
④ 스위칭 과도전압에 대한 회로 보호

해설 57번 해설 참조

57 ③ 58 ④ 정답

59 서미스터(Thermistor)의 주된 용도는? [2017년 1회 기사 / 2020년 1, 2회 기사]

① 온도 보상용 ② 잡음 제거용
③ 전압 증폭용 ④ 출력 전류 조절용

해설 **서미스터**
- 온도가 상승함에 따라 전기저항이 감소하는 부(−) 특성을 갖는 반도체 소자이다.
- 온도 보상용으로 많이 적용한다.

60 전력용 반도체 소자의 종류 중 스위칭 소자가 아닌 것은? [2019년 2회 산업기사]

① GTO ② Diode
③ TRIAC ④ SSS

해설 **전력용 반도체 소자**
- SCR(3단자 단방향 사이리스터)
- GTO(3단자 단방향 사이리스터)
- TRIAC(3단자 쌍방향 사이리스터)
- DIAC(2단자 쌍방향 사이리스터)
- SSS(2단자 쌍방향 사이리스터)

61 사이리스터의 게이트 트리거회로로 적합하지 않은 것은? [2015년 1회 기사]

① UJT 발진회로 ② DIAC에 의한 트리거회로
③ PUT 발진회로 ④ SCR 발진회로

해설
- 트리거회로용 : UJT, DIAC, PUT
- 위상제어회로용 : SCR

정답 59 ① 60 ② 61 ④

62 광전 소자의 구조와 동작에 대한 설명 중 틀린 것은? [2020년 4회 기사]

① 포토트랜지스터는 모든 빛에 감응하지 않으며, 일정 파장 범위 내의 빛에 감응한다.
② 포토커플러는 전기적으로 절연되어 있지만 광학적으로 결합되어 있는 발광부와 수광부를 갖추고 있다.
③ 포토사이리스터는 빛에 의해 개방된 두 단자 사이를 도통시킬 수 있어 전류의 On-off 제어에 쓰인다.
④ 포토다이오드는 일반적으로 포토트랜지스터에 비해 반응속도가 느리다.

해설
- 포토트랜지스터 : 모든 빛에 감응하지 않으며, 일정 파장 범위 내의 빛에 감응한다.
- 포토커플러 : 전기적으로 절연되어 있지만, 광학적으로 결합되어 있는 발광부와 수광부를 갖추고 있다.
- 포토사이리스터 : 빛에 의해 개방된 두 단자 사이를 도통시킬 수 있어 전류의 On-off 제어에 쓰인다.
- 포토다이오드 : 일반적으로 포토트랜지스터에 비해 반응속도가 빠르다.

63 다음 중 인버터에 대한 설명으로 옳은 것은? [2016년 2회 산업기사]

① 직류를 더 높은 직류로 변환하는 장치
② 교류 전원을 직류 전원으로 변환하는 장치
③ 직류 전원을 교류 전원으로 변환하는 장치
④ 교류 전원을 더 낮은 교류 전원으로 변환하는 장치

해설 **전력 변환 기기**
- 컨버터 : 교류(AC)를 직류(DC)로 변환하는 장치
- 인버터 : 직류(DC)를 교류(AC)로 변환하는 장치
- 초퍼 : 직류(DC)를 직류(DC)로 직접 제어하는 장치
- 사이클로 컨버터 : 주파수를 변환하는 장치

64 인버터(Inverter)의 용도는? [2016년 1회 산업기사]

① 교류를 교류로 변환
② 직류를 직류로 변환
③ 교류를 직류로 변환
④ 직류를 교류로 변환

해설 63번 해설 참조

62 ④ 63 ③ 64 ④ 정답

CHAPTER 02

공사재료

01 전선 및 케이블

1. 단선과 연선

(1) 단선 : 가요성이 작다.

(2) 연선 : 가요성이 풍부하다.

$N = 3n(n+1)+1$

$D = (2n+1)d$

$A = aN = \frac{\pi}{4}d^2 \times N$

여기서, N : 총가닥수, n : 층수, d : 소선의 직경[mm], A : 단면적[mm^2],
a : 소선의 단면적[mm^2]

(3) 전선재료의 구비 조건

① 도전율이 클 것

② 기계적 강도가 클 것

③ 비중(밀도)이 작을 것

④ 부식성이 작을 것

⑤ 내식성(내구성)이 클 것

⑥ 가요성이 풍부할 것

⑦ 허용전류가 클 것

⑧ 경제적일 것

2. 나전선

피복물이 없이 도체로만 이루어진 전선이다. 주로 송전선로 및 시가지 외의 배전선로에 사용한다. 해안가 지방의 나전선으로는 동선을 사용한다.

3. 절연전선

피복물이 있는 전선으로서 옥내배선, 시가지 내 배전선로에 사용한다.

(1) 절연재료의 구비 조건

① 절연저항이 클 것

② 절연내력이 클 것

③ 기계적 강도가 클 것

④ 유전체 손실이 적을 것

⑤ 화학적으로 안정할 것

(2) 종 류

① 비닐 절연전선(IV전선)

㉠ 저압 옥내배선 공사에 사용한다.

㉡ 내수성, 내유성, 내약품성이 좋다.

② 고무 절연전선(RB전선)

㉠ 저압 전기회로에 사용(옥내)한다.

㉡ 절연효력이 좋다.

③ 옥외용 비닐 절연전선(OW전선)

저압 가공 배전선로에 사용한다.

④ 인입용 비닐 절연전선(DV전선)

인입선에 사용한다.

⑤ 450/750[V] 일반용 단심 비닐 절연전선(NR전선)

㉠ 경동선 또는 경동연선의 단선 또는 연선에 비닐을 피복한 전선

㉡ 허용온도 70[℃]

㉢ 옥내배선에 사용

⑥ 300/500[V] 기기 배선용 단심 비닐 절연전선(NRI전선)

㉠ 경동선 또는 경동연선의 단선 또는 연선에 내열성이 있는 비닐을 피복한 전선

㉡ 허용온도 90[℃]

㉢ 옥내배선 중 내열성이 필요한 장소에 사용

⑦ 옥외용 가교 폴리에틸렌 절연전선(OC전선)

특별 고압 가공전선로에 주로 사용한다.

※ 참고

명 칭	약 호
옥외용 비닐 절연전선	OW
인입용 비닐 절연전선	DV
형광방전등용 비닐전선	FL
비닐 절연 네온전선	NV
6/10[kV] 고압 인하용 가교 폴리에틸렌 절연전선	PDC
6/10[kV] 고압 인하용 가교 EP 고무 절연전선	PDP
450/750[V] 일반용 단심 비닐 절연전선	NR
450/750[V] 일반용 유연성 단심 비닐 절연전선	NF
300/500[V] 기기 배선용 단심 비닐 절연전선(70[℃])	NRI(70)
300/500[V] 기기 배선용 유연성 단심 비닐 절연전선(70[℃])	NFI(70)
300/500[V] 기기 배선용 단심 비닐 절연전선(90[℃])	NRI(90)
300/500[V] 기기 배선용 유연성 단심 비닐 절연전선(90[℃])	NFI(90)
750[V] 내열성 고무 절연전선(110[℃])	HR
300/500[V] 내열 실리콘 고무 절연전선(180[℃])	HRS

⑧ 금사 코드

㉠ 연동선을 두 개로 꼬아 면사로 감고, 18가닥을 모아 그 위에 고무 혼합물의 피복을 입히고, 2~4조로 면사편조를 씌운 구조를 갖는다.

㉡ 전기이발기, 전기면도기, 헤어드라이어 등 이동용 기구에 사용된다.

핵 / 심 / 예 / 제

01 **한국전기설비규정에 따른 상별 전선의 색상으로 틀린 것은?** [2021년 4회 기사]

① L1 : 백색　　② L2 : 흑색
③ L3 : 회색　　④ N : 청색

해설 KEC 121.2(전선의 식별)

상(문자)	색 상
L1	갈 색
L2	흑 색
L3	회 색
N	청 색
보호도체	녹색-노란색

02 **19/1.8[mm] 경동 연선의 바깥 지름은 몇 [mm]인가?** [2016년 4회 기사]

① 8.5　　② 9
③ 9.5　　④ 10

해설
- 층수 계산
  총가닥수 $N=3n(n+1)+1=19$에서
  층수 $n=2$[층]
- 연선의 바깥 지름
  $D=(2n+1)d=(2\times2+1)\times1.8=9$[mm]

01 ① 02 ② 정답

03 전선재료의 구비 조건 중 틀린 것은? [2017년 1회 기사]

① 접속이 쉬울 것
② 도전율이 작을 것
③ 가요성이 풍부할 것
④ 내구성이 크고 비중이 작을 것

해설 전선의 구비 조건
- 도전율이 클 것(고유저항이 작을 것)
- 기계적 강도가 클 것
- 가요성이 풍부할 것
- 비중(밀도)이 작을 것
- 내식성(내구성)이 클 것
- 허용전류가 클 것
- 부식성이 작을 것
- 경제적일 것

04 가공전선로에 사용되는 전선의 구비 조건으로 틀린 것은? [2016년 4회 기사 / 2019년 2회 기사]

① 도전율이 높은 것
② 내구성이 있을 것
③ 비중(밀도)이 클 것
④ 기계적인 강도가 클 것

해설 3번 해설 참조

05 전선재료로서 구비할 조건 중 틀린 것은? [2017년 4회 기사]

① 도전율이 클 것
② 접속이 쉬울 것
③ 내식성이 작을 것
④ 가요성이 풍부할 것

해설 3번 해설 참조

정답 03 ② 04 ③ 05 ③

06 열전도율이 가장 좋은 것은? [2017년 1회 산업기사]

① 철 ② 은
③ 니크롬 ④ 알루미늄

해설 은은 열전도율이 매우 크다.

07 도전재료로서 요구되는 조건이 틀린 것은? [2016년 1회 기사]

① 전기저항이 클 것
② 내식성 등이 우수할 것
③ 접촉과 연결이 비교적 쉬울 것
④ 자원이 풍부하여 얻기 쉽고 가격이 저렴할 것

해설 **도전재료 구비 조건**
- 전기저항이 작아서 전류가 잘 흐를 것
- 내식성이 우수할 것
- 접촉과 연결이 비교적 쉬울 것
- 자원이 풍부하여 얻기 쉽고 가격이 저렴할 것

08 도체의 재료로 주로 사용되는 구리와 알루미늄의 물리적 성질을 비교한 것 중 옳은 것은? [2018년 1회 기사]

① 구리가 알루미늄보다 비중이 작다.
② 구리가 알루미늄보다 저항률이 크다.
③ 구리가 알루미늄보다 도전율이 작다.
④ 구리와 같은 저항을 갖기 위해서는 알루미늄 전선의 지름을 구리보다 굵게 한다.

해설 구리와 알루미늄 중에서 알루미늄 도체가 더 고유저항이 크다. 따라서, 구리와 같은 저항값을 갖기 위해서는 알루미늄 전선의 굵기를 더 굵게 하여 사용하여야 한다.

06 ② 07 ① 08 ④ 정답

09 절연재료의 구비 조건이 아닌 것은? [2015년 4회 기사]

① 절연저항이 클 것
② 유전체 손실이 클 것
③ 절연내력이 클 것
④ 기계적 강도가 클 것

해설 **절연재료의 구비 조건**
- 절연저항이 클 것
- 절연내력이 클 것
- 기계적 강도가 클 것
- 유전체 손실이 작을 것
- 화학적으로 안정할 것

10 내화 단열재의 구비 조건으로 틀린 것은? [2017년 4회 산업기사]

① 내식성이 클 것
② 급열, 급랭에 견딜 것
③ 열전도율, 체적 비열이 클 것
④ 피열물 간에 화학 작용이 없을 것

해설 **단열재의 구비 조건**
- 내식성이 클 것
- 급열, 급랭에 견딜 것
- 열전도율이 작을 것
- 피열물 간에 화학 작용이 없을 것

11 열 절연재료로 사용되는 내화물의 구비 조건으로 틀린 것은? [2019년 4회 산업기사]

① 사용온도에 견딜 것
② 열 간 하중에 견딜 것
③ 급열, 급랭에 견딜 것
④ 내식성이 작을 것

해설 **내화 단열재의 구비 조건**
- 내식성이 클 것
- 급열, 급랭에 견딜 것
- 열전도율이 작을 것
- 피열물 간에 화학 작용이 없을 것

정답 09 ② 10 ③ 11 ④

12 열 절연재료로 사용되지 않는 것은?

[2015년 2회 산업기사]

① 운 모　　② 석 면
③ 탄화 실리콘　　④ 자 기

해설 **탄화 실리콘**
연마재료 또는 반도체 소자로 이용

13 다음 각 선의 약호가 맞는 것은?

[2015년 2회 기사]

ⓐ 인입용 비닐 절연전선
ⓑ 옥외용 비닐 절연전선
ⓒ 450/750[V] 일반용 유연성 단심 비닐 절연전선
ⓓ 비닐 절연 네온전선
ⓔ 450/750[V] 일반용 단심 비닐 절연전선

① ⓐ DV, ⓑ SV, ⓒ NF, ⓓ NV, ⓔ OW
② ⓐ DV, ⓑ OW, ⓒ NF, ⓓ NV, ⓔ NR
③ ⓐ DV, ⓑ OW, ⓒ NV, ⓓ NF, ⓔ NR
④ ⓐ OW, ⓑ DV, ⓒ SV, ⓓ NV, ⓔ NR

해설 **전선별 약호**
- DV : 인입용 비닐 절연전선
- OW : 옥외용 비닐 절연전선
- NF : 450/750[V] 일반용 유연성 단심 비닐 절연전선
- NV : 비닐 절연 네온전선
- NR : 450/750[V] 일반용 단심 비닐 절연전선

12 ③　13 ② 정답

14 옥외용 비닐 절연전선의 약호 명칭은? [2019년 1회 기사]

① DV ② CV

③ OW ④ OC

해설 **절연전선의 종류**

- OW : 옥외용 비닐 절연전선
- DV : 인입용 비닐 절연전선
- CV : 가교 폴리에틸렌 절연 비닐 외장케이블
- OC : 옥외용 가교 폴리에틸렌 절연전선

15 가공 송전선로의 ACSR 전선 등에 설치되는 진동방지용 장치가 아닌 것은? [2016년 2회 기사]

① Damper

② PG Clamp

③ Armor Rod

④ Spacer Damper

해설 **전선진동억제장치**

- 스톡 브리지 댐퍼, 토셔널 댐퍼
- 스페이서 댐퍼
- 아머 로드

정답 14 ③ 15 ②

4. 케이블

도체 위에 절연체로 절연하고 그 위에 외장 물질로 외장을 한 것

(1) 캡타이어 케이블

① 고무 혼합물로 피복되어 있다.

② 이동성과 가용성을 가지고 있으며 내수성, 내산성, 내유성, 내약품성이 우수하며 기계적으로 튼튼하다.

③ 단면적의 최소 굵기는 0.75[mm^2]이다.

④ 심선의 색상은 5심(흑, 백, 적, 녹, 황)으로 구성되어 있다.

⑤ 종 류

㉠ 1종 : 흥행장소의 이동전선으로 사용할 수 없으며 전기공사 시공용으로 사용하지 않는다.

㉡ 2종 : 1종보다 고무질이 좋다.

㉢ 3종 : 고무 피복 중간에 면포를 삽입시켜서 강도를 보강한다.

㉣ 4종 : 심선 사이에 고무를 삽입하여 강도를 보강한다.

⑥ 재질에 따른 분류

㉠ 비닐 캡타이어 케이블

- 내수성, 내산성, 내알칼리성, 내유성, 내약품성이 우수하다.
- 사용장소 : 화학공장, 제약회사 등에서 이동전선으로 사용한다.

㉡ 고무 캡타이어 케이블

- 기계적 강도가 크다.
- 사용장소 : 무대, 공장, 농장, 광산 등에서 이동전선으로 사용한다.

(2) 클로로프렌 외장케이블

① 고무 혼합물을 입히고 클로로프렌 외피를 입힌 전선이다.

② 고압(옥내, 가공, 인입, 지중케이블)에 사용한다.

(3) 플렉시블 외장케이블

① 아연도금 연강제를 나사 모양으로 감은 것이다.

② 저압 옥내배선에서만 사용한다(고압에서는 사용 불가).

형 식	구 조	주요용도
AC	심선에 고무 절연선을 사용한 것	건조한 곳의 노출 및 은폐 배선용
ACT	심선에 비닐 절연전선을 사용한 것	건조한 곳의 노출 및 은폐 배선용
ACV	주트를 감고 절연 컴파운드를 먹인 것	건조한 곳의 노출 및 은폐 배선용(공장용, 상점용)
ACL	외장 밑에 연피가 있는 것	습기, 물기 또는 기름이 있는 곳

(4) 비닐 외장케이블

케이블의 종류	약 칭	주요용도
비닐 절연 비닐 외장케이블	VV 케이블	600[V] 이하인 전압회로에 사용한다.
폴리에틸렌 절연 비닐 외장케이블	EV 케이블	전기 특성이 우수하므로 저압에서 특별고압에 이르기까지 널리 사용된다.
가교 폴리에틸렌 절연 비닐 외장케이블	CV 케이블	플라스틱 전력케이블의 대표격으로, 저압에서 특별고압에 이르기까지 널리 사용된다.

(5) 용접용 케이블

① 종류와 기호

종 류	기 호	비 고
리드용 제1종 케이블	WCT	천연 고무 캡타이어로 피복한 것
리드용 제2종 케이블	WNCT	클로로프렌 캡타이어로 피복한 것
홀더용 제1종 케이블	WRCT	천연 고무 캡타이어로 피복한 것
홀더용 제2종 케이블	WRNCT	클로로프렌 캡타이어로 피복한 것

② MI 케이블 : 내열성, 내연성, 기계적 특성이 우수(제련, 주물공장 등 화재가 발생할 우려가 있는 곳에 사용)

※ 참고

명 칭	약 호
0.6/1[kV] 비닐 절연 비닐시스 케이블	VV
0.6/1[kV] 비닐 절연 비닐 캡타이어 케이블	VCT
0.6/1[kV] 가교 폴리에틸렌 절연 비닐시스 케이블	CV
0.6/1[kV] 가교 폴리에틸렌 절연 저독성 난연 폴리올레핀시스 전력케이블	HFCO
0.6/1[kV] 가교 폴리에틸렌 절연 비닐시스 케이블	CV1
6/10[kV] 가교 폴리에틸렌 절연 비닐시스 케이블	CV10
동심중성선 차수형 전력케이블	CN-CV
폴리에틸렌 절연 비닐 외장케이블	EV
콘크리트 직매용 폴리에틸렌 절연 비닐시스 케이블(환형)	CB-EV
미네럴 인슈레이션 케이블	MI
고무 외장 용접용 케이블	AWR

※ 전선 및 케이블의 허용온도

- 염화비닐(PVC) : 70[℃](전선)
- 가교 폴리에틸렌(XLPE)과 에틸렌프로필렌 고무 혼합물(EPR) : 90[℃](전선)
- 무기물(PVC 피복 또는 나전선으로 사람을 접촉할 우려가 있는 것) : 70[℃](시스)
- 무기물(접촉에 노출되지 않고 가연성 물질과 접촉할 우려가 없는 나전선) : 105[℃](시스)

(6) 전력케이블

① 전력케이블은 공장지대, 대도시, 해저, 갱 내 등과 같이 지중이나 해저에 전력의 송배전을 하기 위해 시설하는 케이블로 기계적 및 화학적으로 견고한 구조를 가져야 한다.

② 도체로는 전기용 연동선을 쓰며 14[mm^2] 이상은 연선을 사용하고 절연물은 특성이 좋은 아이소부틸렌계 고무를 사용한다. 외장으로는 연피(순연 99.5[%] 이상)를 사용하나 때로는 합금연도 사용한다.

③ 종 류

㉠ 솔리드 케이블

- 도체에 절연지를 감고 이에 절연 컴파운드를 합침시킨 후 연피를 씌운 것으로, 종이와 컴파운드로 채워 있어 솔리드 케이블이라고 한다.
- 종류로는 벨트 케이블, SL 케이블, H 케이블 등이 있다.

㉡ OF 케이블
- 솔리드 케이블의 단점을 보완하기 위한 케이블이다.
- 연피가 파괴되어도 유압의 변화로 사고의 조기 발견이 가능하다.
- 초고압 송전(66~200[kV])용으로 사용된다.

㉢ 가스압 케이블

질소가스(기름)를 넣어 OF 케이블과 같이 파괴전압도 보통 케이블의 2배 정도이고, 44[kV] 이상의 초고압 지중 송전선 등에 사용된다.

핵 / 심 / 예 / 제

01 가교 폴리에틸렌(XLPE) 절연물의 최대 허용온도[℃]는? [2019년 2회 기사]

① 70 ② 90
③ 105 ④ 120

해설 절연전선 케이블의 허용온도

절연물의 종류	허용온도[℃]	비 고
염화비닐(PVC)	70	도 체
가교 폴리에틸렌(XLPE)과 에틸렌프로필렌 고무 혼합물(EPR)	90	도 체
무기질(PVC 피복 또는 나도체가 인체에 접촉할 우려가 있는 것)	70	시 스
무기질(접촉하지 않고 가연성 물질과 접촉할 우려가 없는 나도체)	105	시 스

02 전선의 약호에서 CVV의 품명은? [2015년 4회 기사]

① 인입용 비닐 절연전선
② 0.6/1[kV] 비닐 절연 비닐 캡타이어 케이블
③ 0.6/1[kV] 비닐 절연 비닐시스 케이블
④ 0.6/1[kV] 비닐 절연 비닐시스 제어 케이블

해설 CVV
0.6/1[kV] 비닐 절연 비닐시스 제어 케이블

03 케이블의 약호 중 EE의 품명은? [2020년 4회 기사]

① 미네럴 인슈레이션 케이블
② 폴리에틸렌 절연 비닐시스 케이블
③ 형광방전등용 비닐전선
④ 폴리에틸렌 절연 폴리에틸렌시스 케이블

해설 EE
폴리에틸렌 절연 폴리에틸렌시스(외장) 케이블

01 ② 02 ④ 03 ④ 정답

04 솔리드 케이블이 아닌 것은? [2017년 2회 기사]

① H 케이블
② SL 케이블
③ OF 케이블
④ 벨트 케이블

해설 **솔리드 케이블(절연지 케이블)**
- 벨트 케이블
- H 케이블
- SL 케이블

05 다음 중 0.6/1[kV] 가교 폴리에틸렌 절연 비닐시스 전력케이블의 기호는? [2022년 1회 기사]

① 0.6/1[kV] CCV
② 0.6/1[kV] CVV
③ 0.6/1[kV] CV
④ 0.6/1[kV] CE

해설

명 칭	약 호
0.6/1[kV] 비닐 절연 비닐시스 케이블	VV
0.6/1[kV] 비닐 절연 비닐 캡타이어 케이블	VCT
0.6/1[kV] 가교 폴리에틸렌 절연 비닐시스 케이블	CV
0.6/1[kV] 가교 폴리에틸렌 절연 저독성 난연 폴리올레핀시스 전력케이블	HFCO
0.6/1[kV] 가교 폴리에틸렌 절연 비닐시스 케이블	CV1
6/10[kV] 가교 폴리에틸렌 절연 비닐시스 케이블	CV10
동심중성선 차수형 전력케이블	CN-CV
폴리에틸렌 절연 비닐 외장케이블	EV
콘크리트 직매용 폴리에틸렌 절연 비닐시스 케이블(환형)	CB-EV
미네럴 인슈레이션 케이블	MI
고무 외장 용접용 케이블	AWR

06 석유류 등의 위험물을 제조하거나 저장하는 장소에 저압 옥내 전기설비를 시설하고자 한다. 이때 사용 가능한 이동전선은?(단, 이동전선은 접속점이 없다) [2020년 3회 기사]

① 0.6/1[kV] EP 고무 절연 클로로프렌 캡타이어 케이블
② 0.6/1[kV] EP 고무 절연 클로로프렌시스 케이블
③ 0.6/1[kV] EP 고무 절연 비닐시스 케이블
④ 0.6/1[kV] EP 비닐 절연 비닐시스 케이블

해설 **위험물 제조소 등 이동 가능한 전선** : 0.6/1[kV] EP 고무 절연 클로로프렌 캡타이어 케이블을 사용한다.

정답 04 ③ 05 ③ 06 ①

02 배선재료와 공구

1. 개폐기

(1) **나이프 스위치** : 분전반에 주개폐기가 필요할 때 사용

도기호	명 칭	약 호	도기호	명 칭	약 호
	단극 단투형	SPST		단극 쌍투형	SPDT
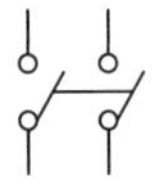	2극 단투형	DPST	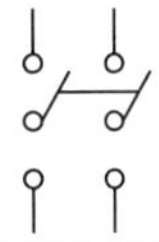	2극 쌍투형	DPDT
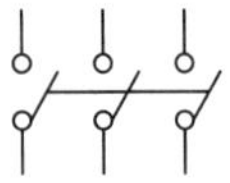	3극 단투형	TPST	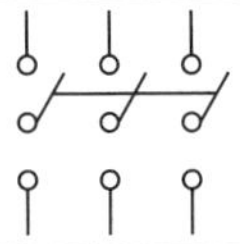	3극 쌍투형	TPDT

(2) **커버나이프 스위치** : 전등, 전열, 동력용의 인입, 분기 개폐기로 사용

(3) **안전 스위치** : 나이프 스위치를 금속제의 함 내부에 장치하고 외부에서 핸들을 조작하여 개폐(전등과 전열기구 및 저압전동기의 주개폐기로 사용)

2. 점멸기(스위치)

공장, 사무실 등 유사한 장소에 시설하는 전등군의 등수는 최대 6등 이내로 한다.

(1) **텀블러 스위치**

옥내에서 가장 많이 사용(가정집, 사무실)한다. 매입형과 노출형이 있다.

(2) 로터리 스위치

회전 스위치라고 하고, 벽이나 기둥 등에 붙여 전등의 점멸용에 주로 사용한다.

(3) 누름 버튼 스위치

누르고 있는 동안에만 동작하는 스위치이다. 전동기(기동, 정지) 스위치로 사용한다.

(4) 풀 스위치

끈을 잡아당겨서 개폐가 되는 스위치이다. 감전의 우려가 없다.

(5) 캐노피 스위치

풀 스위치의 일종으로 벽 또는 기둥에 붙이면 편리하다(등기구 안에 스위치가 설치되어 있음).

(6) 코드 스위치

전기기구의 코드 도중에 넣어 회로를 개폐하는 스위치로, 전기스탠드 등에 사용한다.

(7) 펜던트 스위치

전등을 하나씩 개별 점멸하는 곳에 사용한다.

(8) 도어 스위치

문과 문기둥에 설치하여 문을 열고 닫을 때 자동으로 회로를 개폐한다.

(9) 3로, 4로 스위치

빌딩 또는 APT 등 2개소 이상에서 전등 점멸에 주로 사용한다.

(10) 자동 스위치

① 부동 스위치(Float Switch) : 물탱크의 물 양에 따라 동작하는 스위치

② 압력 스위치(Pressure Switch) : 기체의 압력이 높고 낮음에 따라 자동 조절되는 것

③ 수은 스위치(Mercury Switch) : 바이메탈과 조합하여 실내 난방장치의 자동 온도 조절에 사용

④ 타임 스위치(Time Switch) : 시계장치와 조합하여 자동 개폐하는 것

(11) 광전 스위치

투광기와 수광기로 구성되고, 물체가 광로를 차단하면 접점이 개폐되는 스위치이다.

3. 콘센트와 플러그 및 소켓

(1) 콘센트

① 전기기구의 플러그를 꽂아 사용하는 배선기구를 말한다.

② 형태에 따라 노출형과 매입형 콘센트(바닥면으로부터 30[cm] 이상)가 있다.

③ 용도에 따른 분류

명 칭	용 도	심 벌
방수형 콘센트	욕실이나 옥외에서 사용하는 콘센트로서 물이 들어가지 않도록 마개를 덮을 수 있는 구조로 되어 있다(바닥면으로부터 80[cm] 이상).	WP
시계용 콘센트	시계를 걸 수 있는 고리가 있다.	
선풍기용 콘센트	무거운 선풍기를 고정시킬 수 있는 볼트가 달려 있다.	
플로어 콘센트	바닥에 매입되어 있는 것으로, 사용하지 않을 때는 뚜껑을 덮어둔다(물 침입을 방지하기 위해 패킹을 이용).	
턴로크 콘센트	플러그가 빠지지 않도록 플러그를 끼우고 90°쯤 돌려서 잠그는 구조로 되어 있다.	
비상용 콘센트	화재 시 소화활동을 용이하게 하기 위한 설비로서 단상 및 3상 회로로 구성된다(3회로로 구성).	

(2) 플러그(Plug)

① 코드 접속기(Cord Connection) : 코드를 서로 접속할 때 사용하는 것

② 멀티 탭(Multi Tap) : 하나의 콘센트에 둘 또는 세 가지의 기구를 사용할 때 끼우는 것

③ 테이블 탭(Table Tap) : 코드의 길이가 짧을 때 연장하여 사용(익스텐션 코드라 함)

④ 작업등(Extention Light) : 자동차 수리 공장 등에서 사용하는 것

⑤ 아이언 플러그(Iron Plug) : 전기다리미, 온탕기 등에 사용

(3) 소 켓

① 모굴 소켓(Mogul Socket) : 300[W] 이상의 백열전구는 대형 베이스의 것을 사용하게 되는 것

② 키 소켓 : 200[W] 이하의 백열전구에 사용하며 점멸장치가 있는 소켓

③ 키리스 소켓(Keyless Socket) : 점멸장치가 없는 것

④ 방수용 소켓 : 목욕탕 또는 욕실에 설치

⑤ 리셉터클(Receptacle) : 코드 없이 천장이나 벽에 직접 붙이는 일종의 소켓

⑥ 로제트(Rosette) : 코드 펜던트를 시설할 때 천장에 코드를 매기 위하여 사용

4. 과전류 차단기 : 퓨즈(Fuse)와 차단기로 구분

(1) 전류 제한기 : 정액 수용가가 계약용량 초과 시 자동 회로 차단

(2) 퓨즈(Fuse) : 저전압 차단 역할(과전류 시 줄열에 의해 녹아 회로 차단)

정격전류의 구분	시 간	정격전류의 배수	
		불용단전류	용단전류
4[A] 이하	60분	1.5배	2.1배
4[A] 초과 16[A] 미만	60분	1.5배	1.9배
16[A] 이상 63[A] 이하	60분	1.25배	1.6배
63[A] 초과 160[A] 이하	120분	1.25배	1.6배
160[A] 초과 400[A] 이하	180분	1.25배	1.6배
400[A] 초과	240분	1.25배	1.6배

(3) 배선용 차단기

과전류트립						순시트립(주택용)	
정격전류의 구분	시 간	정격전류의 배수(모든 극에 통전)				형	트립 범위
		부동작전류		동작전류		B	$3I_n$ 초과~$5I_n$ 이하
		산업용	주택용	산업용	주택용	C	$5I_n$ 초과~$10I_n$ 이하
63[A] 이하	60분	1.05배	1.13배	1.3배	1.45배	D	$10I_n$ 초과~$20I_n$ 이하
63[A] 초과	120분	1.05배	1.13배	1.3배	1.45배	• B, C, D : 순시트립전류에 다른 차단기 분류 • I_n : 차단기 정격전류	

5. 전기 사용 공구

(1) 펜 치

전선의 절단, 전선 접속 등에 사용한다(150[mm] : 소기구의 전선 접속, 175[mm] 옥내 공사용, 200[mm] 옥외 공사용).

(2) 나이프 : 전선의 피복 절연물을 제거할 때 사용한다.

(3) 와이어 스트리퍼 : 전선의 피복 절연물을 벗길 때 사용한다.

(4) 드라이버

배선기구, 조명기구 등을 시설할 때나 나사못을 박을 때 또는 로크너트를 조일 때 사용한다.

(5) 토치 램프 : 전선 접속의 납땜과 합성수지관의 가공에 열을 가할 때 사용한다.

(6) 플라이어 : 로크너트를 조일 때 사용한다.

(7) 프레셔 툴 : 솔더리스 커넥터 또는 솔더리스 터미널을 압착하는 데 사용한다.

(8) 파이프 벤더 및 히키 : 금속관을 슬리브 잡을 때 사용되는 공구이다.

(9) 파이프 바이스

금속관을 전달할 때 또는 금속관에 나사를 낼 때 파이프를 고정시키는 데 사용한다.

(10) 파이프 커터 : 금속관을 절단할 때 사용한다.

(11) 리 머

금속관 절단 후 관 안쪽에 날카로운 표면을 매끄럽게 다듬을 때 사용한다.

(12) 녹아웃 펀치

배・분전반의 배관 변경 시 또는 이미 설치되어 있는 캐비닛에 구멍을 뚫을 때 필요한 공구로서 수동식과 유압식이 있으며, 크기는 15, 19, 25[mm] 등이 있다.

(13) 오스터 : 금속관 끝에 나사를 내는 공구이다.

(14) **드라이브 이트**

화약의 폭발력으로 철근 콘크리트 등의 조영물에 드라이브 이트 핀을 박을 때 사용되는 공구이다.

(15) **홀소** : 녹아웃 펀치와 같은 용도로 배·분전반 캐비닛에 구멍을 뚫을 때 사용한다.

(16) **피시 테이프** : 전선관에 전선을 입선 작업할 때 사용되는 평각 강철선이다.

(17) **철망 그립** : 여러 가닥의 전선을 전선관에 넣을 때 사용되는 공구이다.

(18) **파이프 렌치**

금속관을 커플링으로 접속할 때 금속관과 커플링을 물고 조이는 공구이다.

(19) **엔트런스 캡**

금속관 공사 시 전선 보호 및 빗물 침입을 방지할 목적으로 관 끝에 사용한다.

※ 터미널 캡 : 저압 가공 인입선에서 금속관 공사로 옮겨지는 곳 또는 금속관으로부터 전선을 뽑아 전동기 단차 부분에 접속할 때 사용

(20) **절연 부싱** : 전선피복을 보호하기 위해 전선관 단구에 설치한다.

(21) **링 리듀서** : 녹아웃 구멍이 금속관보다 큰 경우 박스에 금속관을 고정시킬 때 사용한다.

(22) **로크너트** : 금속관을 박스에 고정시킬 때 사용한다.

(23) 유니언 커플링

금속관 상호 간을 돌려 끼워서 접속하기 어려운 경우 관 상호 간을 접속할 때 사용한다.

(24) 콤비네이션 커플링 : 금속관과 가요전선관을 접속할 때 사용한다.

(25) 스플릿 커플링 : 가요전선관 상호 간을 접속할 때 사용한다.

(26) 스프링 와셔 : 가구단자에 전선 접속 시 진동 등으로 헐거워지는 것을 방지한다.

(27) 풀 박스

금속관 구부리기에 있어서 관의 굴곡이 3개소가 넘거나 관의 길이가 30[m]를 초과할 때 사용한다.

(28) 노멀 벤드

콘크리트에 묻어 버리는 금속관 공사에서 직각으로 배관할 때 사용한다.

핵 / 심 / 예 / 제

01 **개폐기의 명칭과 기호의 연결로 틀린 것은?** [2016년 2회 기사]

① 2극 쌍투형 : DPDT ② 2극 단투형 : DPST
③ 단극 쌍투형 : SPDT ④ 단극 단투형 : TPST

해설 **개폐기의 명칭과 기호**
- 단극 쌍투형 : SPDT
- 단극 단투형 : SPST
- 2극 쌍투형 : DPDT
- 2극 단투형 : DPST
- 3극 단투형 : TPST

02 **테이블 탭에는 단면적 1.5[mm^2] 이상의 코드를 사용하고 플러그를 부속시켜야 한다. 이 경우 코드의 최대 길이[m]는?** [2018년 2회 기사]

① 1 ② 2
③ 3 ④ 4

해설 코드의 최대 길이 : 3[m]

03 **비포장 퓨즈의 종류가 아닌 것은?** [2018년 4회 기사]

① 실 퓨즈 ② 판 퓨즈
③ 고리 퓨즈 ④ 플러그 퓨즈

해설 플러그 퓨즈는 포장 퓨즈이다.

01 ④ 02 ③ 03 ④ 정답

04 녹아웃 펀치와 같은 목적으로 사용하는 공구의 명칭은? [2017년 1회 기사]

① 히 키
② 리 머
③ 홀 소
④ 드라이브 이트

해설 **홀 소**
- 철판 등에 전선관을 넣기 위한 구멍을 뚫는 공구
- 녹아웃 펀치와 같은 목적으로 사용

05 투광기와 수광기로 구성되고 물체가 광로를 차단하면 접점이 개폐되는 스위치는? [2016년 4회 기사]

① 압력 스위치
② 광전 스위치
③ 리밋 스위치
④ 근접 스위치

해설 **광전 스위치**
투광기와 수광기로 구성되고 물체가 광로를 차단하면 접점이 개폐되는 스위치

06 2개소에서 한 개의 전등을 자유롭게 점멸할 수 있는 스위치 방식은? [2022년 1회 기사]

① 로터리 스위치
② 마그넷 스위치
③ 3로 스위치
④ 푸시 버튼 스위치

해설 빌딩 또는 아파트 등 2개소 이상에서 전등 점멸에 주로 3로 스위치가 사용된다.

07 KS C 8309에 따른 옥내용 소형 스위치 중 텀블러 스위치의 정격전류가 아닌 것은? [2021년 4회 기사]

① 5[A]
② 10[A]
③ 15[A]
④ 20[A]

해설 **텀블러 스위치의 정격전류** : 0.5, 1, 3, 4, 6, 7, 10, 12, 15, 16, 20[A]

정답 04 ③ 05 ② 06 ③ 07 ①

08 리드 스위치(Reed Switch)의 특성이 아닌 것은? [2020년 3회 산업기사]

① 회로 구성이 복잡하다. ② 사용온도 범위가 넓다.
③ 내전압 특성이 우수하다. ④ 소형, 경량이다.

해설 **리드 스위치**
유리관에 불활성 가스를 주입하여 자석의 움직임에 의해서 자기장이 발생되어 On/Off가 되는 스위치이다. 냉장고, 도어락, 방범창, 펌프, 가전제품 등에 사용된다. 회로 구성이 간단하고, 온도 범위가 넓고, 내전압 특성이 우수하며 소형, 경량이다.

09 저압 가공 인입선에서 금속관 공사로 옮겨지는 곳 또는 금속관으로부터 전선을 뽑아 전동기 단자 부분에 접속할 때 사용하는 것은? [2017년 1회 기사 / 2021년 2회 기사]

① 엘 보 ② 터미널 캡
③ 접지 클램프 ④ 엔트런스 캡

해설 **접속재 공구 및 자재**
- 터미널 캡
  - 저압 가공 인입선에서 금속관 공사로 옮겨지는 곳에 사용
  - 금속관으로부터 전선을 인출하여 전동기 단자 부분에 접속할 때 사용
- 엘보 : 노출 배관 공사 시 전선관을 직각으로 구부릴 때 사용하는 공구
- 접지 클램프 : 금속관 공사에서 전선관을 접지할 필요가 있는 곳에 사용
- 엔트런스 캡 : 인입구, 인출구의 금속관 관 끝에 설치하는 빗물 침입을 막는 자재

10 전선관 접속재가 아닌 것은? [2019년 4회 기사]

① 유니버설 엘보 ② 콤비네이션 커플링
③ 새 들 ④ 유니언 커플링

해설
- 새들 : 금속관을 조영재에 고정시키는 데 사용
- 유니버설 엘보 : 노출 배관공사에 관을 직각으로 굽혀서 공사할 때 또는 관 상호 접속 또는 관을 분기해야 할 곳에 사용
- 콤비네이션 커플링 : 금속관과 가요전선관과 같이 다른 종류, 이경 전선관을 접속할 때 사용
- 유니언 커플링 : 관이 고정되어 있을 때 또는 관의 양측을 돌려서 접속할 수 없는 경우 사용

08 ① 09 ② 10 ③ 정답

11 무거운 조명기구를 파이프로 매달 때 사용하는 것은? [2019년 1회 기사]

① 노멀 벤드　　② 파이프행거

③ 엔트런스 캡　　④ 픽스처 스터드와 히키

해설 **금속관 공사용 부속품 용도**

- 노멀 벤드 : 배관의 직각 굴곡에 사용
- 파이프행거 : 배관 파이프를 천장에 매달리도록 고정용으로 사용
- 엔트런스 캡 : 인입구, 인출구의 판단에 설치하여 금속관에 접속하여 옥외의 빗물을 막는 데 사용
- 픽스처 스터드와 히키 : 아웃렛 박스에 조명기구를 부착시킬 때 사용, 무거운 기구 부착용

12 옥내배선용 공구 중 리머의 사용 목적으로 옳은 것은? [2020년 4회 기사]

① 로크너트 또는 부싱을 견고히 조일 때

② 커넥터 또는 터미널을 압착하는 공구

③ 금속관 절단에 따른 절단면 다듬기

④ 금속관의 굽힘

해설 **리 머**

금속관 절단 후 단면을 다듬어 전선의 피복을 보호할 때 쓰는 공구

13 박스에 금속관을 연결시키고자 할 때 박스의 녹아웃 지름이 금속관의 지름보다 큰 경우 박스에 사용되는 것은? [2020년 4회 기사]

① 링 리듀서　　② 엔트런스 캡

③ 부 싱　　④ 엘 보

해설 **링 리듀서**

금속관과 박스를 연결할 때 금속관의 구경이 클 때 로크너트와 금속관 사이에 끼워서 관과 박스를 고정시킨다.

정답 11 ④　12 ③　13 ①

14 금속관 공사에서 부싱을 쓰는 목적은?

[2022년 1회 기사]

① 관의 끝이 터지는 것을 방지
② 관의 끝부분에서 전선 피복의 손상을 방지
③ 박스 내에서 전선의 접속을 방지
④ 관의 끝부분에서 조영재의 접속을 방지

해설 **부 싱**

금속관 공사에서 전선과 끝에 설치하여 전선 피복이 손상되는 것을 방지하는 배관 자재

15 과전류차단기로 시설하는 퓨즈 중 고압전로에 사용하는 포장 퓨즈는 정격전류의 몇 배의 전류에서 2시간 이내에 용단되지 않아야 하는가?(단, 퓨즈 이외의 과전류차단기와 조합하여 하나의 과전류차단기로 사용하는 것은 제외한다)

[2022년 2회 기사]

① 1.1　　② 1.3
③ 1.5　　④ 1.7

해설

고 압	포장 퓨즈	정격전류 1.3배에 견디고 2배 전류로 120분 이내 용단
	비포장 퓨즈	정격전류 1.25배에 견디고 2배 전류로 2분 이내 용단

14 ② 15 ② 정답

6. 전선의 접속 및 테이프 및 측정계기

(1) 전선의 접속

① 전선 접속 조건
- ㉠ 전선 세기 20[%] 이상 감소시키지 말 것(80[%] 이상 유시)
- ㉡ 저항 증가시키지 말 것
- ㉢ 특수(커넥터, 슬리브) 접속 외에는 납땜을 할 것
- ㉣ 절연 효력을 증가시킬 것

② 전선 접속 종류
- ㉠ 슬리브 접속
- ㉡ 커넥터 접속
- ㉢ 납땜 접속

③ 트위스트 접속 : 가는 단선 6[mm^2] 이하 접속
브리타니아 접속 : 굵은 단선 10[mm^2] 이상 접속

④ 쥐꼬리 접속 : 박스 내에서 전선 접속 시 절연 커넥터(와이어 커넥터) 사용

(2) 테이프

전선 접속 부분을 절연하여 감전(누전)사고를 방지하기 위하여 사용

① 비닐 테이프
- ㉠ 염화비닐 컴파운드로 만든 테이프
- ㉡ 절연성이 높아 전기단자 피복용으로 쓰임
- ㉢ 테이프 색은 흑색, 흰색, 회색, 파랑, 녹색, 노랑, 갈색, 주황, 적색 등 9종류
- ㉣ 폭 19[mm] / 두께 0.15, 0.2, 0.25[mm]

② 고무 테이프 : 전선, 케이블 접속부 절연에 쓰임

③ 면 테이프 : 접착성이 강하고 절연성이 우수

④ 리노 테이프
접착성은 없으나 절연성, 내온성 및 내유성이 있으며 연피 케이블 접속에 반드시 사용

⑤ 자기융착 테이프
- ㉠ 내오존성, 내수성, 내약품성, 내온성이 우수
- ㉡ 비닐 외장케이블 및 클로로프렌 외장케이블의 접속에 사용

㉢ 테이핑할 때 약 1.2배 정도 늘려서 감아 서로 융착되어 벗겨지는 일이 없음

(3) 측정계기

① 와이어 게이지 : 전선의 굵기 측정

② 버니어 캘리퍼스 : 바깥지름, 안지름, 깊이 등을 하나의 측정기로 측정할 수 있음

③ 마이크로미터 : 전선, 철판 등의 두께 측정

④ 네온검진기 : 충전 유무 검사

⑤ 메거(절연저항계) : 절연저항 측정

⑥ 테스터, 마그넷벨, 메거 : 도통시험 검사

⑦ 어스 테스터, 콜라우슈 브리지 : 접지저항 측정

핵 / 심 / 예 / 제

01 **전선 접속 시 유의 사항이 아닌 것은?** [2016년 1회 기사]

① 접속으로 인해 전기적 저항이 증가하지 않게 한다.
② 접속으로 인한 도체 단면적을 현저히 감소시키게 한다.
③ 접속 부분의 전선의 강도를 20[%] 이상 감소시키지 않게 한다.
④ 접속 부분은 절연전선의 절연물과 동등 이상의 절연내력이 있는 것으로 충분히 피복한다.

해설 **전선 접속 시 유의 사항**
- 접속으로 인해 전기적 저항이 증가하지 않아야 한다.
- 접속 부분의 전선의 강도를 20[%] 이상 감소시키지 않아야 한다.
- 접속 부분은 절연전선의 절연물과 동등 이상의 절연내력이 있는 것으로 충분히 피복한다.

02 **나전선 상호 간을 접속하는 경우 인장하중에 대한 내용으로 옳은 것은?** [2015년 1회 기사]

① 20[%] 이상 감소시키지 않을 것
② 40[%] 이상 감소시키지 않을 것
③ 60[%] 이상 감소시키지 않을 것
④ 80[%] 이상 감소시키지 않을 것

해설 나전선 상호 또는 나전선과 절연전선, 캡타이어 케이블 또는 케이블과 접속하는 경우 전선의 강도를 20[%] 이상 감소시키지 않을 것

03 **옥내에서 전선을 병렬로 사용할 때의 시설 방법으로 틀린 것은?** [2019년 2회 기사]

① 전선은 동일한 도체이어야 한다.
② 전선은 동일한 굵기, 동일한 길이이어야 한다.
③ 전선의 굵기는 동 40[mm^2] 이상 또는 알루미늄 90[mm^2] 이상이어야 한다.
④ 관 내에 전류의 불평형이 생기지 아니하도록 시설하여야 한다.

해설 **옥내에서 전선을 병렬로 사용하는 경우의 원칙**
병렬로 사용하는 각 전선의 굵기는 동 50[mm^2] 이상 또는 알루미늄 70[mm^2] 이상이고 동일한 도체, 동일한 굵기, 동일한 길이이어야 한다.

정답 01 ② 02 ① 03 ③

04 **아웃렛 박스(정크션 박스)에서 전등선로를 연결하고 있다. 박스 내에서 전선 접속 방법으로 옳은 것은?** [2016년 4회 기사]

① 납 땜　　② 압착 단자
③ 비닐 테이프　　④ 와이어 커넥터

해설 **와이어 커넥터**
- 박스 내에서 전선 접속을 할 때 많이 사용한다.
- 아웃렛 박스(정크션 박스)에서 전등선로를 연결하는 곳 등에 주로 이용한다.

05 **기계기구의 단자와 전선의 접속에 사용되는 자재는?** [2021년 4회 기사]

① 터미널러그　　② 슬리브
③ 와이어커넥터　　④ T형 커넥터

해설 **터미널러그** : 기계기구의 단자와 전선의 접속에 사용

06 **동전선의 접속 방법이 아닌 것은?** [2017년 2회 기사]

① 교차 접속　　② 직선 접속
③ 분기 접속　　④ 종단 접속

해설 **동전선의 접속 방법**
- 직선 접속
- 분기 접속
- 종단 접속
- 슬리브 접속

04 ④　05 ①　06 ① 정답

07 **알루미늄 전선 접속 시 가는 전선을 박스 안에서 접속하는 데 사용되는 슬리브는?**

[2016년 2회 기사]

① S형 슬리브
② 종단 겹침용 슬리브
③ 매킨 타이어 슬리브
④ 직선 겹침용 슬리브

해설 **종단 겹침용 슬리브**
알루미늄 전선 접속 시 가는 전선을 박스 안에서 접속하는 데 사용되는 슬리브

08 **장력이 걸리지 않는 개소의 알루미늄선 상호 간 또는 알루미늄선과 동선의 압축접속에 사용하는 분기 슬리브는?**

[2021년 1회 기사]

① 알루미늄 전선용 압축 슬리브
② 알루미늄 전선용 보수 슬리브
③ 알루미늄 전선용 분기 슬리브
④ 분기 접속용 동 슬리브

해설 **알루미늄 전선용 분기 슬리브** : 가공배전선로 알루미늄 전선의 장력이 걸리지 않는 장소에 알루미늄선 상호 간 또는 알루미늄선과 동선의 압축접속에 사용

09 **다음 중 절연성, 내온성, 내유성이 풍부하며 연피케이블에 사용하는 전기용 테이프는?**

[2021년 2회 기사]

① 면 테이프
② 비닐 테이프
③ 리노 테이프
④ 고무 테이프

해설
- 면 테이프 : 접착성이 강하고 절연성이 우수
- 비닐 테이프 : 절연성이 높아 전기단자 피복용으로 쓰임
- 리노 테이프 : 접착성은 없으나 절연성, 내온성 및 내유성이 있으며 연피케이블 접속에 반드시 사용
- 고무 테이프 : 전선, 케이블 접속부 절연에 쓰임
- 자기융착 테이프 : 내오존성, 내수성, 내약품성, 내온성이 우수하다. 테이핑 할 때 1.2배 정도 늘려서 감아 서로 융착 되어 벗겨지는 일이 없다.

정답 07 ② 08 ③ 09 ③

03 배관 공사

1. 애자 공사

(1) 애자 구비 조건 : 절연성, 난연성, 내수성

(2) 시공 전선의 이격거리

구 분	400[V] 이하	400[V] 초과
전선 상호 간의 거리	6[cm] 이상	6[cm] 이상
전선과 조영재와의 거리	2.5[cm] 이상	4.5[cm] 이상(건조한 곳은 2.5[cm] 이상)

(3) 지지점 간의 거리 : 2[m] 이하

(4) 네온전선을 지지하는 애자 → 코드 서포트(관을 지지하는 것 → 튜브 서포트)

(5) 애자 공사에 사용되는 놉애자와 사용되는 전선의 최대 굵기는 다음과 같다.

놉애자의 종류	전선의 최대 굵기[mm^2]
소놉애자	16
중놉애자	50
대놉애자	95
특대놉애자	240

※ 애자의 바인드법

- 일자 바인드 : 10[mm^2] 이하 전선
- 십자 바인드 : 16[mm^2] 이상 전선

2. 합성수지관 공사 : 저압 옥내배선 공사 적용

(1) 특징 : 내부식성, 절연성, 시공편리, 누전우려가 적으나 열에 약하고 충격에 약하다.

(2) 호칭 : 근사내경(안지름에 가까운 짝수)

(3) 길이 : 4[m]

(4) 접속 : 커플링에 관 삽입 시 관의 길이는 관 바깥지름의 1.2배 이상(단, 접착제 사용할 때 = 0.8배 이상)

(5) 합성수지관 굵기와 전선수용량 : 같은 굵기 48[%] 이하, 다른 굵기 32[%] 이하 삽입

(6) 지지점 간의 거리 : 1.5[m] 이하, 새들로 고정(관과 박스의 접속점 및 관 상호 간의 접속점 등에서는 가까운 곳 0.3[m] 이내 지점에 시설 가능)

(7) 직각으로 구부릴 때 곡률 반지름 : 관 안지름의 6배 이상

(8) 절연전선을 사용(단선 Cu 10[mm^2], Al 16[mm^2] 이하를 사용하고 그 이상은 연선을 사용)

(9) 종 류

① 경질 비닐 전선관

㉠ 토치 램프로 가열

㉡ 관의 굵기 : 안지름 짝수(14, 16, 22, 28, 36, 42, 54, 70, 82[mm])

② 폴리에틸렌 전선관

㉠ 토치 램프로 가열할 필요 없음

㉡ 관의 굵기 : 안지름 짝수(14, 16, 22, 28, 36, 42[mm])

③ 합성수지제 가요전선관

㉠ 내약품성, 내식성이 우수

㉡ 관의 굵기 : 안지름 짝수(14, 16, 22, 28, 36, 42[mm])

3. 금속관 공사

(1) 금속관 공사의 특징

① 전기적으로 완전히 접지할 수 있어 누전 화재에 대한 우려가 적다.

② 방폭 공사를 시설할 수 있어 그만큼 안전하다.

③ 모든 공사 방법에 적용할 수 있다.

(2) 금속관 공사장소 : 모든 장소 시설 가능

(3) 시설 방법

① **매입관 공사** : 콘크리트, 흙벽 속 시설(금속관의 두께는 1.2[mm] 이상)

② **노출배관 공사** : 조영재에 따라 시설, 천장에 매달 때 시설

(4) 전선관 종류

① **후강 전선관** : 안지름 크기에 가까운 짝수(두께가 2.3[mm] 이상으로 두꺼운 금속관)

㉠ 구분 : 16, 22, 28, 36, 42, 54, 70, 82, 92, 104[mm] ⇒ 10종류

㉡ 길이 : 3.66[m]

② **박강 전선관** : 바깥지름 크기에 가까운 홀수(두께가 1.2[mm] 이상으로 얇은 금속관)

㉠ 구분 : 19, 25, 31, 39, 51, 63, 75[mm] ⇒ 7종류

㉡ 길이 : 3.66[m]

(5) 관에 넣는 전선수 : 관에 넣는 전선(절연전선 사용, 옥외용 비닐 절연전선은 제외)

① 연선을 사용(단면적 Cu 10[mm^2], Al 16[mm^2] 이하는 단선 사용)

② **금속관 안에 굵기가 다른 전선을 넣는 경우의 금속관 굵기** : 절연전선 피복을 포함한 총단면적이 금속관 안의 단면적의 32[%](굵기가 같은 전선을 동일 관 내에 넣는 경우에는 48[%] 이하로 할 것)

③ 전선을 2가닥 이상 병렬 시설 시 전기적으로 평형이 되도록 시설할 것

(6) 금속관을 구부릴 경우 : 내부 반경은 관 안지름의 6배 이상으로 할 것

4. 가요전선관 공사(플렉시블 공사)

(1) 크기 : 안지름에 가까운 홀수(15, 19, 25[mm])

(2) 길이 : 10, 15, 30[m]

(3) 두께 : 0.8[mm] 이상 연강대 아연도금

(4) 지지간격 : 1[m]마다 새들로 고정

(5) 구부림 안쪽 반지름 : 관 안쪽 반지름의 6배 이상

(6) 가요관과 가요관 상호접속 : 플렉시블 커플링

(7) 가요관과 금속관 접속 : 콤비네이션 커플링

5. 덕트 공사

(1) 금속 덕트 공사

① 절연전선 사용

② 덕트 내에 전선의 접속점을 만들면 안 됨

③ 금속 덕트는 폭 4[cm] 이상, 두께 1.2[mm] 이상의 철판으로 견고하게 제작되어야 함

④ 옥내에서 건조한 노출장소와 은폐장소(점검이 가능한)에 시설할 수 있음

⑤ 지지점 간의 거리는 3[m] 이하

⑥ 뚜껑이 쉽게 열리지 않도록 하고 덕트의 끝 부분을 폐쇄함

⑦ 덕트의 바깥면과 안쪽면에 산화 방지를 위하여 아연도금을 할 것

⑧ 전선수는 30가닥 이하

⑨ 금속 덕트에 수용하는 전선은 절연물을 포함하는 단면적의 총합이 금속 덕트 내 단면적의 20[%] 이하가 되도록 함(단, 전광표시장치, 출퇴표시등, 기타 이와 유사한 장치 또는 제어회로 등의 배선에 사용하는 전선만을 넣는 경우에는 50[%] 이하로 할 수 있다)

(2) 버스 덕트 공사

① 빌딩, 공장 등의 변전실에서 전선을 인출하는 곳에 사용 또는 이동 부하에 전원을 공급하는 수단으로 사용

② 옥내 건조한 노출장소 및 은폐장소(점검이 가능한)에 시설할 수 있음

③ 덕트는 3[m] 이하의 간격으로 지지(먼지가 들어가지 못하도록 한다)

④ 도체는 덕트 내에서 0.5[m] 이하의 간격으로 비흡수성의 절연물로 견고히 지지

⑤ 종 류

㉠ 피더 버스 덕트 : 도중에 부하를 접속하지 않는 것

㉡ 플러그인 버스 덕트 : 도중에 접속용 플러그를 접속할 수 있는 구조

㉢ 트롤리 버스 덕트 : 이동 부하 접속 시 사용

(3) 플로어 덕트 공사

① 마루 밑에 매입하는 배선용의 덕트로, 마루 위로 전선 인출을 목적으로 하는 것

② 절연전선으로 동 10[mm^2](알루미늄선 16[mm^2]) 이하를 사용(초과하는 경우에는 연선을 사용)

③ 관 내에는 접속점을 만들어서는 안 됨

④ 플로어 덕트에 수용하는 전선은 절연물을 포함하는 단면적의 총합이 덕트 내 단면적의 32[%] 이하가 되도록 함

⑤ 플로어 덕트 및 박스 등 기타 부속품은 두께 2[mm] 이상의 강단으로 제작하고 아연도금 또는 에나멜로 피복함

(4) 라이팅 덕트 공사

① **사용전압** : 400[V] 이하

② 옥내 건조한 노출장소 및 은폐장소(점검할 수 있는)에 시설

③ 라이팅 덕트는 조영재를 관통하여 시설할 수 없음

④ **조영재에 부착할 경우** : 덕트의 지지점은 매 덕트마다 2개소 이상 및 지지점 간의 거리는 2[m] 이하로 견고하게 부착할 것

6. 케이블 공사

(1) 종 류

비닐 외장케이블, 클로로프렌 외장케이블 또는 폴리에틸렌 외장케이블 배선

(2) 시설 방법

① 중량물의 압력 또는 기계적 충격을 받을 우려가 있는 장소는 케이블 시설 불가

② 마룻바닥, 벽, 천장, 기둥 등에 직접 매입하지 말 것

③ **케이블을 금속제의 박스 등에 삽입하는 경우** : 고무 부싱, 케이블 접속기 등을 사용하여 케이블 손상 방지

④ 조영재의 수평 방향으로 시설할 경우 : 2[m] 이하(캡타이어 케이블 1[m])
조영재의 수직 방향으로 시설할 경우 : 사람이 접촉할 우려가 없는 곳에서 6[m] 이하

※ 캡타이어 케이블 상호 및 캡타이어 케이블과 박스, 기구와의 접속 개소와 지지점 간의 거리는 접속 개소에서 최대 0.15[m] 이하로 할 것

⑤ 케이블을 구부리는 경우 : 굴곡부의 곡률 반지름 케이블의 바깥지름의 6배 이상(단심 8배)

⑥ 클리트, 새들, 스테이플 등으로 케이블을 손상할 우려가 없도록 견고하게 고정하여야 함

핵심예제

01 옥내배선의 애자공사에 많이 사용하는 특대놉애자의 높이[mm]는? [2019년 1회 기사]

① 75 ② 65

③ 60 ④ 50

해설 애자와 전선의 굵기

애자의 종류		전선의 최대 굵기[mm^2]	나사못		높이(KS에 의한다)	
			지름 [mm]	길이 [mm]	애자의 높이 [mm]	전선홈 하단의 높이 [mm]
놉애자	소	16	5.5	58	42	27
	중	50	5.5	65	50	27
	대	95	6.2	70	57	27
	특 대	240	6.2	77	65	27
인류애자	특 대	25	-	-	65	43
핀애자	소	50	-	-	65	35
	중	95	-	-	70	35
	대	185	-	-	80	40

02 합성수지관 배선 공사에서 틀린 것은? [2016년 2회 기사]

① 관 말단 부분에서는 전선 보호를 위하여 부싱을 사용한다.

② 합성수지관 내에서 전선에 접속점을 만들어서는 안 된다.

③ 배선은 절연전선(옥외용 비닐 절연전선을 제외한다)을 사용한다.

④ 합성수지관을 새들 등으로 지지하는 경우는 그 지지점 간의 거리를 1.5[m] 이하로 한다.

해설 부싱은 금속관 배선 공사에서 입선 작업 시 피복이 벗겨지는 것을 방지하기 위해 설치

정답 01 ② 02 ①

03 합성수지몰드 공사에 관한 설명으로 틀린 것은? [2021년 2회 기사]

① 합성수지몰드 안에는 금속제의 조인트박스를 사용하여 접속이 가능하다.
② 합성수지몰드 상호 간 및 합성수지몰드와 박스 기타의 부속품과는 전선이 노출되지 아니하도록 접속해야 한다.
③ 합성수지몰드의 내면은 전선의 피복이 손상될 우려가 없도록 매끈한 것이어야 한다.
④ 합성수지몰드는 홈의 폭 및 깊이가 3.5[cm] 이하로 두께는 2[mm] 이상의 것이어야 한다.

해설
- 합성수지몰드 내에서는 접속점을 만들지 말 것
- 합성수지재 몰드 상호 및 합성수지몰드와 박스 또는 부속품과는 전선이 노출되지 않도록 접속하여야 한다.
- 몰드 및 부속품은 상호 간 틈이 없도록 접속할 것
- 전선 수는 해당 몰드 내의 단면적의 20[%] 이하로 할 것
- 홈의 폭 및 깊이가 3.5[cm] 이하로서 두께 2[mm] 이상의 것일 것
- 내면을 매끈하게 할 것

04 합성수지관 상호 간 및 간과 박스 접속 시에 삽입하는 최소 깊이는?(단, 접착제를 사용하는 경우는 제외한다) [2019년 2회 기사]

① 관 안지름의 1.2배
② 관 안지름의 1.5배
③ 관 바깥지름의 1.2배
④ 관 바깥지름의 1.5배

해설 관 바깥지름의 1.2배(접착제 사용 시 0.8배)

05 금속관 공사에서 절연 부싱을 쓰는 목적은? [2017년 4회 기사]

① 관의 끝이 터지는 것을 방지
② 관의 단구에서 전선 손상을 방지
③ 박스 내에서 전선의 접속을 방지
④ 관의 단구에서 조영재의 접속을 방지

해설 **부 싱**
금속관 공사에서 전선과 끝에 설치하여 전선 피복이 손상되는 것을 방지하는 배관 자재

03 ① 04 ③ 05 ② 정답

06 콘크리트 매입 금속관 공사에 사용하는 금속관의 두께는 최소 몇 [mm] 이상이어야 하는가?

[2020년 4회 기사]

① 1.0　　② 1.2
③ 1.5　　④ 2.0

해설　콘크리트에 매입할 때 금속관의 두께는 1.2[mm] 이상이어야 한다.

07 강제 전선관에 대한 설명으로 틀린 것은?

[2017년 4회 기사]

① 후강 전선관과 박강 전선관으로 나누어진다.
② 폭발성 가스나 부식성 가스가 있는 장소에 적합하다.
③ 녹이 스는 것을 방지하기 위해 건식 아연도금법이 사용된다.
④ 주로 강으로 만들고 알루미늄이나 황동, 스테인리스 등은 강제관에서 제외된다.

해설　주로 강으로 만들고 알루미늄이나 황동, 스테인리스 등도 강제관으로 사용이 가능하다.

08 후강 전선관에 대한 설명으로 틀린 것은?

[2020년 1, 2회 기사]

① 관의 호칭은 바깥지름의 크기에 가깝다.
② 후강 전선관의 두께는 박강 전선관의 두께보다 두껍다.
③ 콘크리트에 매입할 경우 관의 두께는 1.2[mm] 이상으로 해야 한다.
④ 관의 호칭은 16[mm]에서 104[mm]까지 10종이다.

해설
- 후강 전선관 : 안지름에 가까운 짝수
- 박강 전선관 : 바깥지름에 가까운 홀수

정답　06 ②　07 ④　08 ①

09 전선관의 산화 방지를 위해 하는 도금은? [2017년 1회 기사]

① 납
② 니 켈
③ 아 연
④ 페인트

해설 전선관은 녹이 슬거나 산화 방지를 위하여 표면을 아연 도금이나 에나멜 등으로 피복한다.

10 금속관(규격품) 1본의 길이는 약 몇 [m]인가? [2018년 4회 기사]

① 4.44
② 3.66
③ 3.56
④ 3.3

해설 금속관 1본의 길이는 3.66[m]가 규격품이다.

11 내선 규정에서 정하는 용어의 정의로 틀린 것은? [2020년 1, 2회 기사]

① 케이블이란 통신용 케이블 이외의 케이블 및 캡타이어 케이블을 말한다.
② 애자란 놉애자, 인류애자, 핀애자와 같이 전선을 부착하여 이것을 다른 것과 절연하는 것을 말한다.
③ 전기용품이란 전기설비의 부분이 되거나 또는 여기에 접속하여 사용되는 기계기구 및 재료 등을 말한다.
④ 불연성이란 불꽃, 아크 또는 고열에 의하여 착화하기 어렵거나 착화하여도 쉽게 연소하지 않는 성질을 말한다.

해설
- 불연성 : 연소가 안 되는 것
- 난연성 : 연소가 어려운 것

09 ③ 10 ② 11 ④ 정답

12 금속관 배선에 대한 설명 중 틀린 것은? [2015년 2회 기사]

① 전자적 평형을 위해 교류 회로는 1회로의 전선을 동일 관 내에 넣지 않는 것을 원칙으로 한다.

② 교류 회로에서 전선을 병렬로 사용하는 경우 관 내에 전자적 불평형이 생기지 않도록 한다.

③ 굵기가 다른 전선을 동일 관 내에 넣는 경우 전선의 피복 절연물을 포함한 단면적의 총합계가 관 내 단면적의 32[%] 이하가 되도록 한다.

④ 관의 굴곡이 적고 동일 굵기의 전선(10[mm^2])을 동일 관 내에 넣는 경우 전선의 피복 절연물을 포함한 단면적의 총합계가 관 내 단면적의 48[%] 이하가 되도록 한다.

해설 **금속관 배선 방법**

- 전자적 평형을 위해 교류 회로는 1회로의 전선 전부를 동일 관 내에 넣는 것을 원칙으로 한다.
- 교류 회로에서 전선을 병렬로 사용하는 경우 관 내에 전자적 불평형이 생기지 않도록 한다.
- 굵기가 다른 전선을 동일 관 내에 넣는 경우 전선의 피복 절연물을 포함한 단면적의 총합계가 관 내 단면적의 32[%] 이하가 되도록 한다.
- 관의 굴곡이 적고 동일 굵기의 전선(단면적 10[mm^2] 이하)을 동일 관 내에 넣는 경우 전선의 피복 절연물을 포함한 단면적의 총합계가 관 내 단면적의 48[%] 이하가 되도록 한다.

13 금속관에 넣어 시설하면 안 되는 접지선은? [2019년 1회 기사]

① 피뢰침용 접지선

② 저압기기용 접지선

③ 고압기기용 접지선

④ 특고압기기용 접지선

해설 피뢰침, 피뢰기용의 접지선은 금속관에 넣지 말 것

정답 12 ① 13 ①

14 금속 덕트 공사에서 금속 덕트의 설명으로 틀린 것은? [2018년 4회 기사]

① 덕트 철판의 두께가 1.2[mm] 이상일 것
② 폭 4[cm] 이상의 철판으로 제작할 것
③ 덕트의 바깥면만 산화 방지를 위한 아연도금을 할 것
④ 덕트의 안쪽면만 전선 비폭을 손상시키는 돌기가 없을 것

해설 **금속 덕트 공사**

- 덕트 철판의 두께가 1.2[mm] 이상일 것
- 폭 4[cm] 이상의 철판으로 제작할 것
- 덕트의 바깥면과 안쪽면에 산화 방지를 위한 아연도금을 할 것
- 덕트의 안쪽면만 전선 피복을 손상시키는 돌기가 없을 것

15 강판으로 된 금속 버스 덕트 재료의 최소 두께[mm]는?(단, 버스 덕트의 최대 폭은 150[mm] 이하이다) [2019년 4회 기사]

① 0.8　　② 1.0
③ 1.2　　④ 1.4

해설 **덕트 판의 두께**

덕트의 최대 폭[mm]	덕트의 판 두께[mm]		
	강 판	알루미늄판	합성수지판
150 이하	1.0	1.6	2.5
150 초과 300 이하	1.4	2.0	5.0
300 초과 500 이하	1.6	2.3	–
500 초과 700 이하	2.0	2.9	–
700 초과	2.3	3.2	–

14 ③ 15 ② 정답

16 버스 덕트의 폭이 600[mm]인 경우 덕트 강판의 두께는 몇 [mm] 이상인가? [2015년 1회 기사]

① 1.2 ② 1.4
③ 2.0 ④ 2.3

해설 덕트 판의 두께

덕트의 최대 폭[mm]	덕트의 판 두께[mm]		
	강 판	알루미늄판	합성수지판
150 이하	1.0	1.6	2.5
150 초과 300 이하	1.4	2.0	5.0
300 초과 500 이하	1.6	2.3	–
500 초과 700 이하	2.0	2.9	–
700 초과	2.3	3.2	–

17 버스 덕트 공사에서 덕트 최대 폭[mm]에 따른 덕트 판의 최소 두께[mm]로 틀린 것은?(단, 덕트는 강판으로 제작된 것이다) [2021년 2회 기사]

① 덕트 최대 폭 100[mm] : 최소 두께 1.0[mm]
② 덕트 최대 폭 200[mm] : 최소 두께 1.4[mm]
③ 덕트 최대 폭 600[mm] : 최소 두께 2.0[mm]
④ 덕트 최대 폭 800[mm] : 최소 두께 2.6[mm]

해설 16번 해설 참조

18 셀룰러 덕트의 최대 폭이 200[mm] 초과할 때 셀룰러 덕트의 판 두께는 몇 [mm] 이상이어야 하는가? [2021년 1회 기사]

① 1.2 ② 1.4
③ 1.6 ④ 1.8

해설

셀룰러 덕트 최대 폭	덕트의 두께
150[mm] 이하	1.2[mm] 이상
150[mm] 초과~200[mm] 이하	1.4[mm] 이상
200[mm] 초과	1.6[mm] 이상

정답 16 ③ 17 ④ 18 ③

19 **플로어 덕트 배선에 사용하는 절연전선이 연선일 때 단면적은 최소 몇 [mm^2]를 초과하여야 하는가?** [2018년 1회 기사]

① 6 ② 10
③ 16 ④ 25

해설 플로어 덕트 배선에 사용되는 절연전선은 굵기 10[mm^2]를 초과하여야 한다.

20 **한국전기설비규정에 따른 플로어 덕트 공사의 시설조건 중 연선을 사용해야만 하는 전선의 최소 단면적 기준은?(단, 전선의 도체는 구리선이며 연선을 사용하지 않아도 되는 예외조건은 고려하지 않는다)** [2021년 4회 기사]

① 6[mm^2] 초과 ② 10[mm^2] 초과
③ 16[mm^2] 초과 ④ 25[mm^2] 초과

해설 **플로어 덕트 공사**
- 전선은 절연전선(옥외용 비닐 절연전선을 제외)일 것
- 연선일 것. 단, 구리선 10[mm^2] 이하(알루미늄은 16[mm^2])일 때 예외(단선 사용)
- 점검할 수 없는 은폐 장소(바닥)

21 **플로어 덕트 설치 그림(약식) 중 블랭크 와셔가 사용되어야 할 부분은?** [2018년 2회 기사]

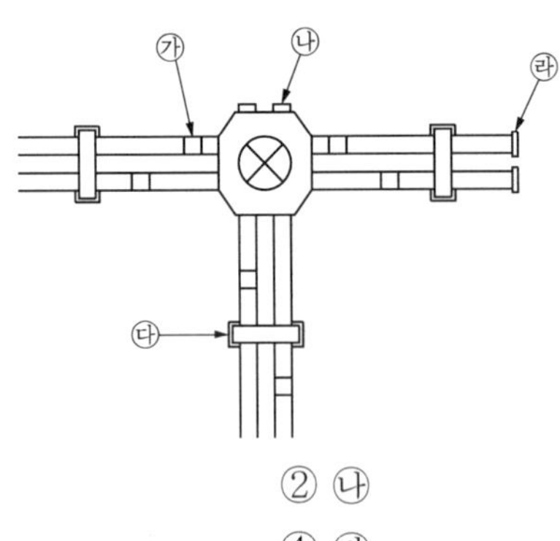

① ㉮ ② ㉯
③ ㉰ ④ ㉱

해설 **블랭크 와셔(Blank Washer)**
플로어 덕트의 정크션 박스에 덕트를 접속하지 않은 곳을 막기 위해 사용하는 부속품이다. 문제에 주어진 박스에서 ㉯ 부분은 플로어 덕트가 설치되는 개소가 아니므로 블랭크 와셔로 막아야 한다.

19 ② 20 ② 21 ② 정답

22 단면적 500[mm^2] 이상의 절연 트롤리선을 시설할 경우 굴곡 반지름이 3[m] 이하의 곡선 부분에서 지지점 간 거리[m]는? [2019년 4회 기사]

① 1
② 1.2
③ 2
④ 3

해설 절연 트롤리선의 직선부 지지점 간 거리

단면적의 구분	지지점 간의 거리
500[mm^2] 미만	2[m] 이하 (굴곡 반지름이 3[m] 이하의 곡선 부분에서는 1[m])
500[mm^2] 이상	3[m] 이하 (굴곡 반지름이 3[m] 이하의 곡선 부분에서는 1[m])

23 캡타이어 케이블 상호 및 캡타이어 케이블과 박스, 기구와의 접속 개소와 지지점 간의 거리는 접속 개소에서 최대 몇 [m] 이하로 하는 것이 바람직한가? [2018년 1회 기사]

① 0.75
② 0.55
③ 0.25
④ 0.15

해설 캡타이어 케이블과 박스의 접속 개소와 지지점 간의 거리는 접속 개소에서 0.15[m] 이하이다.

정답 22 ① 23 ④

04 가공전선로 및 배전선 공사

1. 지지물

목주, 철근 콘크리트주, 철주, 철탑 등이 있다.

종 류	적용 구분	비 고
콘크리트 전주	일반적인 장소에 사용하는 지지물	일반용, 중하중용
배전용 강관 전주	• 도로가 협소하여 콘크리트 전주의 운반이 곤란한 장소 • 콘크리트 전주로서는 규정의 강도 및 시공이 어려운 장소	인입용, 저압용, (특)고압용
철 탑	산악지, 계곡, 해월, 하천지역 등 횡단개소	

※ 지지물 부속재

- U 볼트 : 철근 콘크리트주에 완금을 취부할 때 사용하는 볼트류
- 폴 스텝 : 전주에 오를 때 필요한 디딤 볼트
- 행거 밴드 : 변압기를 전주 자체에 고정시키기 위한 밴드
- 앵글 베이스 : 완금 또는 앵글류의 지지물에 COS 또는 핀애자를 고정시키는 부속재
- 턴버클 : 지선을 설치할 때 지선에 장력을 주어 고정시킬 때 필요한 금구

2. 완금(철) 및 애자

(1) 완금(철)

① 지지물에 전선을 고정시키기 위하여 사용하는 금구로서, 콘크리트 전주는 완금용 U 볼트를 사용한다.

② 완금이 상하로 움직이는 것을 방지하기 위하여 암타이와 암타이 밴드를 사용한다.

③ 완금의 표준 길이[mm]

전선의 개수	특고압	고 압	저 압
2	1,800	1,400	900
3	2,400	1,800	1,400

④ 종 류

㉠ ㅁ 경완철 : 전선을 차지하기 위해 사용하는 자재로, 애자를 부착하는 단면이 ㅁ형

㉡ ㄱ 완철 : 수용가 측 설비에 부착(인입용 완철)

(2) 애 자

① 전선로와 지지물과의 절연 간격 유지 및 전선로를 지지한다.

② 애자의 구비 조건

㉠ 절연저항이 클 것
㉡ 절연내력이 클 것
㉢ 기계적 강도가 클 것
㉣ 누설전류가 적을 것
㉤ 온도변화에 잘 견디고 습기를 흡수하지 말 것
㉥ 충전용량이 적을 것
㉦ 경제적일 것

③ 애자의 종류

㉠ 핀애자
- 갓 2~4개 이하, 30[kV] 이하 배전선로에 사용
- 저압 핀애자의 종류 : 소, 중, 대 핀애자

㉡ 현수애자
- 송전선로 및 배전선로에 사용
- 크기 : 자기(사기) 부분의 지름이 254[mm]

전압[kV]	22.9	66	154	345	765
애자 개수	2~3개	4~6개	9~11개	19~23개	약 40개

㉢ 내무애자 : 해안가 지방 또는 먼지가 많은 공장 지역
㉣ 장간애자 : 경간의 차가 큰 개소
㉤ 인류애자 : 인입선 및 저압 가공전선로
- 스트랩 : 저압 가공 배전이나 인입선의 인류애자 지지용
- 인류스트랩 : 특고압 중성선인 Al 전선을 저압 인류애자에 인류시키는 데 사용

④ 애자의 색상

애자의 종류	색
특고압용 핀애자	적 색
저압용 애자(접지 측 제외)	백 색
접지 측 애자	청 색

⑤ 애자 연결 방법

㉠ 현수애자

완철 구분	애자 설치 방법
경완철	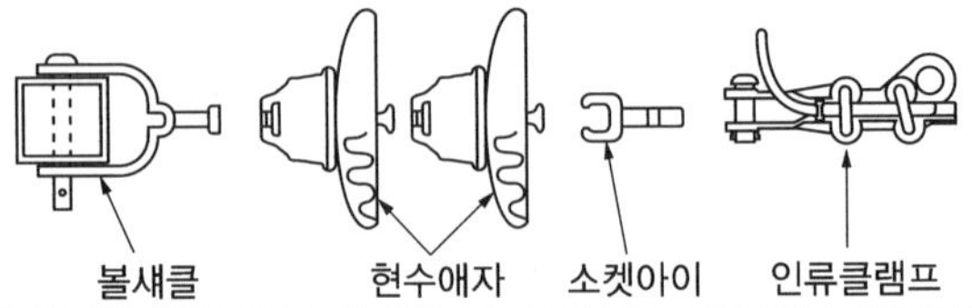 볼섀클 현수애자 소켓아이 인류클램프
ㄱ형 완철	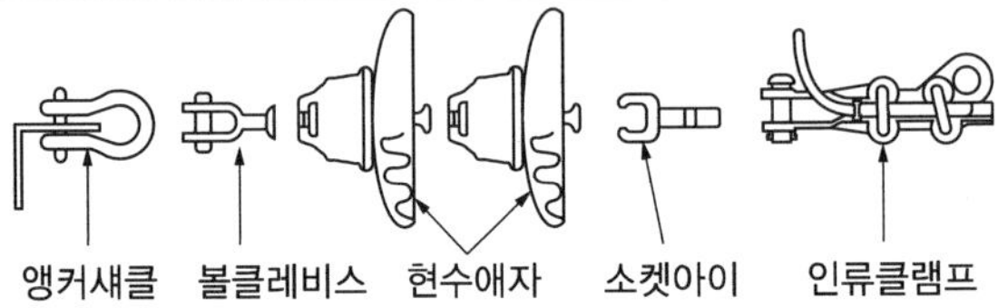 앵커섀클 볼클레비스 현수애자 소켓아이 인류클램프

㉡ 폴리머(Polymer) 현수애자

완철 구분	애자 설치 방법
경완철	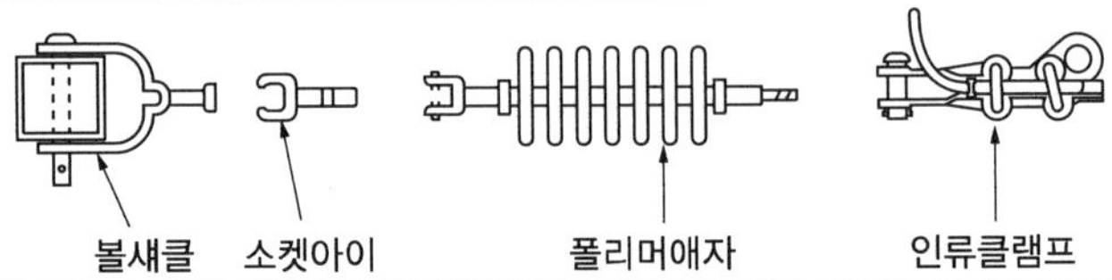 볼섀클 소켓아이 폴리머애자 인류클램프
ㄱ형 완철	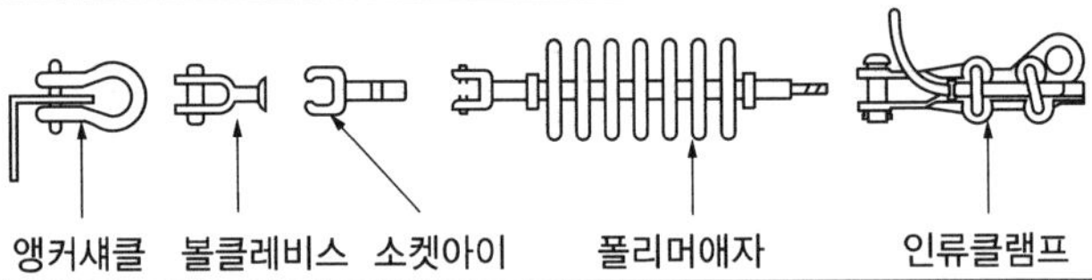 앵커섀클 볼클레비스 소켓아이 폴리머애자 인류클램프

3. 지 선

(1) 설치 목적 : 지지물에 가하는 하중을 일부 분담하여 지지물의 강도를 보강하여 전도 사고 방지

(2) 구비 조건

① 가닥수 : 3가닥 이상 꼰 연선

② 소선의 굵기 : 금속선 2.6[mm], 아연도금철선 2.0[mm]

③ **안전율** : A종 1.5, B종 2.5

④ **인장하중** : 440[kg] 이상

(3) 종 류

① **보통지선** : 일반적으로 사용

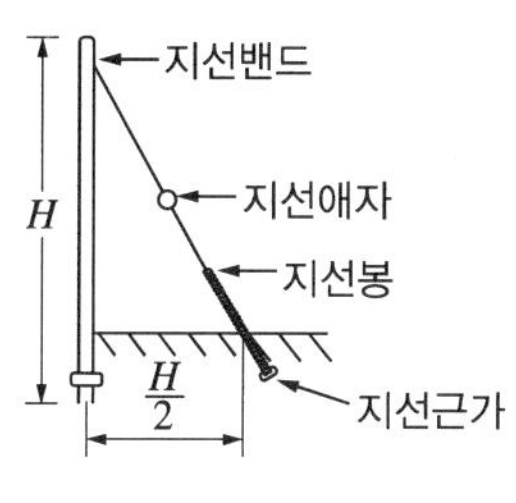

[보통지선]

② **수평지선** : 도로나 하천을 지나가는 경우

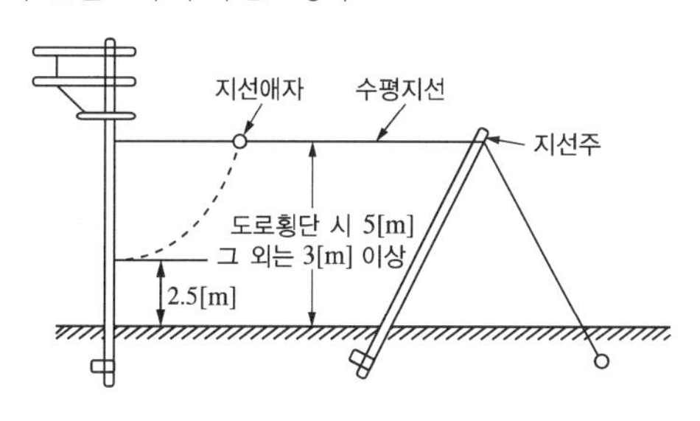

[수평지선]

③ **공동지선** : 지지물 상호거리가 비교적 근접해 있는 경우

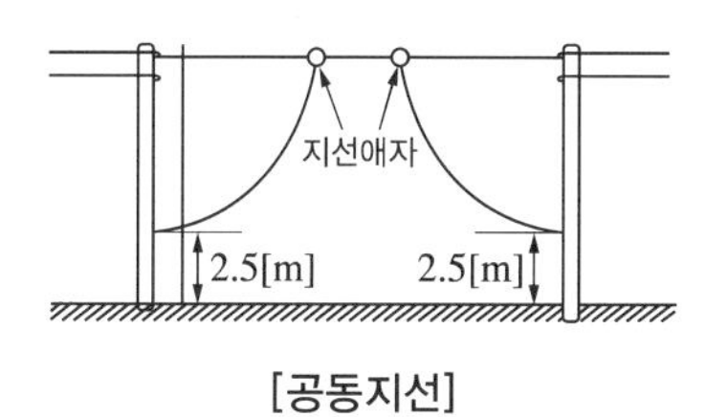

[공동지선]

④ Y지선 : 다단의 완철이 설치된 경우, 장력의 불균형이 큰 경우

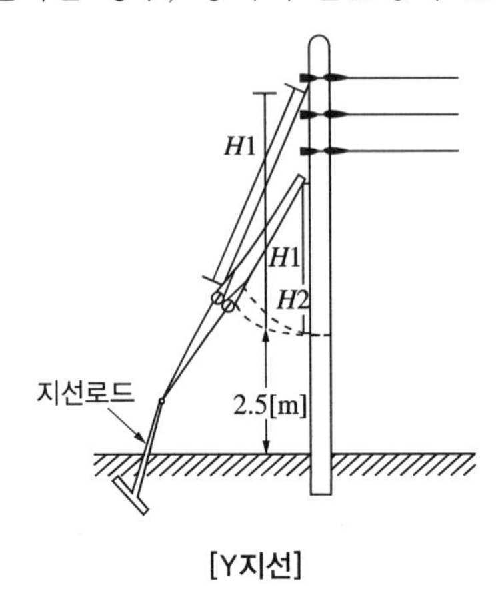

[Y지선]

⑤ 궁지선 : 비교적 장력이 작고 협소한 장소

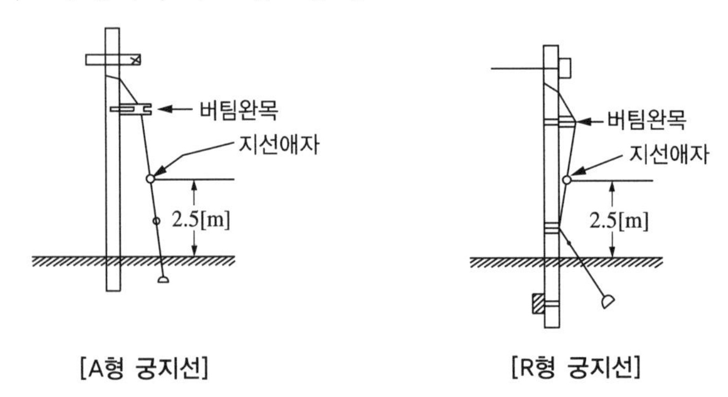

[A형 궁지선] [R형 궁지선]

(4) 지선의 가닥수 계산

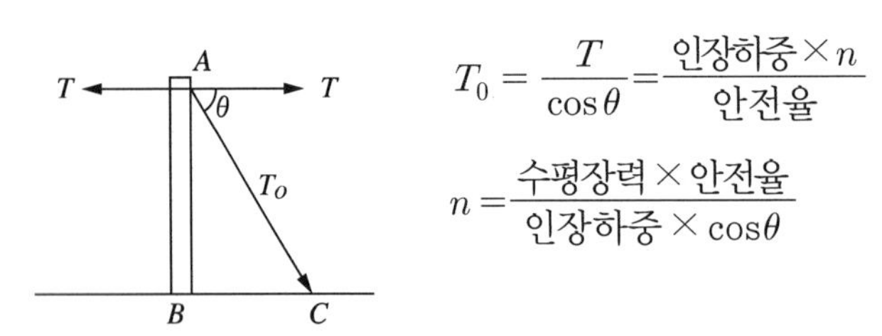

$$T_0 = \frac{T}{\cos\theta} = \frac{\text{인장하중} \times n}{\text{안전율}}$$

$$n = \frac{\text{수평장력} \times \text{안전율}}{\text{인장하중} \times \cos\theta}$$

핵 / 심 / 예 / 제

01 **가공전선로의 저압주에서 보안 공사의 경우 목주 말구 굵기의 최소 지름[cm]은?**

[2019년 1회 기사]

① 10　　② 12
③ 14　　④ 15

해설 **저압 보안 공사**
목주의 굵기는 말구(末口)의 지름 12[cm] 이상일 것

02 **배전선로의 지지물로 가장 많이 쓰이고 있는 것은?** [2016년 1회 기사]

① 철 탑　　② 강판주
③ 강관 전주　　④ 철근 콘크리트 전주

해설 **배전선로의 지지물**
철근 콘크리트 전주를 가장 많이 사용

03 **전선 배열에 따라 장주를 구분할 때 수직 배열에 해당되는 장주는?** [2021년 2회 기사]

① 보통 장주　　② 래크 장주
③ 창출 장주　　④ 편출 장주

해설
- 보통 장주 : 전주에 완금을 설치할 때 전주를 중심으로 완금을 좌우 같은 길이가 되도록 설치하는 장주
- 창출 장주 : 전주에 완금을 설치할 때 전주를 중심으로 완금의 일부를 어느 한 방향으로 치우쳐 설치하는 장주
- 편출 장주 : 전주에 완금을 설치할 때 완금을 전주의 한쪽으로 완전히 치우쳐 설치하는 장주
- 래크 장주 : 수직 장주

정답 01 ② 02 ④ 03 ②

04 행거 밴드란 무엇인가? [2018년 4회 기사]

① 완금을 전주에 설치하는 데 필요한 밴드
② 완금에 암타이를 고정시키기 위한 밴드
③ 전주 자체에 변압기를 고정시키기 위한 밴드
④ 전주에 COS 또는 LA를 고정시키기 위한 밴드

해설 **행거 밴드**
변압기를 전주 자체에 고정시키기 위한 밴드

05 내장 철탑에서 양측 전선을 전기적으로 연결시켜 주는 중요 설비는? [2015년 2회 기사]

① 스페이서 ② 점퍼장치
③ 지지장치 ④ 베이트 댐퍼

해설 **점퍼장치**
내장 철탑에서 양측 전선을 전기적으로 연결시켜 주는 장치

06 철탑의 상부 구조에서 사용되는 것이 아닌 것은? [2016년 1회 기사]

① 암(Arm) ② 수평재
③ 보조재 ④ 주각재

해설 **주각재**
송전 철탑의 다리에 해당하는 부분으로, 철탑 수직의 무게를 지탱하여 주는 역할을 한다.

07 한국전기설비규정에 따른 철탑의 주주재로 사용하는 강관의 두께는 몇 [mm] 이상이어야 하는가? [2021년 4회 기사]

① 1.6 ② 2.0
③ 2.4 ④ 2.8

해설
- 철주의 주주재 : 2.0[mm]
- 철탑의 주주재 : 2.4[mm]
- 기타 부재 : 1.6[mm]

04 ③ 05 ② 06 ④ 07 ③ 정답

08 철주의 주주재로 사용하는 강관의 두께는 몇 [mm] 이상이어야 하는가? [2021년 1회 기사]

① 1.6 ② 2.0
③ 2.4 ④ 2.8

해설
- 철주의 주주재 : 2.0[mm]
- 철탑의 주주재 : 2.4[mm]

09 철근 콘크리트주로서 전장 16[m]이고, 설계 하중이 8[kN]이라 하면 땅에 묻는 최소 깊이[m]는?(단, 지반이 연약한 곳 이외에 시설한다) [2020년 1, 2회 기사]

① 2.0 ② 2.4
③ 2.5 ④ 2.8

해설
15[m] 이하 : $H \times \frac{1}{6}$[m]
15[m] 이상 : 2.5[m]
15[m] 이상, 하중 8[kN] : $2.5 + 0.3 = 2.8$[m]

10 전선을 지지하기 위하여 사용되는 자재로 애자를 부착하여 사용하며 단면이 ㅁ형으로 생긴 형강은? [2016년 1회 기사]

① 경완철 ② 분기 고리
③ 행거 밴드 ④ 인류스트랩

해설 **경완철**
전선을 지지하기 위하여 사용되는 자재로, 애자를 부착하여 사용하며 단면이 ㅁ형으로 생긴 형강

11 전선을 지지하기 위하여 수용가 측 설비에 부착하여 사용하는 'ㄱ'자형으로 생긴 형강은? [2015년 4회 기사]

① 암타이 밴드 ② 완금 밴드
③ 경완금 ④ 인입용 완금

해설 **인입용 완금**
전선을 지지하기 위하여 수용가 측 설비에 부착하여 사용하는 'ㄱ'자형으로 생긴 형강

정답 08 ② 09 ④ 10 ① 11 ④

12 가공전선로에서 22.9[kV-Y] 특고압 가공전선 2조를 수평으로 배열하기 위한 완금의 표준 길이[mm]는? [2017년 2회 기사]

① 1,400 ② 1,800
③ 2,000 ④ 2,400

해설 완금의 표준 길이
- 전선 개수 2가닥(조)
  - 특고압용(1,800[mm])
  - 고압용(1,400[mm])
  - 저압용(900[mm])
- 전선 개수 3가닥(조)
  - 특고압용(2,400[mm])
  - 고압용(1,800[mm])
  - 저압용(1,400[mm])

13 가선 금구 중 완금에 특고압 전선의 조수가 3일 때 완금의 길이[mm]는? [2020년 4회 기사]

① 900 ② 1,400
③ 1,800 ④ 2,400

해설 12번 해설 참조

14 특고압 가공전선로의 장주에 사용되는 완금의 표준 규격[mm]이 아닌 것은? [2015년 4회 기사]

① 1,400 ② 1,800
③ 2,400 ④ 2,700

해설 완금의 규격으로는 900[mm], 1,400[mm], 1,800[mm], 2,400[mm]이 있다.

12 ② 13 ④ 14 ④ 정답

15 다음 중 경완철이 표준 규격(길이)이 아닌 것은?

[2022년 2회 기사]

① 1,000[mm] ② 1,400[mm]
③ 1,800[mm] ④ 2,400[mm]

해설 **완금의 표준 길이**

- 전선 개수 2가닥(조)
  - 특고압용(1,800[mm])
  - 고압용(1,400[mm])
  - 저압용(900[mm])
- 전선 개수 3가닥(조)
  - 특고압용(2,400[mm])
  - 고압용(1,800[mm])
  - 저압용(1,400[mm])

16 특고압, 고압, 저압에 사용되는 완금(완철)의 표준 길이[mm]에 해당되지 않는 것은?

[2017년 4회 기사 / 2022년 1회 기사]

① 900 ② 1,800
③ 2,400 ④ 3,000

해설 15번 해설 참조

정답 15 ① 16 ④

17 가공전선로에 사용하는 애자가 구비해야 할 조건이 아닌 것은?

[2015년 1회 기사 / 2021년 1회 기사]

① 이상전압에 견디고, 내부 이상전압에 대해 충분한 절연 강도를 가질 것
② 전선의 장력, 풍압, 빙설 등의 외력에 의한 하중에 견딜 수 있는 기계적 강도를 가질 것
③ 비, 눈, 안개 등에 대하여 충분한 전기적 표면저항이 있어서 누설전류가 흐르지 못하게 할 것
④ 온도나 습도의 변화에 대해 전기적 및 기계적 특성의 변화가 클 것

해설 **애자(Insulator)**

- 애자의 역할
  - 전선과 철탑 간의 절연체 역할을 한다.
  - 전선을 지지물에 고정시키는 지지체 역할을 한다.
- 애자의 구비 조건
  - 충분한 절연내력을 가질 것
  - 충분한 기계적 강도를 가질 것
  - 누설전류가 적을 것
  - 온도변화에 잘 견디고 습기를 흡수하지 말 것
  - 가격이 싸고 다루기 쉬울 것

18 저압 핀애자의 종류가 아닌 것은?

[2017년 2회 기사]

① 저압 소형 핀애자　　② 저압 중형 핀애자
③ 저압 대형 핀애자　　④ 저압 특대형 핀애자

해설 **저압 핀애자의 종류**

- 저압 소형 핀애자
- 저압 중형 핀애자
- 저압 대형 핀애자

19 저압의 전선로 및 인입선의 중성선 또는 접지 측 전선을 애자의 빛깔에 의하여 식별하는 경우 어떤 빛깔의 애자를 사용하는가?

[2018년 4회 기사 / 2020년 1, 2회 기사]

① 흑 색　　② 청 색
③ 녹 색　　④ 백 색

해설 저압의 전선로 및 인입선의 중성선 또는 접지 측 전선용 애자 : 청색

17 ④　18 ④　19 ② 정답

20 저압 인류애자에는 전압선용과 중성선용이 있다. 각 용도별 색깔이 옳게 연결된 것은?

[2021년 4회 기사]

① 전압선용 – 녹색, 중성선용 – 백색
② 전압선용 – 백색, 중성선용 – 녹색
③ 전압선용 – 적색, 중성선용 – 백색
④ 전압선용 – 청색, 중성선용 – 백색

해설 애자의 색상

애자의 종류		색
특고압용 핀애자		적 색
저압용 애자(접지 측 제외)		백 색
접지 측 애자		청 색
인류애자	전압선용	백 색
	중성선용	녹 색

21 라인포스트애자는 다음 중 어떤 종류의 애자인가? [2020년 3회 기사]

① 핀애자
② 현수애자
③ 장간애자
④ 지지애자

해설 라인포스트애자는 지지애자로서 갓이 5~6개이다.

22 송전용 볼 소켓형 현수애자의 표준형 지름은 약 몇 [mm]인가? [2017년 1회 기사]

① 220
② 250
③ 270
④ 300

해설 현수애자의 규격
254[mm] 표준 규격

정답 20 ② 21 ④ 22 ②

23 공칭전압 345[kV]인 경우 현수애자 일련의 개수는?
[2018년 2회 기사]

① 10~11 ② 18~20
③ 25~30 ④ 40~45

해설 250[mm] 표준 현수애자의 전압별 사용 개수
- 154[kV] : 9~11개 정도
- 345[kV] : 19~23개 정도
- 765[kV] : 약 40개

24 22.9[kV] 3상 4선식 중성선 다중 접지 방식의 가공전선로에서 중성선으로 ACSR을 사용 시 최대 굵기[mm^2]는?
[2015년 2회 기사]

① 95 ② 32
③ 58 ④ 160

해설 ACSR 전선을 중성선 사용 시 굵기
- 최소 굵기 : 32[mm^2]
- 최대 굵기 : 95[mm^2]

25 콘크리트 전주의 접지선 인출구는 지지점 표시선으로부터 몇 [mm] 지점에 있는가?
[2022년 2회 기사]

① 600 ② 800
③ 1,000 ④ 1,200

해설 콘크리트 전주의 접지선 인출구는 지지점 표시선으로부터 1[m] 지점에 설치

23 ② 24 ① 25 ③ 정답

26 **그림은 애자 취부용 금구를 나타낸 것이다. 앵커섀클은 어느 것인가?** [2019년 4회 기사]

① 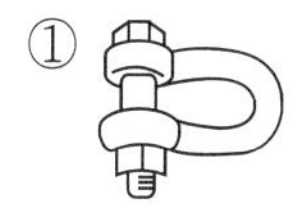
② 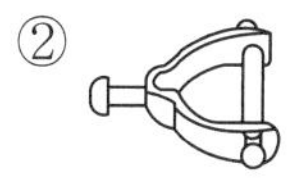
③ 
④ 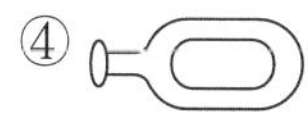

해설
- 앵커섀클 : 가공 배전선로에서 지지물의 장주용으로 현수애자를 'ㄱ'형 완철에 장치하는 데 사용(보기 항목의 ①)
- 볼섀클 : 가공 배전선로에서 지지물의 장주용으로 현수애자를 경완철에 장치하는 데 사용(보기 항목의 ②)
- 볼아이 : 가공 배전선로에서 전선로의 고저차가 15° 이상일 경우 현수애자와 결합하여 전선장악용 인장클램프를 연결하는 데 사용(보기 항목의 ④)
- 소켓아이 : 가공 송배전선로 및 변전소의 현수애자 취부개소에 사용되는 것으로 현수애자와 클램프(내장, 압축, 인장, 압축인류클램프) 사이를 연결하는 금구류
- 소켓클레비스 : 현수애자 설치 시 연결 금구
- 볼클레비스 : 현수애자 설치 시 연결 금구

27 **경완철에 현수애자를 설치할 경우에 사용되는 자재가 아닌 것은?** [2021년 2회 기사]

① 볼섀클
② 소켓아이
③ 인장클램프
④ 볼클레비스

해설
- 경완철 : 볼섀클 – 현수애자 – 소켓아이 – 인류클램프(인장클램프)
- ㄱ형 완철 : 앵커섀클 – 볼클레비스 – 현수애자 – 소켓아이 – 인류클램프(인장클램프)

정답 26 ① 27 ④

28 KS C 3824에 따른 전차선로용 180[mm] 현수애자 하부의 핀 모양이 아닌 것은?

[2022년 2회 기사]

① 훅(소)   ② 아이(평행)

③ 클레비스   ④ ㄷ형

해설 **현수애자**

완철 구분	애자 설치 방법
경완철	볼섀클, 현수애자, 소켓아이, 인류클램프
ㄱ형 완철	앵커섀클, 볼클레비스, 현수애자, 소켓아이, 인류클램프

29 폴리머애자의 설치 부속자재를 옳게 나열한 것은?

[2016년 4회 기사]

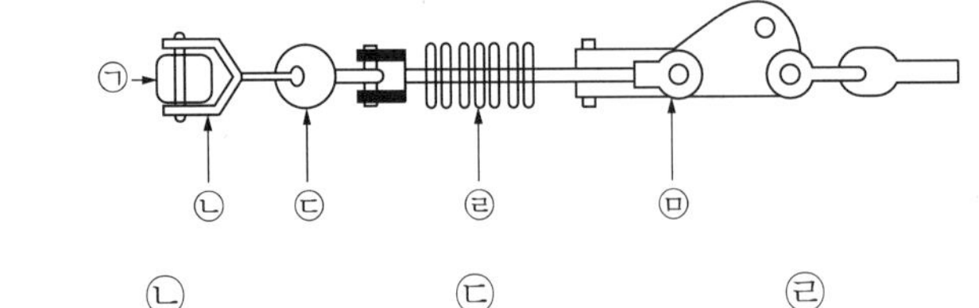

	㉠	㉡	㉢	㉣	㉤
①	경완철	볼섀클	소켓아이	폴리머애자	데드엔드클램프
②	볼섀클	소켓아이	폴리머애자	경완철	데드엔드클램프
③	소켓아이	볼섀클	데드엔드클램프	폴리머애자	경완철
④	경완철	폴리머애자	소켓아이	데드엔드클램프	볼섀클

해설 ㉠ 경완철, ㉡ 볼섀클, ㉢ 소켓아이, ㉣ 폴리머애자, ㉤ 데드엔드클램프

28 ④ 29 ① 정답

30 **경완철에 폴리머 현수애자를 설치할 경우 사용되는 재료가 아닌 것은?** [2022년 1회 기사]

① 볼섀클
② 소켓아이
③ 인장클램프
④ 볼클레비스

해설

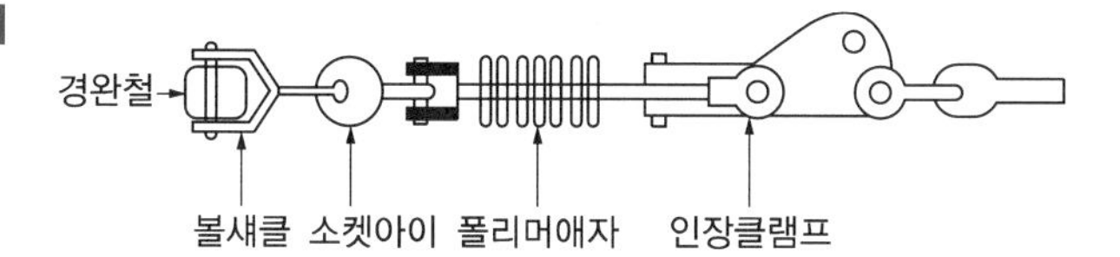

※ 볼클레비스 : 현수애자 설치 시 연결 금구

31 **가공 배전선로 경완철에 폴리머 현수애자를 결합하고자 한다. 경완철과 폴리머 현수애자 사이에 설치되는 자재는?** [2020년 3회 기사]

① 경완철용 아이섀클 ② 볼클레비스
③ 인장클램프 ④ 각암타이

해설 경완철 → 볼섀클 → 소켓아이 → 폴리머애자 → 인장클램프

32 **암거에 시설하는 지중전선에 대한 설명으로 틀린 것은?(단, 암거 내에 자동소화설비가 시설되지 않은 경우이다)** [2022년 2회 기사]

① 불연성이 있는 연소방지도료로 지중전선을 피복한 전선은 사용이 가능하다.
② 자소성이 있는 난연성 피복이 된 지중전선은 사용이 가능하다.
③ 자소성이 있는 난연성의 관에 지중전선을 넣어 시설하는 것은 불가능하다.
④ 자소성이 있는 난연성의 연소방지테이프로 지중전선을 피복한 전선은 사용이 가능하다.

해설 자소성이 있는 난연성의 관에 지중전선을 넣어 시설하는 것은 가능하다.

정답 30 ④ 31 ① 32 ③

33 가공전선로의 지지물에 시설하는 지선으로 연선을 사용할 경우 소선의 지름은 최소 몇 [mm] 이상의 금속선인가? [2016년 2회 기사]

① 2.1 ② 2.3
③ 2.6 ④ 2.8

해설 **지선 설치기준**
- 지선에 연선을 사용할 경우에는 소선이 3가닥 이상일 것
- 소선의 지름 2.6[mm] 이상의 금속선을 사용한 것일 것

34 지선과 지선용 근가를 연결하는 금구는? [2018년 4회 기사]

① 볼섀클 ② U 볼트
③ 지선 로드 ④ 지선 밴드

해설 **지선 로드**
지선과 지선용 근가를 연결하는 금구

35 가선 전압에 의하여 정해지고 대지와 통신선 사이에 유도되는 것은? [2017년 2회 기사]

① 전자유도 ② 정전유도
③ 자기유도 ④ 전해유도

해설 **정전유도**
- 가선 전압에 의하여 근처에 있는 통신선에 유도되는 현상이다.
- 가선 전압의 크기, 트롤리선과 통신선 간의 이격거리 등에 의해 결정된다.
- 연피 케이블을 사용하여 정전유도를 차폐한다.

36 지선으로 사용되는 전선의 종류는? [2020년 1, 2회 기사]

① 경동연선 ② 중공연선
③ 아연도철연선 ④ 강심알루미늄연선

해설 **지선의 종류**
금속선, 아연도금선, 아연도금철연선

33 ③ 34 ③ 35 ② 36 ③ 정답

37 지선 밴드에서 2방 밴드의 규격이 아닌 것은?

[2020년 3회 기사]

① 150 × 203[mm]
② 180 × 240[mm]
③ 200 × 260[mm]
④ 240 × 300[mm]

해설 규격(내경 × 볼트 중심 간 거리)[mm]
- 150 × 203
- 180 × 240
- 200 × 260
- 220 × 280
- 250 × 311

38 다음 중 지선에 근가를 시공할 때 사용되는 콘크리트 근가의 규격(길이)은 몇 [m]인가?(단, 원형지선근가는 제외한다)

[2021년 1회 기사]

① 0.5
② 0.7
③ 0.9
④ 1.0

해설
- 아연도금철 연선 7/2.6 1가닥(조) ⇒ 0.7[m]
- 아연도금철 연선 7/2.6 2가닥(조) ⇒ 1.2[m]

※ 시행처에서 ②와 ④를 확정 답안으로 발표

정답 37 ④ 38 ②, ④

05 배·분전반 및 보호장치(수전 설비)

1. 배전반

기기나 회로를 감시, 제어하기 위한 계기류, 계전기류, 개폐기류 등을 한곳에 집중하여 시설한 것이다.

(1) 설치장소

① 전기회로를 쉽게 조작할 수 있는 장소

② 개폐기류를 쉽게 개폐할 수 있는 장소

③ 노출된 장소

④ 안정된 장소

(2) 배전반의 구성요소

배전반에 부설하는 기기는 감시 제어용 기기와 주회로용 기기로 나눌 수 있다.

① 감시 제어용 기기

㉠ 계기 : 전력 회로, 기기의 상태를 감시 또는 제어

㉡ 표시등 : 차단기, 개폐기의 개폐 상태를 확인

㉢ 조작 개폐기 : 기기의 원방 조작

㉣ 보호계전기 : 기기, 회로의 이상 상태의 검출, 선택, 차단을 하는 보호장치

㉤ 경보장치 : 사고, 고장의 표시와 벨, 버저에 의한 경보장치

② 주회로용 기기

㉠ 차단기, 단로기 등 수동 조작 방식은 개방형 배전반에서는 반에 직접 시설한다.

㉡ 일반적으로 배전반에서 상시 감시를 요하는 기기는 배전반의 상부에 배치하고, 상시 감시를 할 필요가 없는 기기는 배전반의 하부에 배치하는 것이 관례이다.

(3) 배전반의 형식

① **라이브 프런트식 배전반(개방형)** : 주로 저압 간선용에 많이 사용

② **데드 프런트식 배전반(반폐쇄형)** : 고압 수전반, 고압 전동기 운전반 등에 사용(표면에 충전 부분을 노출하지 않는 방식으로 이면 장치를 한 것)

③ **폐쇄식 배전반(큐비클형, 폐쇄형)** : 가장 많이 사용(공장, 빌딩 등의 전기실)

※ 배전반 공사는 앞 벽과의 사이를 2[m] 이상 되도록 한다.

2. 분전반

간선에서 각 기계·기구로 배선하는 전선을 분기하는 곳에 주개폐기, 분기 개폐기 및 자동차단기를 설치하기 위하여 시설한 것이다. 일반적으로 분전반은 철제 캐비닛 안에 나이프스위치, 텀블러 스위치 또는 배선용 차단기를 설치하여 내열구조로 만든 것을 사용한다.

(1) 설치장소

설치위치는 부하 중심부로 각 층마다 하나 이상(다만, 회로수가 6 이하일 경우 2개 층에 하나를 설치 가능)

(2) 분전반의 종류

① **나이프식 분전반** : 철제 캐비닛에 나이프 스위치와 모선(Bus)을 장치한 것이다.

② **텀블러식 분전반** : 철제 캐비닛에 개폐기와 차단기를 각각 텀블러 스위치와 훅, 퓨즈, 통형 퓨즈 또는 플러그 퓨즈를 사용하여 장치한 것이다.

③ **브레이크식 분전반** : 개폐기와 자동 차단기의 두 가지 역할을 모두 하게 하여 소형화할 수 있고 조작이 안전하다. 일반적으로 사용하는 분전반이다.

(3) 설치기준

① 철제 분전반은 두께 1.2[mm] 또는 1.6[mm]의 철판으로 만들며, 문이 달린 뚜껑은 3.2[mm] 두께의 철판으로 만든다(서로의 길이가 30[cm] 이하인 함은 두께 1.0[mm] 이상으로 할 수 있다).

② 난연성 합성수지로 된 함은 두께 1.5[mm] 이상으로, 내아크성인 것으로 한다.

③ 목제 함은 최소 두께 1.2[cm](뚜껑 제외) 이상으로, 불연성 물질을 안에 바른 것으로 한다.

④ 하나의 분전반이 담당하는 경제 면적은 750~1,000[m^2]로 하고 분전반에서 최종 부하까지의 거리는 30[m] 이내로 하는 것이 좋다.

⑤ 분전반에서 분기 회로를 위한 배관의 상승 또는 하강이 용이해야 한다.

⑥ 보수 점검에 편리한 곳이어야 한다.

⑦ 분전반을 넣은 금속제의 함 및 이를 지지하는 금속 프레임 또는 구조물은 접지하여야 한다.

핵 / 심 / 예 / 제

01 **배전반 및 분전반의 설치장소로 적합하지 않은 곳은?** [2017년 2회 기사]

① 안정된 장소
② 노출되어 있지 않은 장소
③ 개폐기를 쉽게 개폐할 수 있는 장소
④ 전기회로를 쉽게 조작할 수 있는 장소

해설 **배전반 및 분전반 설치기준**
- 개폐기를 쉽게 개폐할 수 있는 장소에 시설하여야 한다.
- 옥측 또는 옥외 시설하는 경우는 방수형을 사용하여야 한다.
- 노출하여 시설되는 분전반 및 배전반의 재료는 불연성의 것이어야 한다.
- 난연성 합성수지로 된 것은 두께가 최소 1.5[mm] 이상으로 내(耐)아크성인 것이어야 한다.

02 **배전반 및 분전반 함이 내아크성, 난열성의 합성수지로 되어 있는 것은 두께가 몇 [mm] 이상인가?** [2015년 1회 기사 / 2020년 4회 기사]

① 1.2 ② 1.5
③ 1.8 ④ 2.0

해설 **배전반, 분전반 함 설치기준**
- 난연성 합성수지로 된 함은 두께 1.5[mm] 이상으로 내(耐)아크성인 것이어야 한다.
- 강판제의 함은 두께 1.2[mm] 이상이어야 한다(단, 가로 또는 세로의 길이가 30[cm] 이하인 함은 두께 1.0[mm] 이상으로 할 수 있다).
- 절연저항 측정 및 전선 접속 단자의 점검이 용이한 구조여야 한다.

03 **다음 중 배전반 및 분전반을 넣은 함의 요건으로 적합하지 않은 것은?** [2020년 3회 기사]

① 반의 옆쪽 또는 뒤쪽에 설치하는 분배전반의 소형 덕트는 강판제이어야 한다.
② 난연성 합성수지로 된 것은 두께가 최소 1.6[mm] 이상으로 내(耐)수지성인 것이어야 한다.
③ 강판제의 것은 두께 1.2[mm] 이상이어야 한다. 다만, 가로 또는 세로의 길이가 30[cm] 이하인 것은 두께 1.0[mm] 이상으로 할 수 있다.
④ 절연저항 측정 및 전선 접속 단자의 점검이 용이한 구조이어야 한다.

해설 2번 해설 참조

정답 01 ② 02 ② 03 ②

04 분전함에 대한 설명으로 틀린 것은?

[2015년 4회 기사]

① 반의 옆쪽에 설치하는 분배전반의 소형 덕트는 강판제로서 전선을 구부리거나 눌리지 않을 정도로 충분히 큰 것이어야 한다.
② 목제 함은 최소 두께 1.0[cm](뚜껑 포함) 이상으로 불연성 물질을 안에 바른 것이어야 한다.
③ 난연성 합성수지로 된 것은 두께 1.5[mm] 이상으로 내아크성인 것이어야 한다.
④ 강판제의 것은 일반적인 경우 두께 1.2[mm] 이상이어야 한다.

해설 **분전함**

- 반의 옆쪽에 설치하는 분배전반의 소형 덕트는 강판제로서 전선을 구부리거나 눌리지 않을 정도로 충분히 큰 것이어야 한다.
- 목제 함은 최소 두께 1.2[cm](뚜껑 제외) 이상으로 불연성 물질을 안에 바른 것이어야 한다.
- 난연성 합성수지로 된 것은 두께 1.5[mm] 이상으로 내아크성인 것이어야 한다.
- 강판제의 것은 일반적인 경우 두께 1.2[mm] 이상이어야 한다.

05 배전반 및 분전반을 넣는 함을 강판제로 만들 경우 함의 최소 두께[mm]는?(단, 가로 또는 세로의 길이가 30[cm]를 초과하는 경우이다)

[2020년 1, 2회 기사]

① 1.0
② 1.2
③ 1.4
④ 1.6

해설 4번 해설 참조

04 ② 05 ② 정답

06 **점유 면적이 좁고, 운전·보수가 안전하여 공장 및 빌딩 등의 전기실에 많이 사용되는 배전반은?**

[2020년 3회 기사]

① 데드 프런트형
② 수직형
③ 큐비클형
④ 라이브 프런트형

해설 **큐비클형(폐쇄형)**
공장, 빌딩 등의 전기실에 가장 많이 사용한다.

07 **분전반의 소형 덕트 폭으로 틀린 것은?**

[2016년 2회 기사]

① 전선 굵기 35[mm^2] 이하는 덕트 폭 5[cm]
② 전선 굵기 95[mm^2] 이하는 덕트 폭 10[cm]
③ 전선 굵기 240[mm^2] 이하는 덕트 폭 15[cm]
④ 전선 굵기 400[mm^2] 이하는 덕트 폭 20[cm]

해설 **배전반, 분전반 소형 덕트 폭**
- 전선 굵기 35[mm^2] 이하 : 덕트 폭 8[cm]
- 전선 굵기 95[mm^2] 이하 : 덕트 폭 10[cm]
- 전선 굵기 240[mm^2] 이하 : 덕트 폭 15[cm]
- 전선 굵기 400[mm^2] 이하 : 덕트 폭 20[cm]
- 전선 굵기 630[mm^2] 이하 : 덕트 폭 25[cm]
- 전선 굵기 1,000[mm^2] 이하 : 덕트 폭 30[cm]

08 **전선의 굵기가 95[mm^2] 이하인 경우 배전반과 분전반의 소형 덕트의 폭은 최소 몇 [cm]인가?**

[2018년 1회 기사]

① 8
② 10
③ 15
④ 20

해설 전선의 굵기가 95[mm^2] 이하인 경우 배전반과 분전반의 소형 덕트의 폭은 최소 10[cm]이다.

정답 06 ③ 07 ① 08 ②

09 배전반 및 분전반에 대한 설명 중 틀린 것은? [2016년 2회 기사 / 2019년 4회 기사]

① 개폐기를 쉽게 개폐할 수 있는 장소에 시설하여야 한다.
② 옥측 또는 옥외 시설하는 경우는 방수형을 사용하여야 한다.
③ 노출하여 시설되는 분전반 및 배전반의 재료는 불연성의 것이어야 한다.
④ 난연성 합성수지로 된 것은 두께가 최소 2[mm] 이상으로 내아크성인 것이어야 한다.

해설 **배전반, 분전반 설치기준**

- 개폐기를 쉽게 개폐할 수 있는 장소에 시설하여야 한다.
- 옥측 또는 옥외 시설하는 경우는 방수형을 사용하여야 한다.
- 노출하여 시설되는 분전반 및 배전반의 재료는 불연성의 것이어야 한다.
- 난연성 합성수지로 된 것은 두께가 최소 1.5[mm] 이상으로 내(耐)아크성인 것이어야 한다.

10 배전반 및 분전반에 대한 설명으로 틀린 것은? [2018년 2회 기사]

① 기구 및 전선은 쉽게 점검할 수 있어야 한다.
② 옥외에 시설할 때는 방수형을 사용해야 한다.
③ 모든 분전반은 최소 간선 용량보다는 작은 정격의 것이어야 한다.
④ 한 개의 분전반에는 한 가지 전원(1회선의 간선)만 공급하여야 한다.

해설 **배전반, 분전반 설치기준**

- 난연성 합성수지로 된 함은 두께 1.5[mm] 이상으로 내(耐)아크성인 것이어야 한다.
- 강판제의 함은 두께 1.2[mm] 이상이어야 한다(단, 가로 또는 세로의 길이가 1.2[mm] 이하인 함은 두께 1.0[mm] 이상으로 할 수 있다).
- 절연저항 측정 및 전선 접속 단자의 점검이 용이한 구조이어야 한다.
- 기구 및 전선은 쉽게 점검할 수 있어야 한다.
- 옥외에 시설할 때는 방수형을 사용해야 한다.
- 한 개의 분전반에는 한 가지 전원(1회선의 간선)만 공급하여야 한다.

09 ④ 10 ③ 정답

3. 수전 설비 및 각종 계기류 기호 및 명칭

(1) 간이 수전 설비(옥외 : 옥상, 주상) : PF형

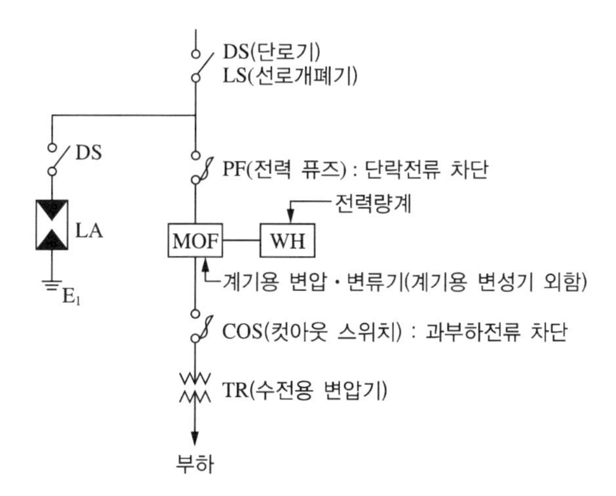

① 전력용 퓨즈의 장점(차단기와 비교)

㉠ 가격이 싸다.

㉡ 소형, 경량이다.

㉢ 고속 차단된다.

㉣ 보수가 간단하다.

㉤ 차단 능력이 크다.

② 전력용 퓨즈의 단점(차단기와 비교)

㉠ 재투입이 불가능하다.

㉡ 과도전류에 용단되기 쉽다.

㉢ 계전기를 자유로이 조정할 수 없다.

㉣ 한류형은 과전압을 발생한다.

㉤ 고임피던스 접지사고는 보호할 수 없다.

(2) PF-CB : 6.6[kV]

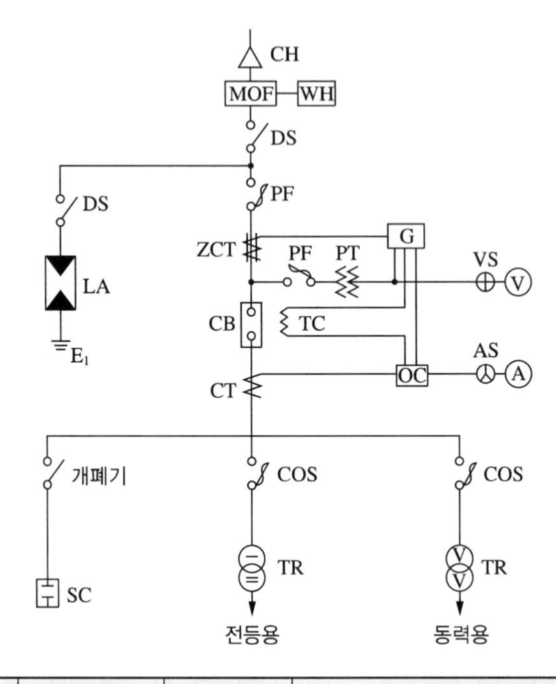

명 칭	심 벌(단선도)	약 호	용도(역할)
케이블 헤드		CH	가공전선과 테이블 단말(종단) 접속
단로기		DS	수리점검 시 무부하전류 개폐
피뢰기		LA	뇌전류를 대지로 방전하고 속류 차단
접 지			이상전압 방지
전력 퓨즈		PF	단락전류 차단
계기용 변압 변류기	MOF	MOF	전력량계 전원 공급
영상 변류기		ZCT	영상전류 검출
계기용 변압기		PT	고전압을 저진압으로 변성
교류 차단기		CB	사고전류 차단 및 부하전류 개폐
트립코일		TC	사고전류에 의해 차단기 개로
계기용 변류기		CT	대전류를 소전류로 변류

명 칭	심 벌(단선도)	약 호	용도(역할)
접지(단락) 계전기	GR	GR	영상전류에 의해 동작하여 트립코일여자
과전류 계전기	OC	OCR	과전류에 의해 동작하여 트립여자
전압절환 개폐기	⊕	VS	3ϕ 전압을 1ϕ 전압으로 절환 측정
전류절환 개폐기		AS	3ϕ 전류를 1ϕ 전류로 절환 측정
전압계	Ⓥ	V	전압 측정
전류계	Ⓐ	A	전류 측정
전력용 콘덴서		SC	무효전력 공급하여 부하와 역률 개선
방전코일		DC	잔류전하 방전
직렬리액터		SR	제5고조파 제거
컷아웃 스위치		COS	과부하전류 차단

핵 / 심 / 예 / 제

01 **누전 차단기의 동작시간에 따른 분류가 틀린 것은?** [2019년 1회 기사]

① 고속형
② 저감도형
③ 시연형
④ 반한시형

해설 **누전 차단기의 동작시간에 의한 분류**

- 고감도형(정격감도전류 5, 10, 15, 30[mA])
  - 고속형 : 정격감도전류에서 0.1초 이내, 인체 감전보호용은 0.03초 이내
  - 시연형 : 정격감도전류에서 0.1초를 초과하고 2초 이내
  - 반한시형 : 정격감도전류에서 0.2초를 초과하고 1초 이내
- 중감도형(정격감도전류 50, 100, 200, 500, 1,000[mA])
  - 고속형 : 정격감도전류에서 0.1초 이내
  - 시연형 : 정격감도전류에서 0.1초를 초과하고 2초 이내
- 저감도형(정격감도전류 3,000, 5,000, 10,000, 20,000[mA])
  - 고속형 : 정격감도전류에서 0.1초 이내
  - 시연형 : 정격감도전류에서 0.1초를 초과하고 2초 이내

02 **누전 차단기의 동작시간 중 틀린 것은?** [2017년 4회 기사]

① 고감도 고속형 : 정격감도전류에서 0.1초 이내
② 중감도 고속형 : 정격감도전류에서 0.2초 이내
③ 고감도 고속형 : 인체 감전보호용은 0.03초 이내
④ 중감도 시연형 : 정격감도전류에서 0.1초를 초과하고 2초 이내

해설 **누전 차단기의 동작시간에 의한 분류**

- 고감도 고속형 : 정격감도전류에서 0.1초 이내
- 중감도 고속형 : 정격감도전류에서 0.1초 이내
- 고감도 고속형 : 인체 감전보호용은 0.03초 이내
- 중감도 시연형 : 정격감도전류에서 0.1초를 초과하고 2초 이내

01 ② 02 ② 정답

03 KS C 8000에서 감전 보호와 관련하여 조명기구의 종류(등급)를 나누고 있다. 각 등급에 따른 기구의 설명이 틀린 것은? [2021년 1회 기사]

① 등급 0 기구 : 기초절연으로 일부분을 보호한 기구로서 접지단자를 가지고 있는 기구
② 등급 Ⅰ 기구 : 기초절연만으로 전체를 보호한 기구로서 보호 접지단자를 가지고 있는 기구
③ 등급 Ⅱ 기구 : 2중 절연을 한 기구
④ 등급 Ⅲ 기구 : 정격전압이 교류 30[V] 이하인 전압의 전원에 접속하여 사용하는 기구

해설 **등급 0 기구** : 접지단자 또는 접지선을 갖지 않고, 기초절연만으로 전체가 보호된 기구

04 MCCB 동작 방식에 대한 분류 중 틀린 것은? [2015년 2회 기사]

① 열동식
② 열동 전자식
③ 기중식
④ 전자식

해설 **MCCB 동작 방식**
- 열동식
- 열동 전자식
- 전자식

05 저압 배전반의 주차단기로 주로 사용되는 보호기기는? [2019년 2회 기사]

① GCB
② VCB
③ ACB
④ OCB

해설 **저압 배전반의 주차단기**
ACB(기중 차단기), MCCB(배선용 차단기)

06 보호계전기의 종류가 아닌 것은? [2018년 1회 기사 / 2018년 4회 기사]

① ASS
② OVR
③ SGR
④ OCGR

해설 **ASS**
자동 고장 구분 개폐기로서 고장전류 차단이 가능하다.

정답 03 ① 04 ③ 05 ③ 06 ①

07 수전 설비를 주차단장치의 구성으로 분류하는 방법이 아닌 것은?

[2018년 4회 기사]

① CB형
② PF-S형
③ PF-CB형
④ PF-PF형

해설 **수전 설비의 주차단장치의 구성에 따른 분류**
- CB형 : 차단기로만 구성하는 방식
- PF-S형 : 전력 퓨즈와 개폐기 조합 방식
- PF-CB형 : 전력 퓨즈와 차단기 조합 방식

08 고압회로 및 기기의 단락보호용으로 사용되고 있는 기기는?

[2022년 1회 기사]

① 단로기
② 전력퓨즈
③ 부하개폐기
④ 선로개폐기

해설 **전력 퓨즈**
- 장 점
  - 소형이고 경량이다.
  - 가격이 저렴하다.
  - 보수가 간단하다.
  - 차단 능력이 크다.
  - 고속 차단이 된다.
  - 정전용량이 작다.
- 단 점
  - 재투입이 불가능하다.
  - 보호계전기를 자유로이 조정할 수 없다.
  - 한류형은 과전압이 발생된다.
  - 과도전류에 용단되기 쉽다.
  - 고임피던스 접지사고는 보호할 수 없다.

09 고장전류 차단 능력이 없는 것은?

[2017년 4회 기사]

① LS
② VCB
③ ACB
④ MCCB

해설 **단로기**
- 내부에 소호장치가 없어 고장전류를 끊을 수 없다.
- LS(66[kV]), DS(6.6[kV])는 단로기 종류이다.

07 ④ 08 ② 09 ① 정답

10 **개폐기 중에서 부하전류의 차단 능력이 없는 것은?** [2019년 1회 기사]

① OCB ② OS

③ DS ④ ACB

해설
- DS 무부하 시 회로를 개폐
- 개폐장치의 전류 개폐 능력

종 류	무부하	정상 전류			비정상 전류		
		통 전	개	폐	통 전	투 입	차 단
차단기	○	○	○	○	○	○	○
단로기	○	○	△	×	○	×	×
퓨 즈	○	○	×	×	×	×	○
개폐기	○	○	○	○	○	△	×

(○ : 가능, △ : 조건부 가능, × : 불가능)

11 **단로기의 구조와 관계가 없는 것은?** [2019년 1회 기사]

① 핀 치 ② 베이스

③ 플레이트 ④ 리클로저

해설 **리클로저**

22.9[kV-Y] 가공 배전선로에서 사용하는 선로 보호기기 또는 자동 재폐로 차단기

정답 10 ③ 11 ④

12 특고압 또는 고압 회로 및 기기의 단락 보호 등으로 사용되는 것은? [2015년 1회 산업기사]

① 플러그 퓨즈 ② 통형 퓨즈
③ 고리 퓨즈 ④ 전력 퓨즈

해설 **전력 퓨즈**

- 장 점
  - 소형이고 경량이다.
  - 가격이 저렴하다.
  - 보수가 간단하다.
  - 차단 능력이 크다.
  - 고속 차단이 된다.
  - 정전용량이 작다.
- 단 점
  - 재투입이 불가능하다.
  - 보호계전기를 자유로이 조정할 수 없다.
  - 한류형은 과전압이 발생된다.
  - 과도전류에 용단되기 쉽다.
  - 고임피던스 접지사고는 보호할 수 없다.

13 COS(컷아웃 스위치)를 설치할 때 사용되는 부속 재료가 아닌 것은? [2019년 4회 기사]

① 내장 클램프 ② 브래킷
③ 내오손용 결합애자 ④ 퓨즈링크

해설 **COS(컷아웃 스위치) 구성요소**
퓨즈링크, 내오손용 결합애자, 브래킷 등

14 약호 중 계기용 변성기를 표시하는 것은? [2017년 2회 기사]

① PF ② PT
③ MOF ④ ZCT

해설
- MOF(계기용 변압·변류기) : PT와 CT를 한 케이스 내에 내장한 계기용 변성기
- PT(계기용 변압기) : 고전압을 저전압으로 변성
- CT(계기용 변류기) : 대전류를 소전류로 변류
- GPT(접지형 계기용 변압기) : 영상전압을 검출
- ZCT(영상 변류기) : 영상전류를 검출

정답 12 ④ 13 ① 14 ③

15 **수변전 설비 회로의 특고압 및 고압을 저압으로 변성하는 것은?** [2015년 1회 기사]

① 계기용 변압기
② 과전류 계전기
③ 계기용 변류기
④ 전력 콘덴서

해설 **계기용 변성기**
- 계기용 변압기(PT) : 고전압을 저전압으로 변성
- 계기용 변류기(CT) : 대전류를 소전류로 변류

16 **고압으로 수전하는 변전소에서 접지 보호용으로 사용되는 계전기에 영상전류를 공급하는 계전기는?** [2016년 4회 기사 / 2021년 1회 기사]

① CT
② PT
③ ZCT
④ GPT

해설
- GPT : 영상전압을 검출
- ZCT : 영상전류를 검출

17 **문자기호 중 계기류에 속하지 않는 것은?** [2022년 2회 기사]

① ZCT
② A
③ W
④ WHM

해설
- ZCT(영상변류기) : 영상전류를 검출
- A(전류계), W(전력계), WHM(전력량계)

정답 15 ① 16 ③ 17 ①

18 차단기 중 자연 공기 내에서 개방할 때 접촉자가 떨어지면서 자연 소호에 의한 소호 방식을 가지는 기능을 이용한 것은?

[2017년 1회 기사]

① 공기 차단기 ② 가스 차단기
③ 기중 차단기 ④ 유입 차단기

해설
- 자기 차단기(MBB) : 전자력에 의해 소호
- 진공 차단기(VCB) : 진공에 의해 소호
- 공기 차단기(ABB) : 수십 기압의 압축공기로 소호
- 가스 차단기(GCB) : SF_6 소호
- 유입 차단기(OCB) : 절연유 소호
- 기중 차단기(ACB) : 자연 공기 내에서 개방할 때 접촉자가 떨어지면서 자연 소호

19 소호 능력이 우수하며 이상전압 발생이 적고, 고전압 대전류 차단에 적합한 지중 변전소 적용 차단기는?

[2015년 2회 기사]

① 유입 차단기 ② 가스 차단기
③ 공기 차단기 ④ 진공 차단기

해설
가스 차단기(GCB) : SF_6
- 무색, 무취, 무해
- 불연성이다.
- 차단 능력이 크다.
- 절연내력이 크다.

20 특고압 배전선로 보호용 기기로 자동 재폐로가 가능한 기기는?

[2016년 1회 기사]

① ASS ② ALTS
③ ASBS ④ Recloser

해설
배전선로 보호장치
- 보호장치의 종류 : 22.9[kV-Y] 다중 접지 계통에서는 선로의 적절한 위치에 사고를 구분·차단할 수 있는 Recloser-Sectionalizer-Line Fuse의 선로 보호장치를 설치하며, 이들과 변전소 차단기 간에 보호 협조가 이루어져야 한다.
- 배전선로 보호장치의 배열 방법 : 변전소 차단기 – 리클로저 – 섹셔널라이저 – 라인 퓨즈
- 리클로저(Recloser)
  - 자동 재폐로 기능이 있는 고속도 차단기
  - 배전선로에서 발생하는 순간 고장에 대해서 정전시간을 단축할 목적의 재폐로 차단기

18 ③ 19 ② 20 ④ 정답

21 단상 변압기의 병렬 운전 조건으로 해당하지 않는 것은? [2015년 2회 기사]

① 극성이 같을 것
② 권수비가 같을 것
③ 상회전 방향 및 위상 변위가 같을 것
④ %임피던스가 같을 것

해설 **변압기의 병렬 운전 조건**
- 극성이 같을 것
- 1차, 2차 정격전압이 같고 권수비가 같을 것
- %임피던스 강하가 같을 것(저항과 리액턴스비가 같을 것)
- 상회전 방향과 각변위가 같을 것(3상 변압기의 경우)

22 변압기유로 쓰이는 절연유에 요구되는 특성이 아닌 것은? [2016년 2회 기사 / 2020년 4회 기사]

① 점도가 클 것
② 절연내력이 클 것
③ 인화점이 높을 것
④ 비열이 커서 냉각 효과가 클 것

해설 **변압기 절연유의 구비 조건**
- 절연내력이 클 것
- 비열이 커서 냉각 효과가 크고 점도가 작을 것
- 인화점은 높고 응고점은 낮을 것
- 고온에서 산화되지 않고 석출물이 생기지 않을 것

23 주상 변압기 1차 측에 설치하여 변압기의 보호와 개폐에 사용하는 것은? [2015년 1회 기사]

① 단로기(DS)
② 진공 스위치(VCB)
③ 선로 개폐기(LS)
④ 컷아웃 스위치(COS)

해설 **주상 변압기 보호장치**
- 1차 고압 측 : 컷아웃 스위치(COS)
- 2차 저압 측 : 캐치-홀더(Catch-holder)

정답 21 ③ 22 ① 23 ④

24 KS C 4506에 따른 COS(컷아웃스위치)의 정격전류[A]가 아닌 것은? [2022년 2회 기사]

① 15
② 30
③ 45
④ 60

해설 COS 정격전류 : 1, 3, 5, 6, 8, 10, 12, 15, 20, 25, 30, 40, 50, (60), 65, 80, 100[A]

25 유도장해를 경감할 목적으로 하는 흡상 변압기의 약호는? [2017년 4회 산업기사]

① PT
② CT
③ BT
④ AT

해설
- PT : 계기용 변압기
- CT : 계기용 변류기
- AT : 단권 변압기
- BT : 흡상 변압기

26 변압기의 부속품이 아닌 것은? [2018년 2회 기사]

① 철 심
② 권 선
③ 부 싱
④ 정류자

해설 변압기의 주요 구성요소 : 철심, 권선, 부싱

27 3[MVA] 이하 H종 건식 변압기에서 절연재료로 사용하지 않는 것은? [2021년 2회 기사]

① 명 주
② 마이카
③ 유리섬유
④ 석 면

해설 **절연물**
- 무기물 : 마이카, 석면류, 유리섬유, 자기류
- 유기물 : 절연지, 컴파운드, 절연처리 목재, 절연유

24 ③ 25 ③ 26 ④ 27 ① 정답

28 다음 중 절연의 종류가 아닌 것은? [2019년 4회 기사]

① A종 ② B종

③ D종 ④ H종

해설 절연계급의 종류

절연계급	최고 허용온도[℃]	절연계급	최고 허용온도[℃]
Y	90	F	155
A	105	H	180
E	120	C	180 초과
B	130		

29 변압기 철심용 강판의 두께는 대략 몇 [mm]인가? [2019년 2회 기사]

① 0.1 ② 0.35

③ 2 ④ 3

해설 **변압기 규소 강판**

- 변압기의 철손인 히스테리시스손을 감소시키기 위하여 규소를 함유시킨 철심
- 규소 강판의 두께 : 0.35~0.5[mm]

30 배전선의 전압을 조정하는 방법으로 적당하지 않은 것은? [2016년 4회 기사]

① 승압기 ② 병렬 콘덴서

③ 변압기의 탭 조정 ④ 유도전압 조정기

해설 조상 설비로서 병렬 콘덴서는 부하의 역률 개선

정답 28 ③ 29 ② 30 ②

06 피뢰기 및 피뢰침 설비

1. 피뢰기

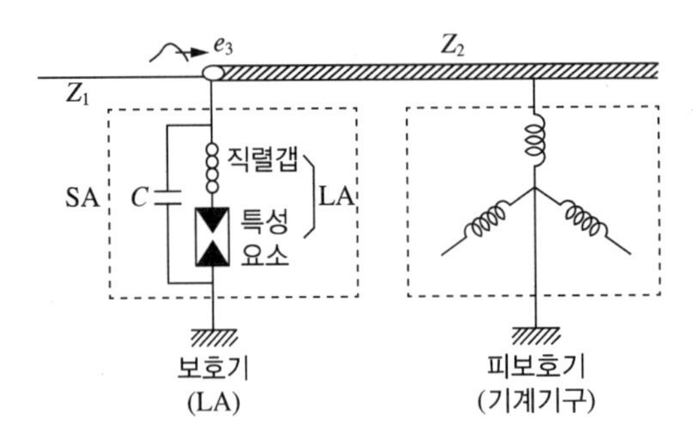

LA : 정지기 보호(유입 변압기)

SA(LA+C) : 회전기 보호(발전기, 몰드 변압기, 내부 이상전압 흡수)

(1) 피뢰기의 역할과 기능 : 이상전압 내습 시 뇌전류를 방전, 속류를 차단하여 기계기구의 절연보호

(2) 피뢰기의 구성

① **직렬갭** : 뇌전류를 방전하며 속류를 차단

② **특성요소** : 절연보호(최근에 피뢰기는 갭이 없는 Less형)

③ **실드링** : 전·자기적 충격으로부터 보호

(3) 피뢰기의 설치장소

① 발·변전소 인입구 및 인출구 부근

② 배전용 변압기 고압 측 및 특고압 측 부근

③ 특고압·고압을 수전받는 수용가 인입구

④ 가공전선과 지중전선 접속점 부근

※ 피뢰기 구비 조건

- 상용주파 방전 개시전압은 높을 것
- 충격 방전 개시전압은 낮을 것
- 제한전압은 낮을 것
- 속류 차단 능력은 클 것

(4) 피뢰기의 정격전압

① 속류가 차단되는 교류의 최고 전압

㉠ 유효접지계(직접접지) : 선로공칭전압의 0.8~1배

㉡ 비유효접지계(소호, 저항접지) : 선로공칭전압의 1.4~1.6배

※ 1선 지락 시 전위 상승분이 틀리기 때문

② 피뢰기의 정격전압

전압[kV]	정격전압[kV]
345	288
154	144
66	75
22.9	18(21)
22	24
6.6	7.5
3.3	

※ ( )는 변전소용임

(5) 피뢰기의 제한전압 : 피뢰기 동작 중 단자전압의 파고치

※ 절연협조의 기본이 되는 전압

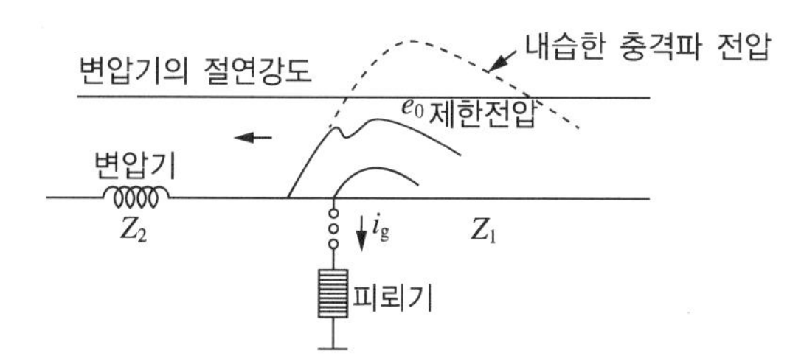

e_0= 투과전압 - 방전전압

$$= \frac{2Z_2}{Z_1+Z_2}e_1 - \left(\frac{Z_1Z_2}{Z_1+Z_2}\right)i_g$$

※ 피뢰기의 공칭 방전전류

공칭 방전전류	설치장소	적용 조건
10,000[A]	변전소(s/s)	154[kV] 이상 계통
5,000[A]	변전소(s/s)	66[kV] 및 그 이하 계통에서 뱅크 용량이 3,000[kVA] 이하인 곳
2,500[A]	선 도	22.9[kV] 배전선로 인출 측

(6) 절연협조 : 보호기와 피보호기와의 상호절연 협력관계

※ 계통전체의 신뢰도를 높이고 경제적, 합리적인 설계를 한다.

① 여유도 $= \dfrac{\text{기기의 절연강도} - \text{제한전압}}{\text{제한전압}} \times 100[\%]$

② 절연협조 순서
LA → 변압기(코일-부싱) → 결합콘덴서 → 선로(애자)

③ 보호기와 피보호기 이격거리
㉠ 154[kV] : 65[m]
㉡ 22.9[kV] : 20[m]

④ BIL(기준충격 절연강도) : 기기의 절연을 표준화하고 통일된 절연체계를 구성하기 위한 절연계급 설정 → 피뢰기 제한전압 기준

※ 기준충격 절연강도

- BIL : 절연계급 $\times 5 + 50$[kV]
- 공칭전압 : 절연계급 $\times 1.1$
- 정격전압 : 공칭전압 $\times \dfrac{1.2}{1.1}$

(7) 피뢰기 접지선

① 단면적 6[mm^2] 이상인 연동선을 사용

② 부식성이 낮은 금속선을 사용

③ 인하도선은 나전선으로(동선 50[mm^2] 이상) 사용

2. 피뢰침

뇌격으로부터 보호를 목적으로 시설되며, 뇌방전을 뇌격으로 받아내는 돌침부, 뇌격전류를 대지로 끌어들이는 인하도선 및 대지로 흐르게 하는 접지극 3 요소로 구성된다. 피뢰침용 인하선은 나선을 사용한다.

(1) 피뢰침의 구성

① 돌침부(수뢰부)

㉠ 뇌 방전을 직접 받아내기 위해 공중으로 돌출시킨 막대기 모양의 금속체 수뢰부

㉡ 동, 알루미늄, 용융아연도금한 철 등의 재질

② 인하도선

㉠ 피뢰도선의 일부분으로, 뇌격전류를 대지로 끌어들이는 부분

㉡ 동선(나전선)/Al 원형 연선 50[mm^2] 이상, Al 테이프형 단선 70[mm^2] 이상

③ 접지극

㉠ 뇌격전류를 대지로 신속하게 방전시키는 부분

㉡ 동판 : 두께 0.7[mm] 이상, 면적 900[cm^2] 이상

㉢ 동봉, 동피복강봉 : 지름 8[mm] 이상, 길이 0.9[m] 이상

④ **철봉** : 지름 12[mm] 이상, 길이 0.9[m] 이상의 아연 도금 철봉

⑤ **동복강판** : 두께 1.6[mm] 이상, 길이 0.9[m] 이상, 면적 250[cm^2] 이상

⑥ **탄소피복강봉** : 지름 8[mm] 이상인 강심, 길이 0.9[m] 이상

(2) 피뢰 방식

① 케이지 방식(Mesh 방식)

② 돌침 방식

③ 용마루 위 도체 방식

(3) 접지저항 저감체의 구비 조건

① 전기적으로 양도체일 것

② 전극을 부식시키지 말 것

③ 장시간 동안 접지 저감 효과가 지속될 것

④ 기계적, 화학적으로 안전할 것

핵 / 심 / 예 / 제

01 **번개로 인한 외부 이상전압이나 개폐 서지로 인한 내부 이상전압으로부터 전기시설을 보호하는 장치는?** [2017년 4회 기사]

① 피뢰기　　② 피뢰침

③ 차단기　　④ 변압기

해설 **피뢰기**

뇌전류를 대지로 방전시켜 이상전압 발생 방지 및 속류를 차단한다.

02 **피뢰침용 인하도선으로 가장 적당한 전선은?** [2017년 2회 기사 / 2021년 2회 기사]

① 동 선　　② 고무 절연전선

③ 비닐 절연전선　　④ 캡타이어 케이블

해설 **피뢰기의 인하도선**

- 피뢰도선의 일부분으로 뇌격전류를 대지로 끌어들이는 부분
- 최소 단면적은 피복이 없는 동선을 기준으로 50[mm^2] 이상

03 **피뢰기의 접지선에 사용하는 연동선 굵기는 최소 몇 [mm^2] 이상인가?** [2017년 1회 기사]

① 2.5　　② 4

③ 6　　④ 3.2

해설 **피뢰기의 접지선**

단면적 6[mm^2] 이상인 연동선을 사용한다.

정답 01 ① 02 ① 03 ③

04 공칭전압 22[kV]인 중성점 비접지 방식의 변전소에서 사용하는 피뢰기의 정격전압은 몇 [kV]인가? [2016년 4회 기사]

① 18 ② 20
③ 22 ④ 24

해설 **피뢰기의 정격전압**
- 22[kV] 계통 : 피뢰기 정격전압 24[kV]
- 22.9[kV] 계통 : 배전선로, 피뢰기 정격전압 18[kV], 변전소 및 발전소의 정격전압 21[kV]
- 154[kV] 계통 : 피뢰기 정격전압 144[kV]
- 345[kV] 계통 : 피뢰기 정격전압 288[kV]

05 공칭전압 22.9[kV]인 3상 4선식 다중접지 방식의 변전소에서 사용하는 피뢰기의 정격전압 [kV]은? [2021년 4회 기사]

① 20 ② 18
③ 24 ④ 21

해설 4번 해설 참조

06 KS C 4610에 따른 고압 피뢰기의 정격전압[kV]이 아닌 것은?(단, 전압은 RMS 값이다) [2022년 1회 기사]

① 7.5 ② 24
③ 74 ④ 174

해설
- 6.6[kV] : 피뢰기 정격전압 7.5[kV]
- 22[kV] : 피뢰기 정격전압 24[kV]
- 22.9[kV] : 피뢰기 정격전압 18(21)[kV]
- 66[kV] : 피뢰기 정격전압 75[kV]
- 154[kV] : 피뢰기 정격전압 144[kV]
- 345[kV] : 피뢰기 정격전압 288[kV]

정답 04 ④ 05 ④ 06 ③

07 피뢰 설비를 시설하고 이것을 접지하기 위한 인하도선에 동선 재료를 사용할 경우의 단면적 $[mm^2]$은 얼마 이상인가? [2015년 2회 기사 / 2020년 1, 2회 기사 / 2020년 4회 기사]

① 50

② 35

③ 16

④ 10

해설 **피뢰 설비기준**

수뢰부, 인하도선, 접지극은 최소 단면적 $50[mm^2]$ 이상의 피복이 안 된 나동선을 사용할 것(단, 알루미늄 테이프형 단선 $70[mm^2]$)

08 KS C IEC 62305에 의한 수뢰도체, 피뢰침과 인하도선의 재료로 사용되지 않는 것은? [2018년 1회 기사]

① 구 리

② 순 금

③ 알루미늄

④ 용융아연도금강

해설 **수뢰도체, 피뢰침과 인하도선의 재료**

- 구 리
- 알루미늄
- 용융아연도금강

정답 07 ① 08 ②

09 피뢰 설비 중 돌침 지지관의 재료로 적합하지 않은 것은? [2019년 2회 기사]

① 스테인리스 강관
② 황동관
③ 합성수지관
④ 알루미늄관

해설 **피뢰 설비 돌침부**
- 뇌 방전을 직접 받아내기 위해 공중으로 돌출시킨 막대기 모양의 금속체 수뢰부
- 동, 알루미늄, 용융아연도금한 철 또는 강 등의 재질

10 피뢰침을 접지하기 위한 피뢰도선을 동선으로 할 경우 단면적은 최소 몇 [mm^2] 이상으로 해야 하는가? [2019년 1회 기사]

① 14 ② 22
③ 30 ④ 50

해설
- 피뢰도선
  - 뇌격전류를 대지로 흐르게 하기 위한 수뢰부와 접지극을 접속하는 도선
  - 돌침을 상호 연결하는 도선, 돌침으로부터 접지극으로 인하하는 데 사용되는 인하도선, 본딩 접속에 사용되는 도선
- 피뢰 설비
  피뢰 설비의 재료는 동선(나전선)을 기준으로 수뢰부, 인하도선 및 접지극은 50[mm^2] 이상이거나 이와 동등 이상의 성능을 갖출 것

09 ③ 10 ④ 정답

11 **피뢰를 목적으로 피보호물 전체를 덮은 연속적인 망상도체(금속판도 포함)는?**

[2015년 4회 기사 / 2019년 4회 기사]

① 수직 도체
② 인하 도체
③ 케이지
④ 용마루 가설 도체

해설 **케이지(Cage) 피뢰 방식**
피뢰를 목적으로 피보호물 전체를 덮은 연속적인 망상도체(메시도체)로 피뢰하는 방식이다.

12 **KS C IEC 62305-3에 의해 피뢰침의 재료로 테이프형 단선 형상의 알루미늄을 사용하는 경우 최소단면적[mm^2]은?**

[2020년 3회 기사]

① 25
② 35
③ 50
④ 70

해설 동선(나전선)/Al 원형 연선 50[mm^2] 이상, Al 테이프형 단선 70[mm^2] 이상

13 **접지도체에 피뢰시스템이 접속되는 경우 접지도체의 최소 단면적[mm^2]은?(단, 접지도체는 구리로 되어 있다)**

[2021년 1회 기사]

① 16
② 20
③ 24
④ 28

해설 **접지도체** : 구리 16[mm^2] 이상, 철제 50[mm^2] 이상

정답 11 ③ 12 ④ 13 ①

14 접지 저감제의 구비 조건으로 틀린 것은? [2018년 2회 기사]

① 안전할 것
② 지속성이 없을 것
③ 전기적으로 양도체일 것
④ 전극을 부식시키지 않을 것

해설 **접지 저감제의 구비 조건**
- 장시간 동안 접지 저감 효과가 지속될 것
- 사용 시 화학적, 기계적으로 안전할 것
- 전기적으로 양도체일 것
- 전극을 부식시키지 않을 것

15 접지극으로 탄소피복강봉을 사용하는 경우 최소 규격으로 옳은 것은? [2018년 1회 기사]

① 지름 8[mm] 이상의 강심, 길이 0.9[m] 이상일 것
② 지름 10[mm] 이상의 강심, 길이 1.2[m] 이상일 것
③ 지름 12[mm] 이상의 강심, 길이 1.4[m] 이상일 것
④ 지름 14[mm] 이상의 강심, 길이 1.6[m] 이상일 것

해설 **접지극으로 탄소피복강봉을 사용하는 경우 최소 규격**
지름 8[mm] 이상의 강심, 길이 0.9[m] 이상일 것

14 ② 15 ① 정답

전기공사기사 · 산업기사 기본서 시리즈

전기공사

기사 · 산업기사 필기

SERIES 1

전기응용 및 공사재료

최근 기출복원문제

전기공사
기사 · 산업기사

필기 SERIES 1

전기응용 및 공사재료

2022년 제 4 회

전기공사기사 최근 기출복원문제

01 기동토크가 가장 큰 단상 유도전동기는?

① 콘덴서 전동기
② 반발 기동 전동기
③ 분상 기동 전동기
④ 콘덴서 기동 전동기

02 200[W] 전구를 우유색 구형 글로브에 넣었을 경우 우유색 유리 반사율은 30[%], 투과율은 50[%]라고 할 때 글로브의 효율은 약 몇 [%]인가?

① 71
② 76
③ 83
④ 88

03 차륜의 탈선을 막기 위해 분기 반대쪽 레일에 설치한 레일은?

① 전철기
② 완화곡선
③ 호륜궤조
④ 도입궤조

04 3상 농형 유도전동기의 기동 방법이 아닌 것은?

① Y-△ 기동
② 전전압 기동
③ 2차 저항 기동
④ 기동 보상기 기동

05 교류 100[V], 정류기 전압강하 5[V]인 단상 반파 정류회로의 직류전압[V]은?

① 35　　② 40
③ 45　　④ 50

06 다음 중 양방향 3단자 사이리스터는?

① SCR　　② GTO
③ TRIAC　　④ SSS

07 필라멘트 재료의 구비 조건에 해당되지 않는 것은?

① 융해점이 높을 것
② 고유저항이 작을 것
③ 선팽창계수가 작을 것
④ 높은 온도에서 증발성이 적을 것

08 그림과 같은 신호흐름선도에서 전달함수 $\frac{C(s)}{R(s)}$는?

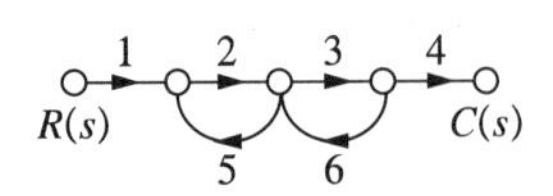

① $\frac{4}{5}$　　② $-\frac{8}{9}$
③ 180　　④ 90

09 자체 방전이 적고 오래 저장할 수 있으며 사용 중에 전압 변동률이 비교적 작은 것은?

① 공기 건전지
② 보통 건전지
③ 내한 건전지
④ 적층 건전지

10 다음 중 발열체의 구비 조건이 아닌 것은?

① 내열성이 클 것
② 용융, 연화, 산화 온도가 낮을 것
③ 저항률이 크고 온도계수가 작을 것
④ 연성 및 전성이 풍부하여 가공이 용이할 것

11 1.2[L]의 물을 15[℃]로부터 75[℃]까지 10분 동안 가열하고자 할 때, 전열기의 용량[W]은? (단, 전열기의 효율은 70[%]이다)

① 420 ② 520
③ 620 ④ 720

12 알칼리 축전지에 대한 설명으로 틀린 것은?

① 극판의 기계적 강도가 강하다.
② 과방전, 과전류에 대해 강하다.
③ 저온 특성이 좋다.
④ 전해액의 비중에 의해 충방전 상태를 추정할 수 있다.

13 큐비클의 정식 호칭은?

① 라이브 프런트 배전반
② 폐쇄 배전반
③ 데드 프런트 배전반
④ 포스트 배전반

14 다음 각 선의 약호가 맞는 것은?

ⓐ 인입용 비닐 절연전선
ⓑ 옥외용 비닐 절연전선
ⓒ 450/750[V] 일반용 유연성 단심 비닐 절연전선
ⓓ 비닐 절연 네온전선
ⓔ 450/750[V] 일반용 단심 비닐 절연전선

① ⓐ DV, ⓑ SV, ⓒ NF, ⓓ NV, ⓔ OW
② ⓐ DV, ⓑ OW, ⓒ NF, ⓓ NV, ⓔ NR
③ ⓐ DV, ⓑ OW, ⓒ NV, ⓓ NF, ⓔ NR
④ ⓐ OW, ⓑ DV, ⓒ SV, ⓓ NV, ⓔ NR

15 개폐기의 명칭과 기호의 연결로 틀린 것은?

① 2극 쌍투형 : DPDT
② 2극 단투형 : DPST
③ 단극 쌍투형 : SPDT
④ 단극 단투형 : TPST

16 다음 중 절연의 종류가 아닌 것은?

① A종　② B종
③ D종　④ H종

17 분전함에 내장되는 부품은?

① VCB　② UVR
③ MCCB　④ COS

18 **절연재료의 구비 조건이 아닌 것은?**

① 절연저항이 클 것
② 유전체 손실이 클 것
③ 절연내력이 클 것
④ 기계적 강도가 클 것

19 **전선 접속 시 유의 사항이 아닌 것은?**

① 접속으로 인해 전기적 저항이 증가하지 않게 한다.
② 접속으로 인한 도체 단면적을 현저히 감소시키게 한다.
③ 접속 부분의 전선의 강도를 20[%] 이상 감소시키지 않게 한다.
④ 접속 부분은 절연전선의 절연물과 동등 이상의 절연내력이 있는 것으로 충분히 피복한다.

20 **소호 능력이 우수하며 이상전압 발생이 적고, 고전압 대전류 차단에 적합한 지중 변전소 적용 차단기는?**

① 유입 차단기
② 가스 차단기
③ 공기 차단기
④ 진공 차단기

2023년 제1회 전기공사기사 최근 기출복원문제

01 전철의 속도 제어법 중 메타다인(Metadyne) 제어법은?

① 정출력 제어법
② 직류 정전압 제어법
③ 직류 정전류 제어법
④ 정속도 제어법

02 온도 T[K]인 흑체의 단위표면적으로부터 단위시간에 방사되는 전방사 에너지는?

① 그 절대온도에 비례한다.
② 그 절대온도에 반비례한다.
③ 그 절대온도의 4제곱에 비례한다.
④ 그 절대온도의 4제곱에 반비례한다.

03 2개의 SCR을 역병렬로 접속한 것과 같은 특성을 나타내는 소자는?

① TRIAC
② GTO
③ SCS
④ SSS

04 궤간이 1[m]이고 반경이 1,270[m]인 곡선 궤도를 64[km/h]로 주행하는 데 적당한 고도는 약 몇 [mm]인가?

① 13.4
② 15.8
③ 18.6
④ 25.4

05 정격전압 100[V], 평균 구면광도 100[cd]의 진공 텅스텐 전구를 97[V]로 점등한 경우의 광도는 몇 [cd]인가?

① 90　　② 100
③ 110　　④ 120

06 직류전동기의 속도 제어법에서 정출력 제어에 속하는 것은?

① 계자 제어법
② 전압 제어법
③ 전기자저항 제어법
④ 워드-레오나드 제어법

07 정류 방식 중 맥동률이 가장 작은 것은?(단, 저항 부하인 경우이다)

① 3상 반파 방식　　② 3상 전파 방식
③ 단상 반파 방식　　④ 단상 전파 방식

08 600[W]의 전열기로서 3[L]의 물을 15[℃]로부터 100[℃]까지 가열하는 데 필요한 시간은 약 몇 분인가?(단, 전열기의 발생열은 모두 물의 온도 상승에 사용되고 물의 증발은 없다)

① 30　　② 35
③ 40　　④ 45

09 자동제어의 추치제어에 속하지 않는 것은?

① 추종제어
② 비율제어
③ 프로그램제어
④ 프로세스제어

10 금속의 전기저항이 온도에 의하여 변화하는 것을 이용한 온도계는?

① 광 고온계
② 저항 온도계
③ 방사 고온계
④ 열전 온도계

11 제어요소는 무엇으로 구성되는가?

① 검출부
② 검출부와 조절부
③ 검출부와 조작부
④ 조작부와 조절부

12 보호계전기의 종류가 아닌 것은?

① ASS
② OVR
③ SGR
④ OCGR

13 공칭전압 345[kV]인 경우 현수애자 일련의 개수는?

① 10~11
② 18~20
③ 25~30
④ 40~45

14 점유 면적이 좁고, 운전·보수가 안전하여 공장 및 빌딩 등의 전기실에 많이 사용되는 배전반은?

① 데드 프런트형 ② 수직형
③ 큐비클형 ④ 라이브 프런트형

15 특고압 또는 고압 회로 및 기기의 단락 보호 등으로 사용되는 것은?

① 플러그 퓨즈 ② 통형 퓨즈
③ 고리 퓨즈 ④ 전력 퓨즈

16 투광기와 수광기로 구성되고 물체가 광로를 차단하면 접점이 개폐되는 스위치는?

① 압력 스위치 ② 광전 스위치
③ 리밋 스위치 ④ 근접 스위치

17 19/1.8[mm] 경동 연선의 바깥지름은 몇 [mm]인가?

① 8.5 ② 9
③ 9.5 ④ 10

18 특고압 가공전선로의 장주에 사용되는 완금의 표준 규격[mm]이 아닌 것은?

① 1,400　② 1,800
③ 2,400　④ 2,700

19 피뢰기의 접지선에 사용하는 연동선 굵기는 최소 몇 [mm^2] 이상인가?

① 2.5　② 4
③ 6　④ 16

20 저압 인류애자에는 전압선용과 중성선용이 있다. 각 용도별 색깔이 옳게 연결된 것은?

① 전압선용 – 녹색, 중성선용 – 백색
② 전압선용 – 백색, 중성선용 – 녹색
③ 전압선용 – 적색, 중성선용 – 백색
④ 전압선용 – 청색, 중성선용 – 백색

2023년 제 2 회

전기공사기사 최근 기출복원문제

01 반경 3[cm], 두께 1[cm]의 강판을 유도가열에 의하여 3초 동안에 20[℃]에서 700[℃]로 상승시키기 위해 필요한 전력은 약 몇 [kW]인가?(단, 강판의 비중은 7.85[t/m³], 비열은 0.16 [kcal/kg · ℃]이다)

① 3.37
② 33.7
③ 6.67
④ 66.7

02 목재의 건조, 베니어판 등의 합판에서의 접착 건조, 약품의 건조 등에 적합한 전기 건조 방식은?

① 아크 건조
② 고주파 건조
③ 적외선 건조
④ 자외선 건조

03 납 축전지에 대한 설명 중 틀린 것은?

① 공칭전압은 1.2[V]이다.
② 전해액으로 묽은 황산을 사용한다.
③ 주요 구성 부분은 극판, 격리판, 전해액, 케이스로 이루어져 있다.
④ 양극은 이산화납을 극판에 입힌 것이고 음극은 해면 모양의 납이다.

04 한국전기설비규정에 따른 상별 전선의 색상으로 틀린 것은?

① L1 : 백색
② L2 : 흑색
③ L3 : 회색
④ N : 청색

05 전선재료로서 구비할 조건 중 틀린 것은?

① 도전율이 클 것
② 접속이 쉬울 것
③ 내식성이 작을 것
④ 가요성이 풍부할 것

06 다음 중 배전반 및 분전반을 넣은 함의 요건으로 적합하지 않은 것은?

① 반의 옆쪽 또는 뒤쪽에 설치하는 분배전반의 소형 덕트는 강판제이어야 한다.
② 난연성 합성수지로 된 것은 두께가 최소 1.6[mm] 이상으로 내(耐)수지성인 것이어야 한다.
③ 강판제의 것은 두께 1.2[mm] 이상이어야 한다. 다만, 가로 또는 세로의 길이가 30[cm] 이하인 것은 두께 1.0[mm] 이상으로 할 수 있다.
④ 절연저항 측정 및 전선 접속 단자의 점검이 용이한 구조이어야 한다.

07 저압 배전반의 주차단기로 주로 사용되는 보호기기는?

① GCB
② VCB
③ ACB
④ OCB

08 무거운 조명기구를 파이프로 매달 때 사용하는 것은?

① 노멀 벤드
② 파이프행거
③ 엔트런스 캡
④ 픽스처 스터드와 히키

09 피뢰침을 접지하기 위한 피뢰도선을 동선으로 할 경우 단면적은 최소 몇 [mm^2] 이상으로 해야 하는가?

① 14　　② 22
③ 30　　④ 50

10 가선 금구 중 완금에 특고압 전선의 조수가 3일 때 완금의 길이[mm]는?

① 900　　② 1,400
③ 1,800　　④ 2,400

11 옥내용 소형 스위치 중 텀블러 스위치의 정격전류[A]가 아닌 것은?

① 5　　② 10
③ 15　　④ 20

12 문자기호 중 계기류에 속하지 않는 것은?

① ZCT　　② A
③ W　　④ WHM

13 나전선 상호 간을 접속하는 경우 인장하중에 대한 내용으로 옳은 것은?

① 20[%] 이상 감소시키지 않을 것
② 40[%] 이상 감소시키지 않을 것
③ 60[%] 이상 감소시키지 않을 것
④ 80[%] 이상 감소시키지 않을 것

14 다음 중 점광원으로부터 원뿔 아래 10[m]의 거리에 원형면의 지름이 4[m]이다. 점광원의 광속이 10,000[lm]일 때 광도는 몇 [cd]인가?

① 795
② 1,979
③ 81,956
④ 125,647

15 출력 P[kW], 속도 N[rpm]인 3상 유도전동기의 토크[kg · m]는?

① $0.25\frac{P}{N}$
② $0.716\frac{P}{N}$
③ $0.956\frac{P}{N}$
④ $0.975\frac{P}{N}$

16 동륜상의 중량이 75[t]인 기관차의 최대 견인력[kg]은?(단, 궤조의 점착계수는 0.2이다)

① 5,000
② 10,000
③ 15,000
④ 75,000

17 수전 설비를 주차단장치의 구성으로 분류하는 방법이 아닌 것은?

① CB형
② PF-S형
③ PF-CB형
④ PF-PF형

18 3상 농형 유도전동기의 기동 방법이 아닌 것은?

① Y-△ 기동
② 전전압 기동
③ 2차 저항 기동
④ 기동 보상기 기동

19 형광판, 야광 도료 및 형광방전등에 이용되는 루미네선스는?

① 열 루미네선스
② 전기 루미네선스
③ 복사 루미네선스
④ 파이로 루미네선스

20 유도전동기를 동기속도보다 높은 속도에서 발전기로 동작시켜 발생된 전력을 전원으로 반환하여 제동하는 방식은?

① 역전 제동
② 발전 제동
③ 회생 제동
④ 와전류 제동

2023년 제 4 회

전기공사기사 최근 기출복원문제

01 사이리스터의 게이트 트리거회로로 적합하지 않은 것은?

① UJT 발진회로
② DIAC에 의한 트리거회로
③ PUT 발진회로
④ SCR 발진회로

02 전기철도용 변전소의 간격을 결정하는 요소에 속하지 않는 것은?

① 전압변동률
② 선로의 구배
③ 수송량
④ 노면의 상태

03 부식성 산, 알칼리 또는 유해가스가 있는 장소에서 실용상 지장없이 사용할 수 있는 구조의 전동기는?

① 방적형
② 방진형
③ 방식형
④ 방수형

04 2개의 SCR을 역병렬로 접속한 것과 같은 특성의 소자는?

① GTO
② TRIAC
③ 광 사이리스터
④ 역전용 사이리스터

05 무대 조명의 배치별 구분 중 무대 상부 배치 조명에 해당하는 것은?

① Tower Light
② Foot Light
③ Ceiling Spot Light
④ Suspension Spot Light

06 풍압 500[mmAq], 풍량 0.5[m^3/s]인 송풍기용 전동기의 용량[kW]은 약 얼마인가?(단, 여유계수는 1.23, 팬의 효율은 0.6이다)

① 5
② 7
③ 9
④ 11

07 전기철도의 매설관 측에서 시설하는 전식 방지 방법은?

① 임피던스본드 설치
② 보조 귀선 설치
③ 이선율 유지
④ 강제 배류법 사용

08 합성수지몰드 공사에 관한 설명으로 틀린 것은?

① 합성수지몰드 안에는 금속제의 조인트박스를 사용하여 접속이 가능하다.
② 합성수지몰드 상호 간 및 합성수지몰드와 박스 기타의 부속품과는 전선이 노출되지 아니하도록 접속해야 한다.
③ 합성수지몰드의 내면은 전선의 피복이 손상될 우려가 없도록 매끈한 것이어야 한다.
④ 합성수지몰드는 홈의 폭 및 깊이가 3.5[cm] 이하로 두께는 2[mm] 이상의 것이어야 한다.

09 **가공전선로에서 22.9[kV-Y] 특고압 가공전선 2조를 수평으로 배열하기 위한 완금의 표준 길이[mm]는?**

① 1,400 ② 1,800
③ 2,000 ④ 2,400

10 **배전반 및 분전반에 대한 설명 중 틀린 것은?**

① 개폐기를 쉽게 개폐할 수 있는 장소에 시설하여야 한다.
② 옥측 또는 옥외 시설하는 경우는 방수형을 사용하여야 한다.
③ 노출하여 시설되는 분전반 및 배전반의 재료는 불연성의 것이어야 한다.
④ 난연성 합성수지로 된 것은 두께가 최소 2[mm] 이상으로 내아크성인 것이어야 한다.

11 **후강 전선관에 대한 설명으로 틀린 것은?**

① 관의 호칭은 바깥지름의 크기에 가깝다.
② 후강 전선관의 두께는 박강 전선관의 두께보다 두껍다.
③ 콘크리트에 매입할 경우 관의 두께는 1.2[mm] 이상으로 해야 한다.
④ 관의 호칭은 16[mm]에서 104[mm]까지 10종이다.

12 **납 축전지에 대한 설명 중 틀린 것은?**

① 충전 시 음극 : $PbSO_4 \rightarrow Pb$
② 방전 시 음극 : $Pb \rightarrow PbSO_4$
③ 충전 시 양극 : $PbSO_4 \rightarrow PbO$
④ 방전 시 양극 : $PbO_2 \rightarrow PbSO_4$

13 발열량 5,700[kcal/kg]의 석탄 150[t]을 사용하여 200[MWh]를 발전하였다. 이 화력 발전소의 열효율은 약 몇 [%]인가?

① 50 ② 40
③ 30 ④ 20

14 형태가 복잡하게 생긴 금속 제품을 균일하게 가열하는 데 가장 적합한 전기로는?

① 염욕로 ② 흑연화로
③ 카보런덤로 ④ 페로알로이로

15 경완철에 현수애자를 설치할 경우에 사용되는 자재가 아닌 것은?

① 볼새클 ② 소켓아이
③ 인장클램프 ④ 볼클레비스

16 지선으로 사용되는 전선의 종류는?

① 경동연선 ② 중공연선
③ 아연도철연선 ④ 강심알루미늄연선

17 개폐기 중에서 부하전류의 차단 능력이 없는 것은?

① OCB ② OS
③ DS ④ ACB

18 알칼리 축전지의 음극으로 사용할 수 있는 것은?

① 납
② 아 연
③ 카드뮴
④ 마그네슘

19 박스에 금속관을 연결시키고자 할 때 박스의 녹아웃 지름이 금속관의 지름보다 큰 경우 박스에 사용되는 것은?

① 링 리듀서
② 엔트런스 캡
③ 부 싱
④ 엘 보

20 전선의 약호에서 CVV의 품명은?

① 인입용 비닐 절연전선
② 0.6/1[kV] 비닐 절연 비닐 캡타이어 케이블
③ 0.6/1[kV] 비닐 절연 비닐시스 케이블
④ 0.6/1[kV] 비닐 절연 비닐시스 제어 케이블

2023년 제 1 회

전기공사산업기사 최근 기출복원문제

01 서미스터(Thermistor)의 주된 용도는?

① 온도 보상용 ② 잡음 제거용
③ 전압 증폭용 ④ 출력 전류 조절용

02 레일본드와 관계가 없는 것은?

① 진동 방지 ② 연동선 사용
③ 전기저항 저하 ④ 전압강하 저하

03 모든 방향에 400[cd]의 광도를 갖고 있는 전등을 지름 3[m]의 테이블 중심 바로 위 2[m] 위치에 달아 놓았다면 테이블의 평균 조도는 약 몇 [lx]인가?

① 35 ② 53
③ 71 ④ 90

04 회전부분의 관성모멘트를 증가시키기 위해 축에 플라이 휠(축세륜)을 설치하게 된다. 한 회전축에 대한 관성모멘트가 150[kg · m^2]인 회전체의 축세륜 효과(GD^2)는 몇 [kg · m^2]인가?

① 450 ② 600
③ 900 ④ 1,000

05 전동기를 전원에 접속한 상태에서 중력 부하를 하강시킬 때, 전동기의 유기기전력이 전원 전압보다 높아져서 발전기로 동작하고 발생 전력을 전원으로 되돌려 줌과 동시에 속도를 점차로 감속하는 경제적인 제동법은?

① 역상 제동 ② 회생 제동
③ 발전 제동 ④ 와전류 제동

06 가시광선 중에서 시감도가 가장 좋은 광색과 그때의 시감도[nm]는 얼마인가?

① 황적색, 680[nm] ② 황록색, 680[nm]
③ 황적색, 555[nm] ④ 황록색, 555[nm]

07 3상 반파 정류회로에서 변압기의 2차 상전압 220[V]를 SCR로서 제어각 $\alpha = 60°$로 위상제어할 때, 약 몇 [V]의 직류전압을 얻을 수 있는가?

① 108.7 ② 118.7
③ 128.7 ④ 138.7

08 궤도의 확도(Slack)는 약 몇 [mm]인가?(단, 곡선의 반지름 100[m], 고정차축거리 5[m]이다)

① 21.25 ② 25.68
③ 29.35 ④ 31.25

09 다음 중 토크가 가장 적은 전동기는?

① 반발 기동형 ② 콘덴서 기동형
③ 분상 기동형 ④ 반발 유도형

10 다음 중 온도가 전압으로 변환되는 것은?

① 차동변압기 ② CdS
③ 열전대 ④ 광전지

11 루소선도가 그림과 같이 표시되는 광원의 하반구 광속은 약 몇 [lm]인가?(단, 여기서 곡선 BC는 4분원이다)

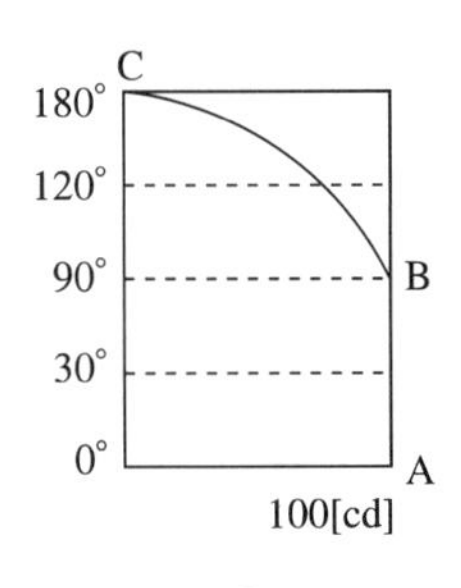

① 245 ② 493
③ 628 ④ 1,120

12 양수량 5[m³/min], 총양정 10[m]인 양수용 펌프 전동기의 용량은 약 몇 [kW]인가?(단, 펌프 효율 85[%], 여유계수 $k = 1.1$ 이다)

① 9.01 ② 10.56
③ 16.60 ④ 17.66

13 **전압을 일정하게 유지하기 위한 전압제어 소자로 널리 이용되는 다이오드는?**

① 터널 다이오드(Tunnel Diode)
② 제너 다이오드(Zener Diode)
③ 버랙터 다이오드(Varactor Diode)
④ 쇼트키 다이오드(Schottky Diode)

14 **344[kcal]를 [kWh]의 단위로 표시하면?**

① 0.0039 ② 0.4
③ 407 ④ 400

15 **다음 전기로 중 열효율이 가장 좋은 것은?**

① 저주파 유도로 ② 흑연화로
③ 고압 아크로 ④ 카보런덤로

16 **금속이나 반도체에 전류를 흘리고, 이것과 직각 방향으로 자계를 가하면 전류와 자계가 이루는 면에 직각 방향으로 기전력이 발생한다. 이러한 현상은?**

① 홀(Hall) 효과 ② 핀치(Pinch) 효과
③ 제베크(Seebeck) 효과 ④ 펠티에(Peltier) 효과

17 연 축전지(납 축전지)의 방전이 끝나면 그 양극(+극)은 어느 물질로 되는가?

① Pb　　② PbO
③ PbO_2　　④ $PbSO_4$

18 블록선도에서 $\frac{C}{R}$는 얼마인가?

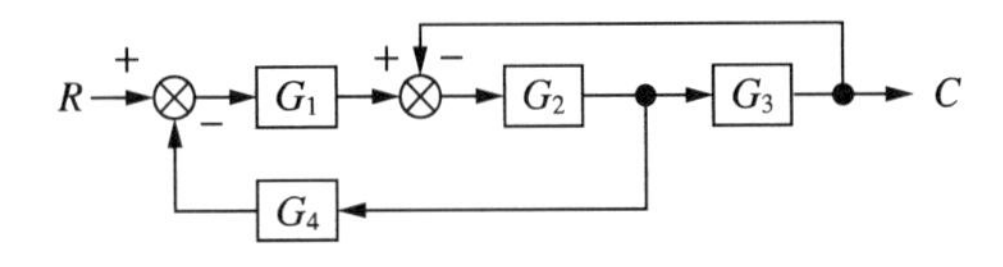

① $\frac{G_4}{1+G_1+G_2G_3G_4}$　　② $\frac{G_2G_3}{1+G_1G_2+G_3G_4}$
③ $\frac{G_1G_2G_3}{1+G_2G_3+G_1G_2G_4}$　　④ $\frac{G_2G_3G_4}{1+G_1G_2+G_1G_2G_3G_4}$

19 금속의 화학적 성질로 틀린 것은?

① 산화되기 쉽다.
② 전자를 잃기 쉽고, 양이온이 되기 쉽다.
③ 이온화 경향이 클수록 환원성이 강하다.
④ 산과 반응하고, 금속의 산화물은 염기성이다.

20 500[W]의 전열기의 정격상태에서 1시간 사용할 때 발생하는 열량은 약 몇 [kcal]인가?

① 430　　② 520
③ 610　　④ 860

2023년 제 2 회

전기공사산업기사 최근 기출복원문제

01 다음 중 금속의 이온화 경향이 가장 큰 것은?

① Ag ② Pb
③ Na ④ Sn

02 유전 가열의 특징으로 틀린 것은?

① 표면의 소손, 균열이 없다.
② 온도 상승 속도가 빠르고 속도가 임의 제어된다.
③ 반도체의 정련, 단결정의 제조 등 특수 열처리가 가능하다.
④ 열이 유전체손에 의하여 피열물 자신에게 발생하므로 가열이 균일하다.

03 흑연화로, 카보런덤로, 카바이드로 등의 가열 방식은?

① 아크 가열 ② 유도 가열
③ 간접 저항 가열 ④ 직접 저항 가열

04 두 도체로 이루어진 폐회로에서 두 접점에 온도차를 주었을 때 전류가 흐르는 현상은?

① 홀 효과 ② 광전 효과
③ 제베크 효과 ④ 펠티에 효과

05 아크의 전압, 전류 특성은?

①
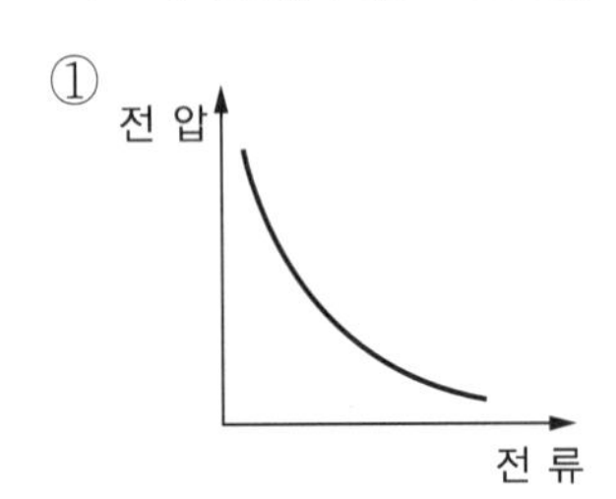

②
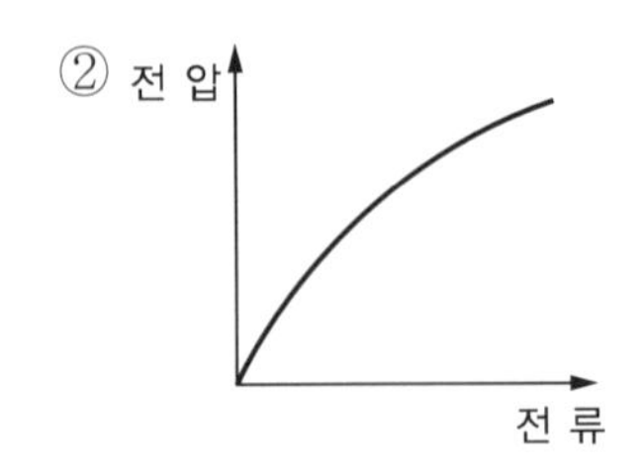

③
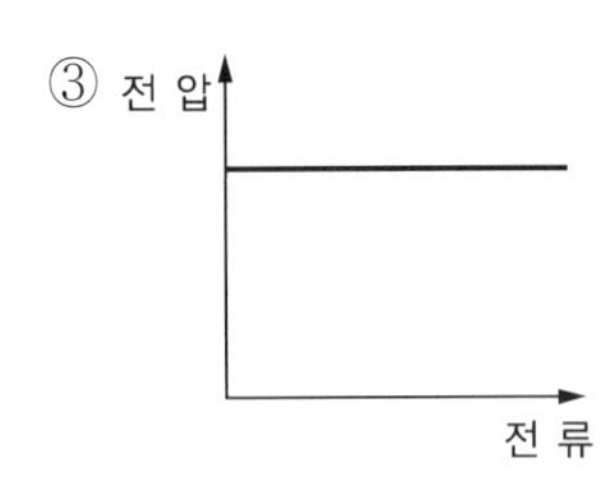

④
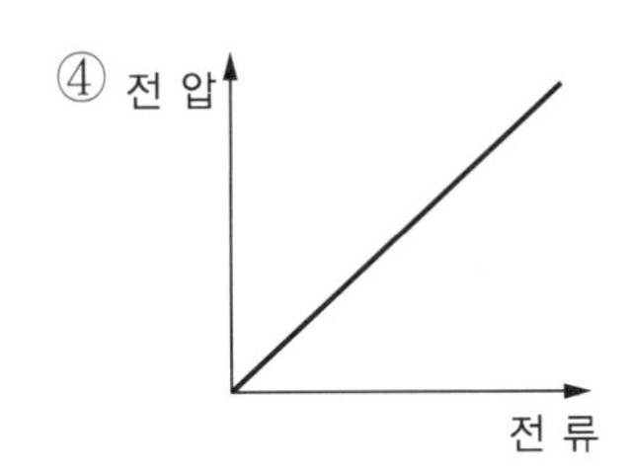

06 열전도율을 표시하는 단위는?

① [J/℃]
② [℃/W]
③ [W/m · ℃]
④ [m · ℃/W]

07 5[Ω]의 전열선을 100[V]에 사용할 때의 발열량은 약 몇 [kcal/h]인가?

① 1,720
② 2,770
③ 3,745
④ 4,728

08 열차저항에 대한 설명 중 틀린 것은?

① 주행저항은 베어링 부분의 기계적 마찰, 공기저항 등으로 이루어진다.
② 열차가 곡선구간을 주행할 때 곡선의 반지름에 비례하여 받는 저항을 곡선저항이라 한다.
③ 경사궤도를 운전 시 중력에 의해 발생하는 저항을 구배저항이라 한다.
④ 열차 가속 시 발생하는 저항을 가속저항이라 한다.

09 1,000[lm]의 광속을 발산하는 전등 10개를 1,000[m^2]인 방에 설치하였다. 조명률 0.5, 감광보상률 10이라 하면 평균 조도[lx]는 얼마인가?

① 2
② 5
③ 20
④ 50

10 사이리스터의 응용에 대한 설명으로 잘못된 것은?

① 위상제어에 의해 교류 전력제어가 가능하다.
② 교류 전원에서 가변 주파수의 교류 변환이 가능하다.
③ 직류 전력의 증폭인 컨버터가 가능하다.
④ 위상제어에 의해 제어정류, 즉 교류를 가변 직류로 변환할 수 있다.

11 권상하중 10,000[kg], 권상속도 5[m/min]의 기중기용 전동기 용량은 약 몇 [kW]인가?(단, 전동기를 포함한 기중기의 효율은 80[%]라 한다)

① 7.5
② 8.3
③ 10.2
④ 14.3

12 단방향 사이리스터의 종류가 아닌 것은?

① SCR
② GTO
③ SCS
④ TRIAC

13 20[kW] 이상의 중형 및 대형기의 기동에 사용되는 농형 유도전동기의 기동법은?

① 기동 보상기법
② 전전압 기동법
③ 2차 임피던스 기동법
④ 2차 저항 기동법

14 나트륨램프에 대한 설명 중 틀린 것은?

① KS C 7610에 따른 기호 NX는 저압 나트륨램프를 표시하는 기호이다.
② 등황색의 단일 광색으로 색수차가 적다.
③ 색온도는 5,000~6,000[K] 정도이다.
④ 도로, 터널, 항만표지 등에 이용한다.

15 루소선도가 다음 그림과 같을 때 배광곡선의 식은?

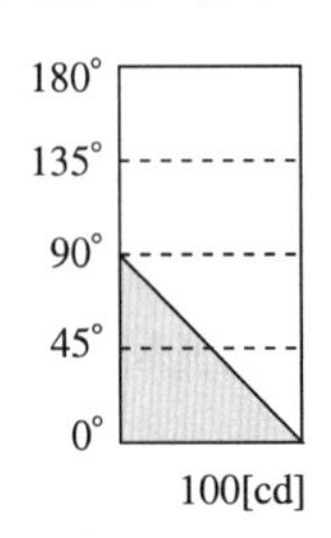

① $I_\theta = 100\cos\theta$
② $I_\theta = 50(1+\cos\theta)$
③ $I_\theta = \frac{2\theta}{\pi}100$
④ $I_\theta = \frac{\pi - 2\theta}{\pi}100$

16 복사 루미네선스 중 자극을 주는 조사가 끝난 후에도 발광 현상을 일으키는 것은?

① 형 광
② 마 찰
③ 인 광
④ 파이로

17 **사이리스터의 게이트 트리거회로로 적합하지 않은 것은?**

① UJT 발진회로
② DIAC에 의한 트리거회로
③ PUT 발진회로
④ SCR 발진회로

18 **흑체 복사의 최대 에너지의 파장 λ_m은 절대온도 T와 어떤 관계인가?**

① T^4에 비례
② $\frac{1}{T}$에 비례
③ $\frac{1}{T^2}$에 비례
④ $\frac{1}{T^4}$에 비례

19 **양수량 30[m³/min], 총양정 10[m]를 양수하는 데 필요한 펌프용 전동기의 소요출력[kW]은 약 얼마인가?(단, 펌프의 효율은 75[%], 여유계수는 1.1이다)**

① 59
② 64
③ 72
④ 78

20 **자기부상식 철도에서 자석에 의해 부상하는 방법으로 틀린 것은?**

① 영구자석 간의 흡인력에 의한 자기부상 방식
② 고온 초전도체와 영구자석의 조합에 의한 자기부상 방식
③ 자석과 전기코일 간의 유도전류를 이용하는 유도식 자기부상 방식
④ 전자석의 흡인력을 제어하여 일정한 간격을 유지하는 흡인식 자기부상 방식

2023년 제 4 회

전기공사산업기사 최근 기출복원문제

01 다음 중 일반적으로 휘도가 가장 높은 램프는?

① 백열전구 ② 탄소 아크등
③ 고압 수은등 ④ 형광등

02 직류 직권전동기는 어느 부하에 적당한가?

① 정토크 부하 ② 정속도 부하
③ 정출력 부하 ④ 변출력 부하

03 복진 방지(Anti-creeper) 방법으로 적절하지 않은 것은?

① 레일에 임피던스 본드를 설치한다.
② 철도용 못을 이용하여 레일과 침목 간의 체결력을 강화한다.
③ 레일에 앵커를 부설한다.
④ 침목과 침목을 연결하여 침목의 이동을 방지한다.

04 15[kW] 이상의 중형 및 대형기의 기동에 사용되는 농형 유도전동기의 기동법은?

① 기동 보상기법 ② 전전압 기동법
③ 2차 임피던스 기동법 ④ 2차 저항 기동법

05 양수량 30[m^3/min], 총양정 10[m]를 양수하는 데 필요한 펌프용 전동기의 소요출력[kW]은 약 얼마인가?(단, 펌프의 효율은 75[%], 여유계수는 1.1이다)

① 59 ② 64
③ 72 ④ 78

06 무영등(無影燈)을 설치해야 하는 장소는?

① 축구 경기장 ② 천연색 촬영장
③ 초정밀 가공실 ④ 수술실

07 전동기의 제동 시 전원을 끊어 전동기를 발전기로 동작시키고, 이때 발생하는 전력을 저항에 의해 열로 소모시키는 방식의 제동법은?

① 회생 제동 ② 맴돌이 제동
③ 발전 제동 ④ 역상 제동

08 소형이면서 대전력용 정류기로 사용하는 것은?

① 게르마늄 정류기 ② SCR
③ CdS ④ 셀렌 정류기

09 폭발성의 분진 또는 가스가 체류하는 장소에 사용하기 적합한 전동기는?

① 방진형 ② 방폭형
③ 방수형 ④ 방적형

10 단위의 변환으로 옳지 않은 것은?

① 1[rlx]=1[lm/m^2]　　② 1[lx]=1[lm/m^2]
③ 1[ph]=1[lm/cm^2]　　④ 1[ph]=10^5[lx]

11 광속 계산의 일반식 중에서, 직선 광원(원통)에서의 광속을 구하는 식은 어느 것인가?(단, I_0는 최대 광도, I_{90}은 $\theta = 90°$ 방향의 광도이다)

① πI_0　　② $\pi^2 I_{90}$
③ $4\pi I_0$　　④ $4\pi I_{90}$

12 빛을 아래쪽에 확산, 복사시키며 눈부심을 적게 하는 조명기구는?

① 루 버　　② 글로브
③ 반사볼　　④ 투광기

13 220[V]의 교류전압을 전파 정류하여 순저항 부하에 직류전압을 공급하고 있다. 정류기의 전압강하가 10[V]로 일정할 때 부하에 걸리는 직류전압의 평균값은 약 몇 [V]인가?(단, 브리지 다이오드를 사용한 전파 정류회로이다)

① 99　　② 188
③ 198　　④ 220

14 적외선 가열의 특징이 아닌 것은?

① 표면 가열이 가능하다.
② 신속하고 효율이 좋다.
③ 조작이 복잡하여 온도 조절이 어렵다.
④ 구조가 간단하다.

15 자동제어에서 제어량에 의한 분류인 것은?

① 정치제어
② 연속제어
③ 불연속제어
④ 프로세스제어

16 전기분해에 의하여 전극에 석출되는 물질의 양은 전해액을 통과하는 총전기량에 비례하며 그 물질의 화학당량에 비례하는 법칙은?

① 줄(Joule)의 법칙
② 앙페르(Ampere)의 법칙
③ 톰슨(Thomson)의 법칙
④ 패러데이(Faraday)의 법칙

17 600[W]의 전열기로서 3[L]의 물을 15[℃]로부터 100[℃]까지 가열하는 데 필요한 시간은 약 몇 분인가?(단, 전열기의 발생열은 모두 물의 온도 상승에 사용되고 물의 증발은 없다)

① 30
② 35
③ 40
④ 45

18 유도 가열과 유전 가열의 공통된 특성은?

① 도체만을 가열한다.
② 선택 가열이 가능하다.
③ 절연체만을 가열한다.
④ 직류를 사용할 수 없다.

19 1[kW] 전열기를 사용하여 5[L]의 물을 20[℃]에서 90[℃]로 올리는 데 30분이 걸렸다. 이 전열기의 효율은 약 몇 [%]인가?

① 70
② 78
③ 81
④ 93

20 2차 전지에 속하는 것은?

① 공기 전지
② 망간 전지
③ 수은 전지
④ 연 축전지

전기공사
기 사 ·
산업기사

최근 기출복원문제 정답 및 해설

전기공사기사	2022년 제4회 정답 및 해설								
01	02	03	04	05	06	07	08	09	10
②	①	③	③	②	③	②	②	①	②
11	12	13	14	15	16	17	18	19	20
④	④	②	②	④	③	③	②	②	②

01 **기동 방식에 따른 단상 유도전동기의 종류**

- 반발 기동형
  - 기동토크가 가장 크다.
  - 기동, 역전 및 속도 제어는 브러시의 이동으로 할 수 있다.
- 반발 유동형
  - 반발 기동형에 비해서 기동토크는 작지만 최대 토크가 크다.
  - 부하에 의한 속도 변동은 반발 기동형보다 크다.
- 콘덴서 기동형
  - 기동권선에 콘덴서를 설치하여 기동권선이 전기자권선에 대해 90° 앞선(진상) 전류가 흐르도록 하여 기동하는 방식이다.
  - 기동토크는 크고 기동전류는 작다(역률이 좋다).
  - 분상 기동의 일종이다.
- 분상 기동형 : 기동권선을 별도로 설치하여 기동 시 기동권선에 전류를 흘려 기동토크를 얻는 방식이다.
- 셰이딩 코일형
  - 자극 일부분에 셰이딩 코일을 삽입하여 기동하는 방식이다.
  - 구조는 간단하나 기동토크가 작다.
  - 역회전이 불가하다.

기동토크가 큰 순서

반발 기동형 > 콘덴서 기동형 > 분상 기동형 > 셰이딩 코일형

02 글로브 효율$(\eta)=\dfrac{\tau}{1-\rho}=\dfrac{0.5}{1-0.3}=0.71$($\therefore$ 71[%])

03 **호륜궤조**

- 차체를 분기 선로로 유도하기 위하여 설치
- 궤도의 분기 개소에서 철차가 있는 곳은 궤조가 중단되므로 원활하게 차체를 분기 선로로 유도하기 위하여 반대 궤조 측에 호륜궤조를 설치

04 **3상 농형 유도전동기의 기동 방식**

- 전전압 기동(직입 기동)
  - 정격전압을 인가하여 기동하는 방식
  - 5[kW] 이하의 소용량

- Y-△ 기동
  - 기동 시는 1차 권선을 Y접속으로 기동하고 정격속도에 가까워지면 △접속으로 변환 운전하는 방식
  - 기동할 때에는 1차 각 상의 권선에는 정격전압의 $\frac{1}{\sqrt{3}}$ 전압, 기동전류는 직입 기동의 $\frac{1}{3}$배, 기동토크도 $\frac{1}{3}$로 감소
  - 5~15[kW]급
- 기동 보상기법(단권변압기 기동)
  - 기동 보상기로서 3상 단권변압기를 이용하여 기동전압을 낮추는 방식
  - 약 15[kW] 이상의 전동기에 적용
- 리액터 기동법
  - 리액터를 1차 고정자 권선에 직렬로 삽입하여 단자전압을 저감하여 기동한 후 일정 시간이 지난 후에 리액터를 단락시킴
  - 리액터의 크기는 보통 정격전압의 50~80[%]가 되는 값을 선택

※ 2차 저항 기동법은 권선형 유도전동기의 기동 방법이다.

05 $E_d = 0.45E_a - e = 0.45 \times 100 - 5 = 40$[V]

06

단방향		양방향	
3단자	4단자	2단자	3단자
SCR	SCS	DIAC	TRIAC
LASCR		SSS → 과전압(전파제어)	
GTO			

07 **필라멘트의 구비 조건**
- 융해점이 높을 것
- 고유저항이 클 것
- 선팽창계수가 작을 것
- 높은 온도에서도 증발성이 적을 것
- 가공이 용이할 것
- 높은 온도에서 주위의 물질과 화합하지 않을 것

08 $G(s) = \frac{1 \times 2 \times 3 \times 4}{1 - 2 \times 5 - 3 \times 6} = -\frac{24}{27} = -\frac{8}{9}$

09 **공기 전지**
- 양극 : 탄소
- 음극 : 흑연
- 전해액 : 수산화나트륨, 염화암모늄
- 감극제 : 공기 중 산소
- 자체 방전이 적고 오래 저장할 수 있으며 사용 중의 전압 변동률이 비교적 작다.
- 방전 용량은 크고 처음 전압은 망간 건전지에 비해 약간 낮다.

10 **발열체의 구비 조건**

- 내열성이 클 것
- 내식성이 클 것
- 가공이 용이할 것
- 저항률이 적당한 값을 가지며 온도계수가 양(+)의 값을 갖는 작은 값일 것
- 용융, 연화, 산화 온도가 높을 것

11

$H = cm\theta = 860\eta Pt$

$P = \dfrac{cm\theta}{860\eta t} = \dfrac{1 \times 1.2 \times (75-15)}{860 \times 0.7 \times \dfrac{10}{60}} = 0.72[\mathrm{kW}]$ ∴ 720[W]

12 **알칼리 축전지의 특징**

- 급격한 충전 및 방전 특성이 좋다.
- 납(연) 축전지에 비해서 크기가 작다.
- 진동에 강하다.
- 전해액의 농도 변화는 거의 없는 편이다.
- 축전지 수명이 긴 편이다.

13 폐쇄식 배전반은 데드 프런트식 배전반의 앞면 및 뒷면을 폐쇄하여 만든 것으로 모선, 계기용 변압기(PT), 차단기(CB) 등을 하나의 함 내에 장치한 큐비클식이다. 점유면적이 적고, 운전, 보수에 한정하다.

14 **전선별 약호**

- DV : 인입용 비닐 절연전선
- OW : 옥외용 비닐 절연전선
- NF : 450/750[V] 일반용 유연성 단심 비닐 절연전선
- NV : 비닐 절연 네온전선
- NR : 450/750[V] 일반용 단심 비닐 절연전선

15 **개폐기의 명칭과 기호**

- 단극 쌍투형 : SPDT
- 단극 단투형 : SPST
- 2극 쌍투형 : DPDT
- 2극 단투형 : DPST
- 3극 단투형 : TPST

16 **절연계급의 종류**

절연계급	최고 허용온도[℃]	절연계급	최고 허용온도[℃]
Y	90	F	155
A	105	H	180
E	120	C	180 초과
B	130		

17 분전함에 내장되는 부품은 배전용차단기(MCCB), 누전차단기(ELB) 등이 취부된다. VCB 진공차단기 UVR 부족 전압계전기, COS컷아웃 스위치는 큐비클에 취부하는 기기이다.

18 **절연재료의 구비 조건**

- 절연저항이 클 것
- 절연내력이 클 것
- 기계적 강도가 클 것
- 유전체 손실이 작을 것
- 화학적으로 안정할 것

19 **전선 접속 시 유의 사항**

- 접속으로 인해 전기적 저항이 증가하지 않아야 한다.
- 접속 부분의 전선의 강도를 20[%] 이상 감소시키지 않아야 한다.
- 접속 부분은 절연전선의 절연물과 동등 이상의 절연내력이 있는 것으로 충분히 피복한다.

20 가스 차단기(GCB) : SF_6

- 무색, 무취, 무해
- 불연성이다.
- 차단 능력이 크다.
- 절연내력이 크다.

전기공사기사	2023년 제1회 정답 및 해설								
01	02	03	04	05	06	07	08	09	10
③	③	①	④	①	①	②	①	④	②
11	12	13	14	15	16	17	18	19	20
④	①	②	③	④	②	②	④	③	②

01 메타다인은 정류자가 있는 전기자를 구비한 직류 회전기로 정전류 특성이 있다.

02 **슈테판-볼츠만 법칙**

흑체의 복사 발산량 W는 절대온도 T[K]의 4제곱에 비례한다.

$W=\sigma T^4$[W/m^2]

03 TRIAC

- 직류, 교류에 모두 사용할 수 있는 3단자 스위칭 소자
- 2개의 SCR을 역병렬로 접속한 구조
- 무접점 스위치, 위상제어회로, 전기로의 온도 조절, 전동기의 속도 제어 등에 응용

04 $h=\dfrac{GV^2}{127R}=\dfrac{1,000\times 64^2}{127\times 1,270}=25.4$[mm]

05

- 광속 변화 : $F'=F\left(\dfrac{V'}{V}\right)^{3.6}=F\left(\dfrac{97}{100}\right)^{3.6}\fallingdotseq 0.9F$
- 광도 변화 : $I\propto F$이므로 $I'=I\left(\dfrac{97}{100}\right)^{3.6}\fallingdotseq 0.9I$

$\therefore\ I'=0.9I=0.9\times 100=90$[cd]

06 **직류전동기의 속도 제어법**

구분	효율	특징
전압 제어	효율이 좋다.	• 광범위 속도 제어가 가능 • 워드-레오나드 방식(광범위한 속도 조정, 효율 양호) • 일그너 방식(부하가 급변하는 곳, 플라이휠) • 정토크 제어 • 직병렬 제어
계자 제어	효율이 좋다.	• 세밀하고 안정된 속도 제어 • 속도 제어 범위가 좁음 • 효율은 양호하나 정류가 불량 • 정출력 가변속도 제어
저항 제어	효율이 나쁘다.	• 속도 조정 범위가 좁음 • 효율이 저하

07 각 정류회로의 특성 비교

종 류	E_d	η	v
1ϕ 반파	$E_d=\frac{\sqrt{2}}{\pi}E=0.45E$	40.6[%]	121[%]
1ϕ 전파(중간탭)	$E_d=\frac{2\sqrt{2}}{\pi}E=0.9E$	57.5[%]	48[%]
1ϕ 전파(브리지)	$E_d=\frac{2\sqrt{2}}{\pi}E=0.9E$	81.2[%]	48[%]
3ϕ 반파	$E_d=\frac{3\sqrt{6}}{2\pi}E=1.17E$	96.7[%]	17[%]
3ϕ 전파(브리지)	$E_d=\frac{3\sqrt{6}}{\pi}E=2.34E$ 또는 $E_d=1.35E_l$	99.8[%]	4[%]

08

$$Q=cm\theta=860\eta Pt$$

$$t=\frac{cm\theta}{860\eta P}=\frac{1\times3\times(100-15)}{860\times1\times0.6}\fallingdotseq0.494[\text{h}]$$

$$\therefore\ 0.494[\text{h}]\times\frac{60[\text{min}]}{1[\text{h}]}=29.64[\text{min}]\fallingdotseq30[\text{min}]$$

09 목푯값의 시간적 성질에 의한 분류

- 정치제어 : 목푯값이 시간이 지나도 변화하지 않고 일정한 대상을 제어(프로세스제어, 자동조정이 이에 해당)
- 추치제어 : 목푯값이 시간이 경과할 때마다 변화는 대상을 제어(추종제어, 프로그램제어, 비율제어가 이에 해당)

10 온도계의 종류 및 원리

- 광 고온계 : 플랑크의 법칙을 이용
- 저항 온도계 : 측온체의 저항값의 변화를 이용
- 방사 고온계 : 슈테판-볼츠만의 법칙을 이용
- 열전 온도계 : 제베크 효과를 이용

11 폐회로 제어계의 구성

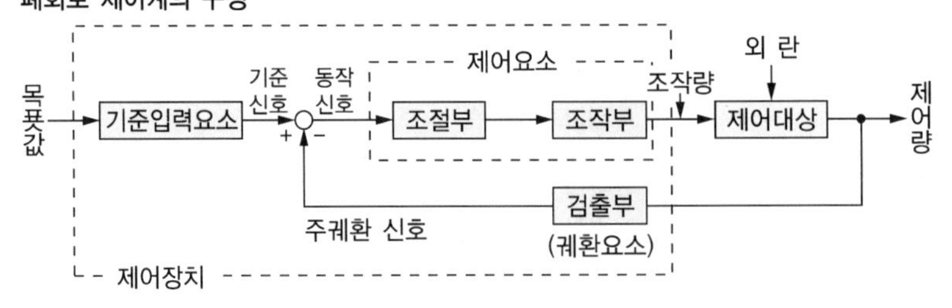

12 ASS

자동 고장 구분 개폐기로서 고장전류 차단이 가능하다.

13 **250[mm] 표준 현수애자의 전압별 사용 개수**

- 154[kV] : 9~11개 정도
- 345[kV] : 19~23개 정도
- 765[kV] : 약 40개

14 **큐비클형(폐쇄형)**

공장, 빌딩 등의 전기실에 가장 많이 사용한다.

15 **전력 퓨즈**

- 장 점
  - 소형이고 경량이다.
  - 가격이 저렴하다.
  - 보수가 간단하다.
  - 차단 능력이 크다.
  - 고속 차단이 된다.
  - 정전용량이 작다.
- 단 점
  - 재투입이 불가능하다.
  - 보호계전기를 자유로이 조정할 수 없다.
  - 한류형은 과전압이 발생된다.
  - 과도전류에 용단되기 쉽다.
  - 고임피던스 접지사고는 보호할 수 없다.

16 **광전 스위치**

투광기와 수광기로 구성되고 물체가 광로를 차단하면 접점이 개폐되는 스위치

17
- 층수 계산
  총가닥수 $N=3n(n+1)+1=19$에서
  층수 $n=2$[층]
- 연선의 바깥지름
  $D=(2n+1)d=(2\times2+1)\times1.8=9$[mm]

18 완금의 규격으로는 900[mm], 1,400[mm], 1,800[mm], 2,400[mm]이 있다.

19 **피뢰기의 접지선**

단면적 6[mm^2] 이상인 연동선을 사용한다.

20 애자의 색상

<table>
<tr><th colspan="2">애자의 종류</th><th>색</th></tr>
<tr><td colspan="2">특고압용 핀애자</td><td>적 색</td></tr>
<tr><td colspan="2">저압용 애자(접지 측 제외)</td><td>백 색</td></tr>
<tr><td colspan="2">접지 측 애자</td><td>청 색</td></tr>
<tr><td rowspan="2">인류애자</td><td>전압선용</td><td>백 색</td></tr>
<tr><td>중성선용</td><td>녹 색</td></tr>
</table>

전기공사기사	2023년 제2회 정답 및 해설								
01	02	03	04	05	06	07	08	09	10
②	②	①	①	③	②	③	④	④	④
11	12	13	14	15	16	17	18	19	20
①	①	①	③	④	③	④	③	③	③

01

$Q = cm\theta = 860\eta Pt$

$P = \dfrac{cm\theta}{860\eta t} = \dfrac{0.16 \times 0.2218 \times (700-20)}{860 \times 1 \times \left(\dfrac{3}{3,600}\right)} \fallingdotseq 33.67 \fallingdotseq 33.7$[kWh]

여기서, $m = 7.85 \times 10^3 [\mathrm{kg/m^3}] \times \pi \times 0.03^2 \times 0.01 [\mathrm{m^3}] \fallingdotseq 0.2218 [\mathrm{kg}]$

02 **고주파 건조** : 고무, 목재, 두꺼운 물건 내부까지 건조가 가능

03 납(연) 축전지의 공칭전압은 2[V]이다.

04 KEC 121.2(전선의 식별)

상(문자)	색 상
L1	갈 색
L2	검은색
L3	회 색
N	파란색
보호도체	녹색-노란색

05 **전선의 구비 조건**

- 도전율이 클 것(고유저항이 작을 것)
- 기계적 강도가 클 것
- 가요성이 풍부할 것
- 비중(밀도)이 작을 것
- 내식성(내구성)이 클 것
- 허용전류가 클 것
- 부식성이 작을 것
- 경제적일 것

06 **배전반, 분전반 함 설치기준**

- 난연성 합성수지로 된 함은 두께 1.5[mm] 이상으로 내(耐)아크성인 것이어야 한다.
- 강판제의 함은 두께 1.2[mm] 이상이어야 한다(단, 가로 또는 세로의 길이가 30[cm] 이하인 함은 두께 1.0[mm] 이상으로 할 수 있다).
- 절연저항 측정 및 전선 접속 단자의 점검이 용이한 구조여야 한다.

07 **저압 배전반의 주차단기**
ACB(기중 차단기), MCCB(배선용 차단기)

08 **금속관 공사용 부속품 용도**
- 노멀 벤드 : 배관의 직각 굴곡에 사용
- 파이프행거 : 배관 파이프를 천장에 매달리도록 고정용으로 사용
- 엔트런스 캡 : 인입구, 인출구의 판단에 설치하여 금속관에 접속하여 옥외의 빗물을 막는 데 사용
- 픽스처 스터드와 히키 : 아웃렛 박스에 조명기구를 부착시킬 때 사용, 무거운 기구 부착용

09
- 피뢰도선
  - 뇌격전류를 대지로 흐르게 하기 위한 수뢰부와 접지극을 접속하는 도선
  - 돌침을 상호 연결하는 도선, 돌침으로부터 접지극으로 인하하는 데 사용되는 인하도선, 본딩 접속에 사용되는 도선
- 피뢰 설비
  피뢰 설비의 재료는 동선(나전선)을 기준으로 수뢰부, 인하도선 및 접지극은 50[mm^2] 이상이거나 이와 동등 이상의 성능을 갖출 것

10 **완금의 표준 길이**
- 전선 개수 2가닥(조)
  - 특고압용(1,800[mm])
  - 고압용(1,400[mm])
  - 저압용(900[mm])
- 전선 개수 3가닥(조)
  - 특고압용(2,400[mm])
  - 고압용(1,800[mm])
  - 저압용(1,400[mm])

11 텀블러 스위치의 정격전류[A] : 0.5, 1, 3, 4, 6, 7, 10, 12, 15, 16, 20

12
- ZCT(영상변류기) : 영상전류를 검출
- A(전류계), W(전력계), WHM(전력량계)

13 나전선 상호 또는 나전선과 절연전선, 캡타이어 케이블 또는 케이블과 접속하는 경우 전선의 강도를 20[%] 이상 감소시키지 않을 것

14 평균 광도 $I=\frac{F}{\omega}=\frac{F}{2\pi(1-\cos\theta)}=\frac{10,000}{2\pi\left(1-\frac{10}{\sqrt{2^2+10^2}}\right)}=81,956[\text{cd}]$

15 **유도전동기의 토크**
$T=0.975\frac{P}{N}$[kg・m]

16 최대 견인력 $F = 1{,}000\mu W_a = 1{,}000 \times 0.2 \times 75 = 15{,}000[\text{kg}]$

17 **수전 설비의 주차단장치의 구성에 따른 분류**

- CB형 : 차단기로만 구성하는 방식
- PF-S형 : 전력 퓨즈와 개폐기 조합 방식
- PF-CB형 : 전력 퓨즈와 차단기 조합 방식

18 **3상 농형 유도전동기의 기동 방식**

- 전전압 기동(직입 기동)
  - 정격전압을 인가하여 기동하는 방식
  - 5[kW] 이하의 소용량
- Y-△ 기동
  - 기동 시는 1차 권선을 Y접속으로 기동하고 정격속도에 가까워지면 △접속으로 변환 운전하는 방식
  - 기동할 때에는 1차 각 상의 권선에는 정격전압의 $\frac{1}{\sqrt{3}}$전압, 기동전류는 직입 기동의 $\frac{1}{3}$배, 기동토크도 $\frac{1}{3}$로 감소
  - 5~15[kW]급
- 기동 보상기법(단권변압기 기동)
  - 기동 보상기로서 3상 단권변압기를 이용하여 기동전압을 낮추는 방식
  - 약 15[kW] 이상의 전동기에 적용
- 리액터 기동법
  - 리액터를 1차 고정자 권선에 직렬로 삽입하여 단자전압을 저감하여 기동한 후 일정 시간이 지난 후에 리액터를 단락시킴
  - 리액터의 크기는 보통 정격전압의 50~80[%]가 되는 값을 선택

※ 2차 저항 기동법은 권선형 유도전동기의 기동 방법이다.

19 **루미네선스(Luminescence)**

백열등과 같이 물체의 온도를 높여서 빛을 발생시키는 온도복사 이외의 모든 발광을 루미네선스라 한다.

- 전기 루미네선스 : 기체 중 방전(네온관등, 수은등)
- 복사 루미네선스 : 자외선, X선 등의 조사(형광등)
- 파이로 루미네선스 : 아크 속의 기체의 발광(발염 방전등)
- 열 루미네선스 : 높은 온도에 의한 흑체보다 강한 복사(금강석, 대리석)
- 화학 루미네선스 : 화학 변화 및 산화 현상 이용

20 **유도전동기 제동 방법**

- 발전 제동 : 전동기의 전원을 끊고 전동기를 발전기로 동작시켜 회전 운동에너지로서 발생하는 전력을 그 단자에 접속한 외부 저항에서 열로 소비시켜 제동하는 방법이다.
- 회생 제동 : 전동기에 전원을 투입한 상태에서 전동기에 유기되는 역기전력을 전원 전압보다 높게 하여 제동하는 방법으로 회전 운동에너지로서 발생하는 전력을 전원 측에 반환하면서 제동하는 방법이다.
- 와전류 제동 : 와전류의 원리를 이용한 제동법이다.
- 역상 제동
  - 전동기의 3선 중 2선을 바꾸어 접속시켜(회전자계를 반대) 역상 토크를 발생시켜 제동하는 방법이다.
  - 역전 제동 또는 플러깅이라고도 한다.
  - 3상 유도전동기를 급속히 정지 또는 감속시킬 경우 가장 손쉽고 효과적인 제동법이다.

전기공사기사	2023년 제4회 정답 및 해설								
01	02	03	04	05	06	07	08	09	10
④	④	③	②	④	①	④	①	②	④
11	12	13	14	15	16	17	18	19	20
①	③	④	①	④	③	③	③	①	④

01
- 트리거회로용 : UJT, DIAC, PUT
- 위상제어회로용 : SCR

02 변전소의 간격은 선로의 전압강하와 전압변동률, 선로의 구배, 수송량 등에 의해 결정된다.

03 습기, 수분이 많은 곳은 방적형, 방수형이 적합하며 방진형은 분진, 먼지 등에 적합하고 부식성에는 방식형이 사용된다.

04 TRIAC
- 직류, 교류에 모두 사용할 수 있는 3단자 스위칭 소자
- 2개의 SCR을 역병렬로 접속한 구조
- 무접점 스위치, 위상제어회로, 전기로의 온도 조절, 전동기의 속도 제어 등에 응용

05
- Suspension Spot Light : 전등기구를 천장에서 밑으로 내려 부분 조명하는 방식으로 무대 상부 배치 조명에 많이 사용된다.
- Tower Light : 무대 위 타워 형태로 쌓아 올린 조명
- Foot Light : 무대 바닥(하단)에 설치
- Ceiling Spot Light : 객석 상부 조명

06 $P=k\frac{9.8QH}{\eta}=1.23\times\frac{9.8\times0.5\times0.5}{0.6}\fallingdotseq 5[\text{kW}]$

07 **전기철도에서 전식 부식 방지 대책**
- 레일에 본드를 시설하여 귀선저항을 적게 한다.
- 레일을 따라 보조 귀선을 설치한다.
- 변전소 간 간격을 짧게 한다.
- 귀선의 극성을 정기적으로 바꾼다.
- 대지에 대한 레일의 절연저항을 크게 한다.

매설관 측에 시설하여 방지하는 방법
- 배류법 : 매설 금속체에서 흙으로 직접 유출하는 전류를 적게 하기 위한 방법이다(선택 배류법, 강제 배류법).
- 매설 금속체를 대지와 절연 또는 차폐하는 방법 : 고무, 비닐 또는 다른 절연재료로 매설관을 싸매어 대지와 절연시킨다.
- 저전위 금속의 접속 : Fe, Pb 등의 매설 금속보다 표준 단극 전위차가 더 낮은 Zn, Al, Mg 등의 금속을 부근에 매설하고 양자 간을 절연 도체로 접속한다.

08 • 합성수지몰드 내에서는 접속점을 만들지 말 것
• 합성수지재 몰드 상호 및 합성수지몰드와 박스 또는 부속품과는 전선이 노출되지 않도록 접속하여야 한다.
• 몰드 및 부속품은 상호 간 틈이 없도록 접속할 것
• 전선 수는 해당 몰드 내의 단면적의 20[%] 이하로 할 것
• 홈의 폭 및 깊이가 3.5[cm] 이하로서 두께 2[mm] 이상의 것일 것
• 내면을 매끈하게 할 것

09 **완금의 표준 길이**
• 전선 개수 2가닥(조)
 – 특고압용(1,800[mm])
 – 고압용(1,400[mm])
 – 저압용(900[mm])
• 전선 개수 3가닥(조)
 – 특고압용(2,400[mm])
 – 고압용(1,800[mm])
 – 저압용(1,400[mm])

10 **배전반, 분전반 설치기준**
• 개폐기를 쉽게 개폐할 수 있는 장소에 시설하여야 한다.
• 옥측 또는 옥외 시설하는 경우는 방수형을 사용하여야 한다.
• 노출하여 시설되는 분전반 및 배전반의 재료는 불연성의 것이어야 한다.
• 난연성 합성수지로 된 것은 두께가 최소 1.5[mm] 이상으로 내(耐)아크성인 것이어야 한다.

11 • 후강 전선관 : 안지름에 가까운 짝수
• 박강 전선관 : 바깥지름에 가까운 홀수

12 **납(연) 축전지의 화학반응**
• 충전 시 : $PbSO_4 + 2H_2O + PbSO_4 \rightarrow PbO_2 + 2H_2SO_4 + Pb$
• 방전 시 : $PbO_2 + 2H_2SO_4 + Pb \rightarrow PbSO_4 + 2H_2O + PbSO_4$

13 $$\eta = \frac{860\omega}{mH} \times 100$$

여기서, ω[kWh] : 사용전력량, m[kg] : 질량, H[kcal/kg] : 발열량

$$\eta = \frac{860 \times 200 \times 10^3}{150 \times 10^3 \times 5,700} \times 100 \fallingdotseq 20.12[\%]$$

14 **염욕로**
• 설비비가 저렴하고 조작이 간단
• 균일한 온도 분포를 유지
• 냉각속도가 빨라 급속한 처리 가능
• 국부적인 가열 가능
• 염욕제가 부착하여 표면에 피막이 형성되기 때문에 표면산화를 방지하며 처리 후 표면이 깨끗하다.

15 • 경완철 : 볼섀클 – 현수애자 – 소켓아이 – 인류클램프(인장클램프)
• ㄱ형 완철 : 앵커섀클 – 볼클레비스 – 현수애자 – 소켓아이 – 인류클램프(인장클램프)

16 **지선의 종류**
금속선, 아연도금선, 아연도금철연선

17 • DS 무부하 시 회로를 개폐
• 개폐장치의 전류 개폐 능력

종 류	무부하	정상 전류			비정상 전류		
		통 전	개	폐	통 전	투 입	차 단
차단기	○	○	○	○	○	○	○
단로기	○	○	△	×	○	×	×
퓨 즈	○	○	×	×	×	×	○
개폐기	○	○	○	○	○	△	×

(○ : 가능, △ : 조건부 가능, × : 불가능)

18 • 양극 : $Ni(OH)_2$(수산화니켈)
• 음극 : Fe(철) : 에디슨 전지
Cd(카드뮴) : 융그너 전지

19 **링 리듀서**
금속관과 박스를 연결할 때 금속관의 구경이 클 때 로크너트와 금속관 사이에 끼워서 관과 박스를 고정시킨다.

20 CVV
0.6/1[kV] 비닐 절연 비닐시스 제어 케이블

전기공사산업기사	2023년 제1회 정답 및 해설								
01	02	03	04	05	06	07	08	09	10
①	①	③	②	②	④	③	④	③	③
11	12	13	14	15	16	17	18	19	20
③	②	②	②	④	①	④	③	③	①

01 서미스터

- 온도가 상승함에 따라 전기저항이 감소하는 부(−) 특성을 갖는 반도체 소자이다.
- 온도 보상용으로 많이 적용한다.

02 레일본드란 레일 사이를 전기적으로 접속시킨 연동선으로 레일의 전기저항 및 전압강하 저하를 방지한다.

03

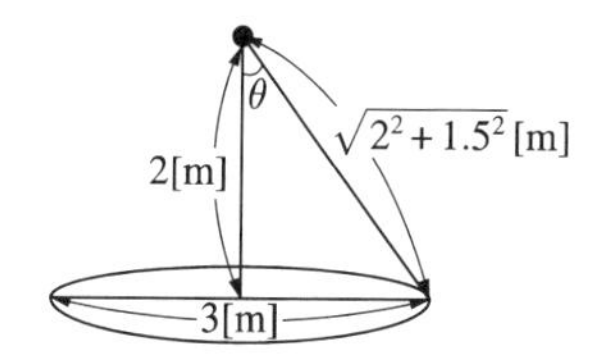

$I=\dfrac{ES}{\omega}$ 에서 $E=\dfrac{\omega I}{S}$

$$E=\frac{2\pi(1-\cos\theta)I}{\pi r^2}=\frac{2\pi\times\left(1-\dfrac{2}{\sqrt{2^2+1.5^2}}\right)\times 400}{\pi\times 1.5^2}=71[\text{lx}]$$

04

$J=\dfrac{GD^2}{4}[\text{kg}\cdot\text{m}^2]$ 에서

$GD^2=4\times J=4\times 150=600[\text{kg}\cdot\text{m}^2]$

05 유도전동기 제동 방법

- 발전 제동 : 전동기의 전원을 끊고 전동기를 발전기로 동작시켜 회전 운동에너지로서 발생하는 전력을 그 단자에 접속한 외부 저항에서 열로 소비시켜 제동하는 방법이다.
- 회생 제동 : 전동기에 전원을 투입한 상태에서 전동기에 유기되는 역기전력을 전원 전압보다 높게 하여 제동하는 방법으로 회전 운동에너지로서 발생하는 전력을 전원 측에 반환하면서 제동하는 방법이다.
- 와전류 제동 : 와전류의 원리를 이용한 제동법이다.
- 역상 제동
  - 전동기의 3선 중 2선을 바꾸어 접속시켜(회전자계를 반대) 역상 토크를 발생시켜 제동하는 방법이다.
  - 역전 제동 또는 플러깅이라고도 한다.
  - 3상 유도전동기를 급속히 정지 또는 감속시킬 경우 가장 손쉽고 효과적인 제동법이다.

06 시감도

- 파장에 따라 빛 밝기를 다르게 느끼는 정도
- 사람의 눈이 가장 밝게 느끼는 최대 시감도 파장은 555[nm](황록색)

07 $E_d = 1.17E\cos\alpha = 1.17 \times 220 \times \cos 60° = 128.7$[V]

08 $S = \dfrac{l^2}{8R} = \dfrac{5^2}{8 \times 100} = 0.03125$[m]$= 31.25$[mm]

09 **기동 방식에 따른 단상 유도전동기의 종류**

- 반발 기동형
  - 기동토크가 가장 크다.
  - 기동, 역전 및 속도 제어는 브러시의 이동으로 할 수 있다.
- 반발 유동형
  - 반발 기동형에 비해서 기동토크는 작지만 최대 토크가 크다.
  - 부하에 의한 속도 변동은 반발 기동형보다 크다.
- 콘덴서 기동형
  - 기동권선에 콘덴서를 설치하여 기동권선이 전기자권선에 대해 90° 앞선(진상) 전류가 흐르도록 하여 기동하는 방식이다.
  - 기동토크는 크고 기동전류는 작다(역률이 좋다).
  - 분상 기동의 일종이다.
- 분상 기동형 : 기동권선을 별도로 설치하여 기동 시 기동권선에 전류를 흘려 기동토크를 얻는 방식이다.
- 셰이딩 코일형
  - 자극 일부분에 셰이딩 코일을 삽입하여 기동하는 방식이다.
  - 구조는 간단하나 기동토크가 작다.
  - 역회전이 불가하다.

기동토크가 큰 순서

반발 기동형 > 콘덴서 기동형 > 분상 기동형 > 셰이딩 코일형

10

- 측온 저항은 온도를 임피던스로 변환(열선, 서미스터, 백금)
- 열전대는 온도를 전압으로 변환(백금–백금 로듐, 철–콘스탄탄, 구리–콘스탄탄, 크로멜–알루멜)

11 루소선도에서 전광속 F와 루소선도의 면적 S 사이에는 $F = \dfrac{2\pi}{r}S$, $r = 100$

하반구 광속이므로 $S = 100 \times 100$

$\therefore\ F = \dfrac{2\pi}{r}S = \dfrac{2\pi}{100} \times (100 \times 100) \fallingdotseq 628$[lm]

12 $P = \dfrac{QH}{6.12\eta}k = \dfrac{5 \times 10}{6.12 \times 0.85} \times 1.1 \fallingdotseq 10.56$[kW]

13 **제너 다이오드(Zener Diode)**

- 정전압 소자로 만든 pn접합 정전압 다이오드이다.
- 전압을 일정하게 유지하기 위한 전압제어 소자로 널리 이용되는 다이오드이다.

14 1[kWh] = 860[kcal]

$\therefore\ 344[\text{kcal}] = \frac{344}{860} = 0.4[\text{kWh}]$

15 **직접 저항 가열**

흑연화로, 카보런덤로, 카바이드로 중 효율이 좋은 것은 카보런덤로이다.

16 **홀 효과**

금속이나 반도체에 전류를 흘리고 이것과 직각 방향으로 자계를 가하면 전류와 자계가 이루는 면에 직각 방향으로 기전력이 발생하는 현상으로, 자속계 등에 응용하여 사용한다.

17 **납(연) 축전지의 화학반응**

방전 시 : $PbO_2 + 2H_2SO_4 + Pb \rightarrow PbSO_4 + 2H_2O + PbSO_4$

즉, 방전이 끝난 후 양극은 $PbSO_4$로 바뀐다.

18 $P = G_1 G_2 G_3$

$L_1 = -G_2 G_3$

$L_2 = -G_1 G_2 G_4$

$G(s) = \frac{C}{R} = \frac{G_1 G_2 G_3}{1 + G_2 G_3 + G_1 G_2 G_4}$

19 **금속의 화학적 성질**

- 이온화 경향이 클수록 환원성이 떨어진다.
- 산화되기 쉽다.
- 전자를 잃기 쉽고 양이온이 되기 쉽다.
- 산과 반응하고 금속의 산화물은 염기성이다.

20 $Q = 0.24Pt = 0.24 \times 500 \times 3{,}600 \times 10^{-3} = 432$

∴ 약 430[kcal]

전기공사산업기사	2023년 제2회 정답 및 해설								
01	02	03	04	05	06	07	08	09	10
③	③	④	③	①	③	①	②	②	③
11	12	13	14	15	16	17	18	19	20
③	④	①	③	①	③	④	②	③	①

01 **이온화 경향이 큰 순서**

K > Ba > Ca > Na > Mg > Al > Mn > Fe > Sn > Pb > Cu > Hg > Ag > Pt > Au

02
- 유전 가열
  - 표면의 소손, 균열이 없음
  - 온도 상승 속도가 빠르고 속도가 임의 제어됨
  - 열이 유전체손에 의하여 피열물 자신에게 발생하므로 가열이 균일
- 유도 가열
  - 교번 자계 중에서 도전성의 물체 중에 생기는 와류에 의한 줄열로 가열하는 방식
  - 와전류손 및 히스테리시스손을 이용한 가열 방법
  - 주로, 표면 가열, 반도체 정련 등에 적용

03 **직접 저항 가열로**
- 흑연화로
- 카보런덤로
- 카바이드로

04
- 제베크 효과 : 열전 효과의 가장 기본적인 현상으로, 서로 다른 금속체를 접합하여 폐회로를 만들고 두 접합점에 온도차를 두면 전류가 흐르는 현상
- 광전 효과 : 반도체에 빛이 가해지면 전기저항이 변화되는 현상
- 홀 효과 : 금속이나 반도체에 전류를 흘리고, 이것과 직각 방향으로 자계를 가하면 전류와 자계가 이루는 면에 직각 방향으로 기전력이 발생하는 현상
- 펠티에 효과 : 제베크 효과의 역효과 현상으로, 서로 다른 금속체를 접합하여 폐회로를 만들고 이 폐회로에 전류를 흘려주면 그 폐회로의 접합점에서 열의 흡수 및 발열이 일어나는 현상

05 아크 방전은 저전압-대전류로서, 대표적인 부(-) 저항의 특성을 나타낸다. 아크 방전의 부(-)저항 특성은 전류가 커지면 저항이 작아져서 전압도 같이 낮아지는 현상으로, 전류값이 100[A] 이하에서 나타난다.

06
- [J/℃] : 열용량
- [℃/W] : 열저항
- [W/m·℃] : 열전도율
- [m·℃/W] : 열저항률

07

$$Q=0.24\frac{V^2}{R}t=0.24\times\frac{100^2}{5}\times10^{-3}\times3{,}600=1{,}728[\text{kcal/h}]$$

∴ 약 1,720[kcal/h]

08 **열차저항**

- 기동저항 : 열차가 정지 상태에서 출발 시 축과 축받이 사이에 유막이 형성되기까지 걸리는 저항
- 주행저항 : 주행 시 생기는 축받이, 궤조에서의 마찰저항과 주행 시의 공기저항을 합한 것
- 경사저항 : 구배가 G[‰]인 경우 차량 1[t]당 받는 저항 $R_g[\text{kg/t}] = G[\text{kg/t}]$
- 곡선저항 : 곡선구간을 주행할 때 받는 저항으로 곡률 반지름에 반비례한다.

  $R = \dfrac{1{,}000\mu(G+L)}{2R}$[kg/t]

  (여기서, R : 곡률 반지름[m], G : 궤간[mm], L : 차륜의 고정축 간 거리[m], μ : 마찰계수)
- 가속저항 : 차량을 직선 부분에서 가속하는 데 필요한 것
- 구배저항 : 오르막길의 경사도를 오를 때 발생하는 저항

09 $FUN = EAD$에서

$\therefore\ E = \dfrac{FUN}{AD} = \dfrac{1{,}000 \times 0.5 \times 10}{1{,}000 \times 1} = 5$[lx]

10 **사이리스터**

- 위상제어에 의해 교류 전력제어가 가능하다.
- 교류 전원에서 가변 주파수의 교류 변환이 가능하다.
- 위상제어에 의해 제어정류, 즉 교류를 가변 직류로 변환할 수 있다.

11 $P = \dfrac{mv}{6.12\eta}k = \dfrac{10{,}000 \times 10^{-3} \times 5}{6.12 \times 0.8} \times 1 \fallingdotseq 10.2$[kW]

12

단방향		양방향	
3단자	4단자	2단자	3단자
SCR	SCS	DIAC	TRIAC
LASCR		SSS → 과전압(전파제어)	
GTO			

13 **3상 농형 유도전동기의 기동 방식**

- 전전압 기동(직입 기동)
  - 정격전압을 인가하여 기동하는 방식
  - 5[kW] 이하의 소용량
- Y-△ 기동
  - 기동 시는 1차 권선을 Y접속으로 기동하고 정격속도에 가까워지면 △접속으로 변환 운전하는 방식
  - 기동할 때에는 1차 각 상의 권선에는 정격전압의 $\dfrac{1}{\sqrt{3}}$ 전압, 기동전류는 직입 기동의 $\dfrac{1}{3}$배, 기동토크도 $\dfrac{1}{3}$로 감소
  - 5~15[kW]급
- 기동 보상기법(단권변압기 기동)
  - 기동 보상기로서 3상 단권변압기를 이용하여 기동전압을 낮추는 방식
  - 약 15[kW] 이상의 전동기에 적용

- 리액터 기동법
  - 리액터를 1차 고정자 권선에 직렬로 삽입하여 단자전압을 저감하여 기동한 후 일정 시간이 지난 후에 리액터를 단락시킴
  - 리액터의 크기는 보통 정격전압의 50~80[%]가 되는 값을 선택

※ 2차 저항 기동법은 권선형 유도전동기의 기동 방법이다.

14

구 분	수은등	나트륨등	메탈 할라이드등
점등 원리	전계 루미네선스	전계 루미네선스	전계 루미네선스(광방사)
효율[lm/W]	35~55	80~100	75~105
연색성[Ra]	60	22~35	60~80
용량[W]	40~1,000	20~400	280~400
수명[h]	10,000	6,000	6,000
색온도[K]	3,300~4,200	2,200	4,500~6,500
특 성	고휘도, 배광 용이	60[%] 이상이 D선	고휘도, 배광 용이
용 도	고천장, 투광등	해안가도로, 보안등	고천장, 옥외, 도로

15 $I_\theta = a\cos\theta + b$에서

I_0인 경우 $\cos 0° = 1$이므로

$I_0 = a + b = 100$

I_{90}인 경우 $\cos 90° = 0$이므로

$I_{90} = b = 0 \qquad \therefore a = 100$

따라서 $I_\theta = a\cos\theta + b = 100\cos\theta$

16 복사 루미네선스 중 자극을 주는 조사가 계속되는 동안만 발광 현상을 일으키는 것을 형광이라 하며, 자극을 주는 조사 현상이 멈춘 후까지도 계속하여 발광하는 것을 인광이라 한다.

17
- 트리거회로용 : UJT, DIAC, PUT
- 위상제어회로용 : SCR

18 **빈의 변위 법칙**

흑체의 분광 방사 발산도가 최대가 되는 파장은 흑체의 절대온도에 반비례한다는 법칙

19 $P = \dfrac{QH}{6.12\eta}k = \dfrac{30 \times 10}{6.12 \times 0.75} \times 1.1 ≒ 71.9$[kW]

20 **자기부상식 철도의 부상 방식** : 흡인식과 반발식으로 나눌 수 있다.

- 흡인식 : 열차 위의 전자석이 레일 쪽으로 흡인력을 발생시켜 전자석과 함께 차체가 위쪽 방향으로 부상하면 갭을 검출한 후 간격이 일정하도록 전류를 제어하는 방식이다(상전도 전자석 흡인식).
- 반발식 : 열차에 장착한 자석과 궤도에 연속적으로 배치한 코일의 유도전류에 의한 자장에 대해 반발력으로 부상되는 유도 반발식과 영구자석을 이용한 영구자석 반발식, 초전도체를 이용하여 만든 초전도 전자석 반발식 등이 사용된다.

전기공사산업기사	2023년 제4회 정답 및 해설								
01	02	03	04	05	06	07	08	09	10
②	③	①	①	③	④	③	②	②	④
11	12	13	14	15	16	17	18	19	20
②	①	②	③	④	④	①	④	③	④

01 탄소 아크등은 휘도가 큰 점광원으로서 영사기, 투광기 등의 광원으로 사용된다.

02 **직권전동기**

- 특 징
  - 기동토크가 크다.
  - 가변속도 특성을 갖는다.
  - 정출력 특성을 갖는다.
  - 정격전압에 무부하 시 위험 속도에 도달된다(벨트운전 금지, 기어운전).
- 용 도
  - 전동차(전철)
  - 권상기, 크레인 등 매우 큰 기동토크가 필요한 곳

03

- 복진지(Anti-creeping) : 레일이 열차의 진행 방향과 더불어 종방향으로 이동하는 것을 방지하는 장치이다.
- 복진 방지(Anti-creeper) 방법
  - 철도용 못을 이용하여 레일과 침목 간의 체결력을 강화한다.
  - 레일에 앵커를 부설한다.
  - 침목과 침목을 연결하여 침목의 이동을 방지한다.

04 **3상 농형 유도전동기의 기동 방식**

- 전전압 기동(직입 기동)
  - 정격전압을 인가하여 기동하는 방식
  - 5[kW] 이하의 소용량
- Y-△ 기동
  - 기동 시는 1차 권선을 Y접속으로 기동하고 정격속도에 가까워지면 △접속으로 변환 운전하는 방식
  - 기동할 때에는 1차 각 상의 권선에는 정격전압의 $\frac{1}{\sqrt{3}}$ 전압, 기동전류는 직입 기동의 $\frac{1}{3}$배, 기동토크도 $\frac{1}{3}$로 감소
  - 5~15[kW]급
- 기동 보상기법(단권변압기 기동)
  - 기동 보상기로서 3상 단권변압기를 이용하여 기동전압을 낮추는 방식
  - 약 15[kW] 이상의 전동기에 적용
- 리액터 기동법
  - 리액터를 1차 고정자 권선에 직렬로 삽입하여 단자전압을 저감하여 기동한 후 일정 시간이 지난 후에 리액터를 단락시킴
  - 리액터의 크기는 보통 정격전압의 50~80[%]가 되는 값을 선택

※ 2차 저항 기동법은 권선형 유도전동기의 기동 방법이다.

05 $P=\frac{QH}{6.12\eta}k=\frac{30\times10}{6.12\times0.75}\times1.1 \fallingdotseq 71.9$[kW]

06 무영등이란 그림자가 생기지 않는 조명등으로 수술실에서 사용한다.

07 **유도전동기 제동 방법**

- 발전 제동 : 전동기의 전원을 끊고 전동기를 발전기로 동작시켜 회전 운동에너지로서 발생하는 전력을 그 단자에 접속한 외부 저항에서 열로 소비시켜 제동하는 방법이다.
- 회생 제동 : 전동기에 전원을 투입한 상태에서 전동기에 유기되는 역기전력을 전원 전압보다 높게 하여 제동하는 방법으로 회전 운동에너지로서 발생하는 전력을 전원 측에 반환하면서 제동하는 방법이다.
- 와전류 제동 : 와전류의 원리를 이용한 제동법이다.
- 역상 제동
  - 전동기의 3선 중 2선을 바꾸어 접속시켜(회전자계를 반대) 역상 토크를 발생시켜 제동하는 방법이다.
  - 역전 제동 또는 플러깅이라고도 한다.
  - 3상 유도전동기를 급속히 정지 또는 감속시킬 경우 가장 손쉽고 효과적인 제동법이다.

08 **SCR(Silicon Controlled Rectifier)**

- 다이오드 정류기에 제어 단자인 게이트(Gate) 단자를 부착한 3단자 실리콘 반도체 정류기로서 가장 널리 사용되는 정류기이다.
- SCR의 특징
  - 아크가 생기지 않으므로 열 발생이 적다.
  - 대전류용이며 동작 시간이 짧다.
  - 작은 게이트 신호로 대전력을 제어한다.
  - 교류 및 직류 모두를 제어할 수 있다.
  - 역방향 내전압이 가장 크다.
  - 과전압에 약하다.
  - 위상제어의 조절 범위는 0~180°이다.

09 **전동기의 형식에 따른 분류**

- 방식(방부)형 : 부식성의 산, 알칼리 또는 유해 가스가 존재하는 장소에서 실용상 지장이 없도록 사용할 수 있는 구조
- 방적형 : 연직에서 15° 이내의 각도로 낙하하는 물방울이 기기 내부에 들어가 접촉하는 일이 없도록 하는 구조
- 방수형 : 지정된 조건에서 1~3분 동안 주수하여도 전동기에 물이 침입할 수 없는 구조
- 수중형 : 전동기가 수중에서 지정 압력에서 지정 시간 동안 계속 사용 시 이상이 없는 구조
- 내산형 : 바닷가나 염분이 많은 지역에서 사용할 수 있는 구조
- 방진형 : 먼지나 분진의 침입을 최대한 방지하여 운전에 지장이 없는 구조
- 방폭형 : 폭발성 분진, 가스 등이 체류하는 장소에서 사용할 수 있는 구조

10 1[lx]=1[lm/m^2]이며, 1[ph]=1[lm/cm^2]이다.
따라서 1[ph]=10^4[lx]이다.

11 **광속의 계산**

- 구 광원(백열등) : $F=4\pi I$[lm]
- 원통 광원(형광등) : $F=\pi^2 I$[lm]
- 평판 광원 : $F=\pi I$[lm]

12 **루 버**

빛을 아래쪽에 확산, 복사시키며 눈부심을 적게 하는 조명기구

13 단상 전파 정류 $E_d=\dfrac{2\sqrt{2}E}{\pi}-e=\dfrac{2\sqrt{2}\times 220}{\pi}-10 \fallingdotseq 188$[V]

14 **적외선 가열의 특징**

- 구조와 조작이 간단하다.
- 온도 조절이 쉽다.
- 손실이 적고 작업 시간이 단축된다.
- 설치 공간을 적게 차지한다.
- 설비비가 싸고 유지비도 적게 든다.
- 도장 등의 표면 건조에 적당한 가열 방식이다.
- 건조 재료의 감시가 용이하고, 청결하며, 사용이 안전하다.

15 **제어량의 종류에 의한 분류** : 프로세스제어, 서보기구, 자동조정

16 **패러데이의 법칙**

전기분해에 의해 일정한 전하량을 통과했을 때 얻어지는 물질의 양은 화학당량에 비례한다.

$W=KIt$[g], K : 화학당량

17

$$Q=cm\theta=860\eta Pt$$

$$t=\frac{cm\theta}{860\eta P}=\frac{1\times 3\times(100-15)}{860\times 1\times 0.6}\fallingdotseq 0.494[\text{h}]$$

$$\therefore\ 0.494[\text{h}]\times\frac{60[\text{min}]}{1[\text{h}]}=29.64[\text{min}]\fallingdotseq 30[\text{min}]$$

18 유도 가열과 유전 가열은 직류를 사용할 수 없다.

19

$$Q=cm\theta=860\eta Pt$$

$$\eta=\frac{cm\theta}{860Pt}=\frac{1\times 5\times(90-20)}{860\times 1\times\left(\dfrac{30}{60}\right)}\fallingdotseq 0.813$$

$$\therefore\ 0.813\times 100=81.3[\%]\fallingdotseq 81[\%]$$

20

- 1차 전지 : 한 번 사용 후 재충전이 되지 않는 전지
- 2차 전지 : 사용 후에도 여러 번 충전하여 재사용이 가능한 전지 예 알칼리 축전지, 납(연) 축전지

S D E D U

합격의
공 식
SD에듀

얼마나 많은 사람들이
책 한 권을 읽음으로써
인생에 새로운 전기를 맞이했던가.

– 헨리 데이비드 소로 –

교육이란 사람이 학교에서 배운 것을

잊어버린 후에 남은 것을 말한다.

-알버트 아인슈타인-

좋은 책을 만드는 길, 독자님과 함께하겠습니다.

전기응용 및 공사재료

개정 3판1쇄 발행	2024년 01월 05일 (인쇄 2023년 11월 09일)
초 판 발 행	2017년 01월 25일 (인쇄 2016년 12월 21일)
발 행 인	박영일
책 임 편 집	이해욱
편 저	류승헌 · 민병진
편 집 진 행	윤진영 · 김경숙
표지디자인	권은경 · 길전홍선
편집디자인	정경일 · 심혜림
발 행 처	(주)시대고시기획
출 판 등 록	제10-1521호
주 소	서울시 마포구 큰우물로 75 [도화동 538 성지 B/D] 9F
전 화	1600-3600
팩 스	02-701-8823
홈 페 이 지	www.sdedu.co.kr
I S B N	979-11-383-4738-9(13560)
정 가	18,000원